1675

Gadroys, Claude

Le Système du monde selon les trois hypothèses, où, conformément aux loix de la méchanique, l'on explique dans la supposition du mouvement de la terre :

LE SYSTEME DU MONDE,

SELON LES TROIS HYPOTHESES,

Où conformement aux loix de la Mechanique l'on explique dans la ſuppoſition du mouvement de la Terre

Les Apparences des Aſtres,

La Fabrique du Monde,

La Formation des Planetes,

La Lumiere, la Peſanteur, &c.

Et cela par de nouvelles demonſtrations.

A PARIS,
Chez GUILLAUME DESPREZ, au pied de la Tour de Noſtre-Dame, du coſté de l'Archeveſché.

M. DC. LXXV.

AVEC PRIVILEGE DU ROY.

A MESSIEURS DE L'ACADEMIE ROYALE DES SCIENCES.

ESSIEURS,

L'honneur que vous m'avez fait d'agréer que cet Ou-

vrage paruſt ſous le nom de voſtre Illuſtre Academie, m'eſt un avantage, dont je ne ſçaurois aſſez vous temoigner de reconnoiſſance. Comme je combats quelques opinions receuës, & que j'en établis quelques-autres nouvelles, rien ne me pouvoit eſtre plus favorable en propoſant mes raiſons, que d'eſtre avoüé en cela par des perſonnes auſſi éclairées que vous.

Je ſçay bien, MESSIEURS, que la grace que vous m'avez accordée comme à un amateur de la verité, ne m'asſure point de voſtre approbation que vous ne donnez qu'à la verité meſme. Je ſçay encore que vous pourrez condamner un Ouvrage, dont vous ne condamnez pas le deſſein : mais je ſçay auſſi que le jugement que vous en ferez ſera ſans aucune prevention. Vous ne direz pas qu'une pensée ſoit fauſſe, parce qu'elle eſt nouvelle; ny qu'elle ſoit veritable, parce qu'elle eſt ancienne : & quelque reſpect que vous ayez pour l'antiquité, vous nous faites voir qu'on peut entrer dans la con-

noiſſance des ſciences & des arts bien plus avant qu'elle n'y eſt entrée. Nous en avons pour preuves ces nouvelles lumieres que vous avez dõnées à l'Architecture, ces heureuſes inventions des Pendules, ces ingenieuſes penſées ſur la Percuſſion des corps, & ces curieuſes découvertes de quelques nouvelles Planetes que vous venez de mettre au iour. Ce ne ſont pourtant que des ouvrages de quelques-uns de vous en particulier : Que ſera-ce donc quand on verra ce que toute l'Academie aura produit? Que ſera-ce quand vous nous donnerez l'Histoire des animaux, l'Anatomie exacte de toutes leurs parties, la Resolution des mineraux, l'Analyse des plantes, la mesure de la terre, & les autres excellens Ouvrages de Physique & de Mathematiques, ausquels vous travaillez sous la protection du plus grand de tous les Monarques? Nous esperons qu'avec les secours que sa magnificence vous donne par la main d'vn ministre, dont le nom sera illustre tant qu'il y aura des arts & des sciences, vous porterez ces mesmes arts & ces mesmes ſciences jusqu'au plus haut degré de perfection.

Vous ferez, MESSIEVRS, que ce baſtiment ſuperbe que ſa Majeſté vient d'élever pour vous, deviendra bientoſt plus fameux que ceux qu'on appelle encore auiourd'huy les merveilles du monde. Et ſi la renommée a dit tant de choſes de cét ancien Phare qui éclairoit le port d'Alexandrie : Que ne dira-t-elle point de ce nouveau Phare qui va éclairer tout le monde ? ſi elle a tant vanté ce prodigieux Coloſſe de Rhodes : Où ne publi-

ra-t-elle pas cette nouvelle Tour par laquelle vous montez jusqu'aux astres & vous descendez jusqu'aux abysmes, pour découvrir ce que la nature a de plus secret? Que cét ouvrage est digne du Roy! Que ce monument glorieux de son amour pour les sciences merite d'estre joint avec ses prodigieux exploits dans les armes! & qu'entre les choses qui luy ont acquis le nom de grand, l'on estimera ce Temple des Sciences & des arts, que vous remplissez d'une lumiere plus pure, que celle qui a éclairé *la sagesse des Grecs & des Romains.*

Il est vray, MESSIEVRS, que cette lumiere si penetrante & si étenduë, à laquelle je viens exposer mon ouvrage, en découvrira d'abord tous les défaux; Mais c'est avec joye que je le soûmets à cette épreuve. J'espere mesme de vostre bonté que vous me les ferez connoistre, en voulant bien communiquer vos sentimens à une personne qui s'en fera des maximes & des principes. Quel que soit enfin vostre jugement sur ce livre, je m'esti-

meray toûjours heureux, si vous me faites l'honneur de le recevoir comme un témoignage public de la profonde veneration avec laquelle je suis.

MESSIEURS,

Vostre tres-humble & tres-obeïssant Serviteur,
C. GADROYS.

PREFACE.

A verité eſt difficile à découvrir ; pluſieurs nuages la dérobent à nos yeux, & ſouvent lors que nous penſons l'embraſſer, nous n'embraſſons que ſon ombre. Mille fauſſes lüeurs nous trompent, & nous jettent dans d'étranges égaremens. Cependant la pluſpart des hommes la recherchent avec empreſſement ; & l'exemple de ceux qui n'y ont pû reuſſir, n'eſt point capable de les étonner. Auſſi faut-il avoüer qu'on n'eſt point libre dans cet te recherche, & qu'en cela l'on ſuit bien plus l'instinct de la nature que le choix de la raiſon.

Mais tous leurs efforts ſe terminent ſouvent à bien peu de choſes. Ils ſe contentent de ſuivre le chemin battu, & d'aller où les Anciens ont eſté devant eux; & comme s'ils n'oſoient avancer plus loin, ils ne veulent voir que ce qu'ils ont vû, & en la maniere qu'ils l'ont vû. Ce ſont des flots qui ſe pouſſent les uns les autres, & qui ſe vont enfin rompre aux meſmes écueils.

Le grand nombre de perſonnes eſtimées habiles qui ont approuvé une opinion, eſt un poids qui nous determine dans la pluſpart de nos doutes. *Recti apud nos locum tenet error, ubi publicus factus est.* Lors qu'une estime est répanduë, elle corrompt la plusspart des jugemens; & comme on s'imagine que l'honneur est toûjours un bien justement acquis, nous nous croyons dispensez d'examiner la verité d'un sentiment, quand nous l'avons receu de ceux qui ont fait quelque bruit dans le monde, & qui y ont eu quelque reputation. Nous sommes comme ces jeunes plantes qui ne pouvant se soutenir d'elles mesmes s'attachent indifferemment à tout ce qu'elles rencontrent. Nous cherchons des appuis, & nous les allons mesme chercher jusques dans l'antiquité la plus reculée. De quoy ne nous prevalons nous pas, lors que nous nous sentons appuyez d'une vieille opinion ? Le nombre des années en agrandit l'idée, & le temps nous la faiſant paroiſtre plus grave, nous la fait paroiſtre en meſme temps plus veritable.

Il eſt d'autant plus difficile de ſe deffendre de ſes atteintes, que les pieges qu'elle nous tend ſont imperceptibles. Nous ſommes pris lors meſme que nous penſons avoir échapé. Mais ce n'eſt pas encore là le plus grand mal : mille autres liens ſecrets nous attachent à des opinions, & l'intereſt de les ſoutenir nous previent tellement, que tout ce qui leur eſt contraire nous paroiſt faux. Souvent meſme nous nous engageons à contredire des ſentimens, qui n'ont point d'autre apparence de fauſſeté, que

que le nom ou l'âge de leurs Autheurs.

Toute la ſource de ce deſordre ne vient que d'un amour deſordonné de nous meſmes, nous ne ſçaurions rien ſouffrir qui nous faſſe ombre, & parceque nos Contemporains ſont trop prés de nous, nous tâchons à les éloigner. Avons nous jamais vû perſonne s'intereſſer pour les titres d'honneur qu'on donne aux Anciens; ils ſont trop loin de nous pour nous porter de l'ombrage. Ce n'eſt ſouvent que dans cette vuë intereſſée, que ceux qui mépriſent ce qu'on voit dãs nos jours, reſpectent l'Antiquité. Rien n'eſt capable de leur perſuader qu'on puiſſe paroiſtre à preſent, parce qu'ils ceſſeroient de paroiſtre eux-meſmes; & cette maladie eſt ſi contagieuſe, que repandant par tout le corps une humeur maligne, ils ne voyent plus rien qui ne les inquiete, ils n'entendent rien qui ne les épouvante; la moindre ombre les étonne, le moindre ſoubçon les trouble, & les moindres productions d'eſprit leur ſont des preuves invincibles, qu'on leur va ravir le rang qu'ils poſſedent.

Nous meſlons par tout noſtre nature corrompuë. Toutes nos perceptions & toutes nos penſées tiennent toûjours quelque choſe de nous, & noſtre eſprit eſt comme un miroir raboteux qui détourne & gaſte les eſpeces. Les traces profondes que la cõcupiſcence a faites en nous, forment la pluſpart de nos ſentimens, & nous

nous en ſervons comme de regles infaillibles pour meſurer toutes choſes. Ainſi nous recevons pour vray ce qui nous eſt utile ; & nous ne prenons d'intereſt à l'inſtruction des autres, qu'autant que leur avancement contribuë à noſtre élevation.

Mais ny le nombre des années, ny l'authorité des perſonnes graves, ny l'amour deſordonné de nous-meſmes ne ſont point capables de rendre veritable ce qui eſt faux. C'eſt une metamorphoſe impoſſible. La verité n'eſt point tributaire du temps, elle eſt devant le temps ; & eſtant ce qu'elle eſt par raport à elle meſme, elle eſt independante & du nombre de ſes deffenſeurs, & de l'amour deſordonné de nous meſmes.

C'eſt pourquoy nous ne devõs regarder les ſentimens des hommes, que comme des opiniõs, & non point cõme des oracles. Les nouveaux Philoſophes ne pretendent pas porter le jour dans toutes les extremitez du monde : la ſuffiſance humaine eſt trop reſerrée, & le monde eſt trop vaſte : ils pretendent ſeulement porter la lumiere dans quelques recoins de la nature où l'on n'avoit point encore penetré. Qu'euſt fait Ariſtote s'il ſe fuſt repoſé ſur ceux qui avoient eſté avant luy ? & que n'a-t'on point fait depuis qu'on ne s'arreſte plus aux ſeuls écrits des Anciens ?

Je n'ay pas deſſein en parlant ainſi de diminuer en rien l'eſtime qui leur eſt deuë. Nous marchons ſouvent à la faveur de leur lumiere : & je croy que la plusspart ont dit la verité, dans les choses mesmes où ils nous paroissent tout à fait opposez.

Je me figure que les Philosophes ont en cela imité les Dessignateurs, qui voulant copier une mesme statuë, la prennent par differens endroits; les uns de front, les autres de profil, & les autres par derriere. Si l'on considere leurs ouvrages, ils n'ont rien de semblable, on ne remarque pas un trait dans l'un comme dans l'autre, & quoy qu'ils ayent travaillé sur le mesme original, on ne voit par tout cependant que de la diversité. Le monde a de mesme plusieurs faces, & on peut le prendre par toutes ces manieres. C'est ce qui a fait naiſtre tant d'opinions qui paroiſſent differentes, & ce qui fait meſme penſer aujourd'huy que les Philoſophes ſe contrarient & ſe détruiſent les uns les autres.

Mais à dire le vray nous avons à nous plaindre d'eux. Ils nous ont caché le point de veuë, d'où ils ont regardé le monde, & par je ne ſçay quels motifs ils ont en apparence affecté l'obſcurité. Que leur importoit-il de nous le dire? & qu'euſt couſté davantage à Ariſtote de nous avertir s'il avoit regardé le monde de profil ou autrement.

Deſcartes eſt le ſeul que je ſçache qui nous l'a découvert ſans reſerve. Auſſi comme on ne commence à voir les beautez d'un tableau, que lors qu'on le regarde de ſon point de veuë, il ne faut pas s'eſtonner ſi ſa Philoſophie paroiſt belle, ſes principes ſenſibles, & ſa maniere d'expliquer ingenieuſe. On y découvre juſqu'au moindre trait, on voit le rapport qu'ont enſemble toutes les pieces qui la compoſent; & c'eſt ce qui fait qu'on ne voit point ſi ſouvent Deſcartes contre Deſcartes, comme on voit Ariſtote contre Ariſtote, Gaſſendy contre Gaſſendy.

Ce n'eſt pas que bien des choſes ne luy ayent encore échappé; qu'il n'y en ait beaucoup d'autres dans ſes écrits, qui ne ſont pas en tout leur jour; & que malgré toute l'étenduë d'eſprit qu'il a fait paroiſtre, il n'ait laiſſé beaucoup à faire. Il en eſt de meſme de tous les grands hommes. Leur ame toute appliquée aux grands objets dont elle eſt remplie, n'a plus de temps n'y d'attention à donner ailleurs. Le nombre & l'étenduë de leurs idées ne leur permettent pas d'y mettre un ordre. Cét ordre eſt le fruit du loiſir de ceux qui viennent aprés eux : comme ils n'ont plus beſoin de chercher les choſes, il ne leur reſte plus qu'à les aſſembler.

Il faut auſſi avoüer que Deſcartes eſtoit trop riche de ſon propre fond, pour pouvoir mettre en uſage tous les biens qu'il nous a laiſſez. C'eſt à nous à recueillir cette precieuſe ſucceſſion, & à en menager tous les avantages. Et de meſme que ces fameux Pilotes ayant fait la decouverte d'un nouveau païs,

païs, en laiſſent la culture aux Colonies qui viennent aprés eux ; nous pouvons auſſi dire que Deſcartes ayant fait la découverte d'un nouveau monde, nous a laiſſé le ſoin de le cultiver : ce monde, dis-je, qui n'a pas eſté moins inconnu aux Philoſophes anciens, que les terres de l'Amerique l'ont eſté aux Pilotes de l'antiquité.

Je ne ſçay comment j'ay tenté l'entrée de ce monde : mais je m'y ſuis veu ſi avant, que la curioſité de le voir tout ne m'a plus permis d'en ſortir. Je ne pouvois aſſez admirer la varieté des êtres qu'il renferme, & je rencontrois à tout moment dans les Vegetaux, dans les Mineraux, & dans les Animaux cent choſes également importantes & inconnuës. C'eſt ce qui m'a engagé de faire ſur ces differentes choſes un grand nombre de reflexions, & je pourray un jour en faire part au public, ſi le public approuve aujourd'huy l'eſſay que je luy donne.

J'ay voulu commencer par la deſcription du monde, parce que cette matiere eſt plus expoſée à la recherche & à la curioſité des hommes. On a toûjours fait paroiſtre de l'admiration pour les choſes qu'on regarde vers le Ciel, & l'on s'en eſt formé des idées auſſi avantageuſes, qu'on les a crû élevées au-deſſus de nos teſtes: c'eſt pour cela meſme que la pluſpart ont voulu que les Cieux fuſſent tout d'une autre eſpece que la terre, & que par un privilege ſingulier ils fuſſent d'une nature incorruptible.

La connoiſſance du Syſteme du monde eſt meſme aujourd'huy la ſcience à la mode : chacun ſe pique de la ſçavoir ; auſſi eſt-ce la baſe de preſque toutes les autres ſciences. La Geographie, la Marine, la Legereté, la Peſanteur, le Flux & Reflux, l'Aimant, la Lumiere, la Chaleur, toutes les diverſes ſaiſons en dependent, & ſans elle on ignore ces choſes. Il y a une ſi grande liaiſon, que je ne m'étonne point ſi l'antiquité ne nous a pas meſme laiſſé de conjectures ſur ces differens ſujets; & ſi ceux qui ignorent le Syſteme de Deſcartes, traitent ſes explications de rêveries. C'en ſont à leur égard, il eſt vray, puis qu'ils n'en voyent point la liaison avec les principes: mais l'on n'est pas obligé de les croire sur leurs paroles.

J'ay tâché pour cela de rendre la connoissance de ce monde plus facile. L'ordre que j'y ay mis, & le soin que j'ay apporté d'en éclaircir les matieres, mettront cette science au nombre de celles qu'on peut facilement apprendre. L'embarras qu'on trouve dans Ptolomée & Tycho, l'a fait considerer de la pluspart comme une chose qui estoit hors de leur portée; & mesme ceux qui se sont bien voulu donner la peine de passer par dessus les difficultez, ne regardent ce qu'ils en ont dit que comme une imagination, & non point comme une verité. L'esprit ne se contente pas si une hypothese explique bien ſes apparences, il veut qu'elle ait encore quelque vray-ſemblance, & puis que le monde eſt une grande machine, & qu'il part d'un ſi excellent ouvrier, les mouvemens en doivent eſtre ſimples, & les reſſorts nullement forcez. Ceux qui en ont fait des hypotheſes devoient avoir en veuë cette regle; mais il paroiſt bien que Ptolomée & Ticho ne l'ont point conſiderée.

Copernic l'a ſuivie, & la ſuppoſition que je fais pour faire aller ſa machine eſt ſi ſimple, que les reſſorts ſemblent joüer d'eux meſmes: car aprés que j'ay ſuppoſé que Dieu a creé de la matiere en mouvement, je fais voir comment par les loix qu'obſervent encore aujourd'huy les corps, toutes ſes parties ont pû se disposer de la maniere que nous avons supposé qu'estoit le monde.

Je ne croy pas pour cela que les raisons que j'apporte soient raisons à tout le monde. Il y a bien des sortes d'esprits, & les gousts sont dans plusieurs tout differens. Je consens que ceux-là prennent d'autres routes, & je l'ay fait moy-mesme à l'égard de Descartes. L'estime que j'ay pour luy ne m'a pas empesché d'embrasser des sentimens differens dans les choses qui ne me paroissoient pas assez vray-semblables. En me donnant à luy, j'ay voulu conserver ma liberté toute entiere ; & ceux qui estiment le plus ses ouvrages, sont si équitables, qu'ils ne trouveront pas mauvais que j'aye icy refuté quelques-unes de ses opinions.

Enfin l'on trouvera en plusieurs endroits d'autres explications que celles qu'on a coûtume de faire: l'on y verra mesme quelques pensées nouvelles sur beaucoup de choses, & l'on rencontrera en bien des endroits des faits expliquez, qui ont toûjours paru tres-difficiles. Mais j'aime mieux laisser à chacun la liberté d'en juger, que de le prevenir par des discours qui pourroient estre suspects.

TABLE DES CHAPITRES ET SECTIONS.

QUESTION I.

Des Observations sur le Monde.

QUESTION II.

Des diverſes Hypotheſes pour expliquer le mouvement des Aſtres.

TABLE.

QUESTION III.

De la Fabrique du Monde.

QUESTION IV.

De la Nature des Aſtres.

QUESTION V.

Des choses qui regardent la connoissance du Monde.

DISCOURS

DISCOURS SUR LE MONDE.

LE Monde est un ouvrage admirable. De quelque costé, que nous l'envisagions, il ne nous presente que des sujets d'étonnement. Chaque chose y a son lieu, ses inclinations, & ses varietez, & nous pouvons dire que la perfection d'un si grand corps, ne consiste pas tant dans la beauté de ses parties, qu'en l'ordre que ces mesmes parties gardent entr'elles.

Nous ne sçaurions donc en penser trop hautement, nous devons plustost craindre d'en diminuër l'excellence, que de l'imaginer trop grand & trop parfait; la puissance qui l'a crée estant immense, & la sagesse qui l'a disposé, infinie; ce seroit presumer de nous mesmes, que de luy donner les limites que luy donnent nos yeux.

Ainsi nous ne nous arresterons point à plusieurs questions qu'on a coustume de faire icy par maniere de preambule: nous ne recherchero͂s point par exēple si le monde est indefiny ou non, quelle est sa figure, si au delà il y a quelque chose: nous ne rechercherons point encore s'il y a, ou du moins s'il peut y avoir plusieurs mondes, ny pour quelle fin celuy-cy a esté creé: nous perderions le temps sur de semblables choses, & c'est estre temeraire de vouloir rechercher les fins que Dieu s'est proposées, & de pretendre penetrer dans ses plus secretes pensées. Nous nous arresterons seulemēt aux choses sur lesquelles Dieu a bien voulu que nous disputassions,

& qui ſont de noſtre portée. Nous chercherons la diſpoſition de ſes parties, & la ſcituation qu'a la terre à l'égard des corps qui l'entourent.

Je croy que dans le choix que nous avons à faire d'une hipotheſe, de pluſieurs qu'on a inventées, la meilleure methode que nous puiſſions ſuivre, c'eſt de regarder d'abord le monde: & conſiderant ſes parties chacune à part, d'expliquer en ſuite par les differentes hipotheſes toutes les obſervations que nous pourons avoir faites. Car il ſera facile par ce moyen de juger laquelle nous devons ſuivre preferablement aux autres, comme la plus vray-ſemblable.

Diviſion de cet Ouvrage.

Nous n'aurions de cette maniere qu'à eſtablir deux Queſtions, l'une des Phenomenes, & l'autre des Hypotheſes: mais nous pouſſerons plus avant: & pour avoir une connoiſſance entiere du monde, nous ferons encore trois Queſtions, une de la Fabrique du monde, une autre de la nature des Aſtres, & la derniere des differentes choſes qui appartiennent au Siſteme. Ainſi tout ce Traité comprendra cinq Queſtions, & chacune aura pluſieurs Chapitres.

QUESTION I.

Des Observations sur le Monde.

ON peut, comme nous venons de dire, regarder le monde de deux manieres; on peut regarder toutes ses parties ensemble, & ce qu'elles ont de commun; & on peut les regarder chacune à part, & ce qu'elles ont de particulier. En les regardant toutes ensemble nous verrons principalement les motifs, qu'on a eu de feindre dans le Ciel, & sur la Terre, les cercles, dont les Astronomes & les Geographes se servent: & en les regard'ant chacune à part, nous verrons ce qu'on a remarqué jusques icy dans les Astres.

CHAPITRE I.

Des Observations generales.

LA premiere chose, que nous observons, c'est la Terre, qui nous sert, & de soutient, & de demeure. Sa superficie est couverte d'eau en plusieurs endroits, & entre-coupée de plusieurs montagnes.

De la Terre.

L'Air s'apuye sur toute cette superficie; & nous pensons qu'il s'etende jusqu'aux Astres.

De l'air

Nous dirions d'icy, que toutes les étoiles soient dans une mesme superficie; & le Ciel, où nous les attachons, nous paroist tout à fait rond.

Du Ciel

A ne consulter que les sens, nous nous figurons la terre toute platte, & au dessous de nous, nous ne sçaurions qu'imaginer: mais la raison

Que la terre est ronde.

nous detrompe, & voilà les preuves que nous avons qu'elle est ronde.

Premierement nous ne sçaurions avancer vers quelque endroit, que nous ne decouvrions de nouveaux Astres devant nous, & que nous n'en perdions d'autres derriere. Ceux par exemple, qui cheminent du Midy vers le Septentrion, voyent le pole se hausser insensiblement sur leurs testes, & decouvrant comme une nouvelle face du Ciel, perdent en mesme temps celle qu'ils voyoient auparavant. Tout de mesme que traversant une montagne, on decouvre peu à peu les terres qu'on ne voyoit pas, & on pert celles qu'on voyoit.

Secondement le Soleil, & generalemẽt tous les Astres ne se levent pas également à l'égard de ceux qui habitent differentes contrées: aux uns, comme aux Orientaux, ils se levent plustost; & aux autres, comme aux Occidentaux, ils se levent plus tard.

Et enfin eſtant quelque peu avancé en mer, ceux qui ſont ſur le tillac ne voyent pas la terre, mais ceux qui ſont ſur la dunete la voyent.

Il n'y a point d'autre raiſon de tout cela, que la rondeur de la terre & des eaux. Car ſi leur ſuperficie eſtoit platte, il arriveroit tout le contraire: & il eſt aiſé de prouver que tout ce qui eſt au deſſus d'un plan eſt viſible en meſme temps de toutes les parties de ce plan. Il y auroit par tout égale élevation de pole; le Soleil ſe leveroit en meſme temps par tout un Hemiſphere; & ceux qui ſont ſur le tillac, comme ceux qui ſont ſur la dunete, decouvriroient de meſme la terre.

De la grandeur de la terre.

Au reſte la grandeur de la terre n'eſt pas conſiderable : diverſes relations nous apprẽnent que pluſieurs en ont fait le tour; & le calcul Aſtronomique nous montre que ſon circuit n'eſt d'environ que de neuf mille lieuës, & ſon diametre de 2863. d'où il ſuit, que la diſtance qu'il y a d'icy au centre est à peu prez de 1431. lieuës.

Nous remarquons deux sortes d'Astres, les uns gardent un mesme ordre entr'eux, & sont toûjours dans une égale distance l'un de l'autre, & on les nomme Etoiles fixes : les autres ne gardent aucun ordre, & changent continüellement de place, & on les appelle Planetes.

De la diversité des astres.

On ne compte que sept Planetes, qui sont le Soleil, la Lune, Mercure, Venus, Mars, Jupiter, & Saturne.

Qu'il y a sept planettes.

Mais on compte plusieurs Etoiles fixes, les Anciens n'en avoient decouvert que 1022. des principales, & les lunettes à longue veüe nous en ont fait decouvrir un si grand nombre, que dans la seule constellation d'Orion, il y en a d'avantage, que les Astronomes n'en avoient auparavant remarqué dans tout le Ciel.

Qu'il y a un nombre innombrable d'étoilles fixes.

Mais ce que je trouve de surprenant, c'est que les mesmes lunettes, qui nous font voir les Planetes aussi grandes que la Lune, nous diminuënt la grandeur des Etoiles fixes, & nous les font voir beaucoup plus petites, que la veuë simple ne les decouvre.

Que le soleil & les étoilles fixes luisent d'eux-mêmes, & les planettes du soleil.

Enfin ces lunettes nous ont fait voir que toutes les Planetes, excepté le Soleil & les Etoiles fixes, estoient des corps denses & sans lumiere, & qu'elles empruntoient du Soleil celle qu'elles nous reflechissoient. Elles nous ont encore fait voir, comme nous montrerons dans la suite, que la pluspart des Astres tournoyent sur leur centre.

Du mouvemēt des astres.

Outre ce tournoyement, les Astres ont encore deux mouvemens, l'un qui les emporte tous emsemble en 24. heures vers l'Occident, l'autre qui les porte inégalement en differens temps vers l'Orient.

Des poles du monde.

Les points immobiles sur lesquels les Cieux sont emportez en 24. heures, sont ce que nous appellons les poles du monde. Il y en a deux, l'un qu'on nomme Arctique, qui est dans la partie du Ciel que nous voyons ; l'autre qu'on nomme Antarctique, qui est dans celle que nous ne voyons pas.

Des poles de l'Ecliptique.

Et les points sur lesquels ils sont portez en differens temps, sont ce que nous appellons les poles de l'Ecliptique, qui sont éloignez des poles du monde de 23. degrez 30. m.

Premiere invention des cercles.

Mais pour se faire un langage commun, les Astronomes ont pris occasion du mouvement des Astres, & principalement du Soleil, de feindre dãs le Ciel certains cercles, qui ne laissent pas, quoy que supposez, de rendre la matiere plus traitable, & la connoissance plus familiere.

Cõment on a inventé l'horison & le meridien.

Premierement parce que le Soleil à son lever nous rend la lumiere qu'il nous avoit ostée à son coucher, ils nous dépeignent deux cercles, l'un qu'ils nomment *Horison*, pour nous marquer l'heure de son lever & de son coucher, l'autre qu'ils nomment *Meridien*, pour nous marquer la moitié du jour & de la nuit.

De l'horison. Ils definissent cõmunement l'Horison un cercle, qui borne nostre veuë en quelque endroit de la terre où nous soyons.

Ses poles sont deux points qu'il faut concevoir également éloignez de toutes ses parties : celuy qui est sur nostre teste s'appelle Zenith ; & celuy qui est sous nos pieds, Nadir.

Ils en ont distingué de deux sortes, l'un sensible, & l'autre rationel. La raison de cette division, c'est que comme nous ne voyons pas d'une seule veuë la moitié du Ciel, ils font l'Horison rationel, comme s'il passoit par le centre de la terre, & ils mettent l'Horison sensible plus haut, à l'endroit où nostre veuë se termine.

Ces deux cercles sont paralleles l'un à l'autre, & ils ne sont distans que du demydiametre de la terre: ce qui n'est pas fort sensible dans les Cieux; & quoy que les Astres en se levant ayent atteint l'Horison rationel plustost que l'Horison sẽsible, on ne remarque cependant point de difference, si ce n'est dans la Lune, qui estant assez proche de la terre marque une difference entre l'un & l'autre Horison d'un degré : c'est pourquoy on n'a pas égard à l'Horison sensible ; & les Astronomes quand ils parlent simplement de l'Horison, entendent le rationel.

Et cela nous fait voir que la terre n'est qu'un point, pour ainsi dire, en comparaison du firmament: puisque la moitié de la terre ne nous empesche pas de voir une étoile qui est dans l'Horison rationel.

L'un & l'autre Horison sont mobiles à l'égard des personnes, quoy qu'ils soient immobiles à l'égard des lieux ; c'est à dire que nous changeons d'Horison toutes les fois que nous changeons de place, & cela, comme nous avons dit, à cause de la rondeur de la terre.

Les principaux usages de l'Horison rationel sont, 1. de nous faire connoistre le lever & le coucher des Astres : car au moment qu'un

Astre paroist sur nostre Horison, on dit qu'il se leve, & quand il disparoist on dit qu'il se couche. Ainsi les Astres qui se meuvent dans des cercles, qui sont coupez par l'Horison, se levent & se couchent, & ceux dont les cercles ne sont point coupez par l'Horison ne se levent, ny ne se couchent point.

2. De diviser le monde en deux parties égales, dont l'une qui nous est visible, est l'Hemisphere superieur : l'autre qui nous est invisible, est l'Hemisphere inferieur.

Du meridien. Pour le Meridien ils le definissent un cercle, qui passe par le Zenith & le Nadir, & par les deux poles du monde.

Il divise le monde en deux parties égales, en Orientale, qui est du costé où les Astres se levent : & en Occidentale, qui est du costé où ils se couchent.

On peut concevoir autant de Meridiens qu'il y a de Zeniths ou de points verticaux de l'Orient à l'Occident : mais comme le changement de Midy n'eſt ſenſible que de douze en douze lieuës ou environ, les Aſtronomes anciens s'eſtoient contentez de tracer des Meridiens de trente-ſix en trente-ſix minutes. Ptolomée en met un à chaque degré, & aujourd'huy on n'en trace guere ſur le globe que de dix en dix, ou de quinze en quinze degrez.

Ainſi dans tous les païs on n'a pas midy en même temps : ceux qui ſont plus Oriẽtaux l'ont plûtoſt que ceux qui ſont plus Occidentaux; & l'on remarque que dans une Ville, qui eſt plus Orientale qu'une autre de quinze degrez, il eſt midy, lors qu'il n'eſt qu'onze heures à celle-cy.

Cõment on a inventé l'Equateur, les Tropiques, les Polaires & l'Ecliptique.

Les Aſtronomes conſiderant derechef le Soleil & le regardant dans le milieu de ſon cours, lors qu'il n'eſt pas plus proche d'un pole que de l'autre, ils ont feint en cet endroit un cercle qu'ils nomment *Equateur.* Sur les points qui luy ſervent de bornes, ils en ont imaginé deux qu'ils nomment *Tropi-*

ques. Sur ſa route ils en ont conceu un autre qu'ils appellent *Ecliptique*, & comme les poles de l'Ecliptique ſe mouvoient autour des poles du monde, ils ont inventé deux autres cercles qu'ils ont nommé *Polaires.*

De l'Equateur Ainſi l'Equateur eſt un cercle qui eſt également diſtant des poles du monde. On l'appelle auſſi Equinoxial : car le Soleil ſe trouvant dans ce cercle deux fois l'année, ſçavoir le vingtiéme Mars, & le vingt-troiſiéme Septembre, les jours ſont égaux aux nuits.

Il diviſe le monde en deux parties, en Septentrionale, qui eſt celle où nous ſommes, & en Meridionale, qui eſt celle de l'autre coſté de l'Equateur.

Des Tropiques. Les Tropiques ſont paralleles à l'Equateur, & en ſont éloignez de 23. d. 30. m. on les a nommez ainſi, parce que le Soleil retourne, ce ſemble, ſur ſes pas, lors qu'il y eſt parvenu. On les a encore appellez *Solſtices*, parce qu'il ſemble y ſejourjourner quelque temps.

Les Polaires sont aussi paralleles à l'Equateur: on les a ainsi appellez, soit parce qu'ils sont proches des poles du monde, soit parce qu'ils sont décrits par la revolution diurne des poles du Zodiaque. *Des Polaires.*

L'Ecliptique passe d'un Tropique à l'autre & coupe obliquement l'Equateur : on l'a appellé ainsi, parce que, comme nous dirons, les éclipses arrivent lorsque la Lune la coupe. *De l'Ecliptique.*

Elle divise le Ciel en deux parties, en Boreale, & en Australe.

Enfin les Astronomes considerant que toutes les Planetes ne se mouvoient pas justement sous l'Ecliptique, mais qu'elles s'en écartoient quelque peu de part & d'autre, les unes plus, les autres moins; on a feint un autre cercle à qui on a donné la largeur de ces differens éloignemens : c'est ce qu'on appelle *Zodiaque.* *Cõment on a inventé le Zodiaque.*

Ce cercle passe d'un Tropique à l'autre; il a l'Ecliptique dans le milieu de sa largeur : ses poles sont les *Du Zodiaque.*

mêmes que ceux de l'Ecliptique: & la largeur qu'on luy donne ordinairement est de 13. degrez.

Il a plû aux Anciens de diviser le Zodiaque en douze parties, dont chacune a trente degrez: c'est ce qu'ils appellent les douze maisons du Soleil.

Ils leur ont donné des noms d'Animaux pour les distinguer: sçavoir le Belier, le Taureau, les Gemeaux l'Ecrevisse, le Lyon, la Vierge, la Balance, le Scorpion, le Sagittaire, le Capricorne, le Verse-eaux & les Poissons.

Ils ont divisé en suite ces douze signes en quatre ternaires, commençant par le Belier, pour nous marquer les quatre saisons de l'année: ainsi le Belier, le Taureau, & les Gemeaux sont les trois signes du Prin-temps; l'Ecrevisse, le Lyon, & la Vierge, ceux d'Esté: la Balance, le Scorpion, & le Sagittaire, ceux d'Automne: Enfin le Capricorne, le Verse-eau, & les Poissons, ceux d'Hyver.

Et les premiers de ces quatre Ternaires, qui ſont le Belier, l'Ecreviſſe, la Balance, & le Capricorne ſont appellez Cardinaux, à cauſe que les ſaiſons commencent lorſque le Soleil y entre. Dans le Belier on prend l'Equinoxe du Printemps : & dans la Balance, l'Equinoxe d'Automne : dans l'Ecreviſſe le Solſtice d'Eſté, & dans le Capricorne celuy d'Hyver.

Cōment on a inventé les Colures.

C'eſt pour marquer ces quatre points Cardinaux, que les Aſtronomes ont inventé les deux Colures.

L'un le Colure des Equinoxes, qui paſſe par les points équinoxiaux : l'autre le Colure des Solſtices, qui paſſe par les points ſolſticiaux.

Ils ont feint encore pluſieurs autres cercles. Ils en ont feint pour nous marquer la diſtance d'un Aſtre à l'Equateur, & on les a nommez des cercles de declinaiſon. Ils paſſent par les poles du monde, & coupent l'Equateur à angles droits.

Des cercles de declinaiſon.

Ainſi la declinaiſon d'un Aſtre eſt la quantité de degrez que l'on compte sur l'arc d'un de ces cercles compris entre l'Equateur & cet Astre.

Il y a de deux sortes de declinaisons : l'une Boreale, & l'autre Australe, selon la partie du monde où l'Astre se rencontre.

Des cercles verticaux. On en a feint aussi pour nous marquer les elevations des Astres par dessus l'Horison: & on les a nommez des cercles Verticaux ou Azimuths; Ils passent du Zenith au Nadir par tous les points de l'Horison : mais comme on peut s'imaginer une infinité de semblables cercles, on a pris pour premier celuy qui passe par les intersections de l'Horison & de l'Equateur.

Ainsi l'elevation d'un Astre est la quantité de degrez que l'on compte sur l'arc d'un de ces cercles compris entre l'Horison & cet Astre.

Des cercles de latitude. On en a encore feint pour nous marquer la distance d'un astre à l'Ecliptique, & on les a nommez des cercles de latitude : ils passent par les poles de l'Eclitique, & la coupent à angles droits.

Ainsi la latitude d'un Astre est la quantité de degrez que l'on compte sur l'arc d'un de ces cercles compris entre l'Ecliptique & cet Astre.

On en a inventé enfin pour nous marquer la distance d'un Astre au premier degré d'Aries, & on les a nommez des cercles de longitude: ils sont tous paralleles à l'Ecliptique & l'Ecliptique mesme sert d'un de ces cercles.

Des cercles de longitude.

Ainsi la longitude d'un Astre est la quantité de degrez que l'on compte sur l'arc d'un de ces cercles compris entre le premier degré d'Aries & cet Astre, & cela en comptant d'Occident en Orient.

Les Geographes ont transporté sur la superficie de la terre la plus-part des cercles que nous venons de concevoir dans le Ciel, & ils l'ont fait afin de pouvoir plus aisément distinguer ses regions : car à vray dire, il est bien difficile d'avoir une connoissance parfaite de la constitution des divers païs, à moins de connoistre le rapport qu'a la ter-

Principes de la Geographie.

re avec les autres parties de l'Univers.

C'est pourquoy ils ont feint tous ces cercles aux endroits de la terre que l'on conçoit vis-à-vis des cercles celestes: l'Equateur sous l'Equateur, les Tropiques sous les Tropiques, le Meridien sous le Meridien.

Du terme de la latitude des lieux.

En transportant sur la terre l'Equateur, que les matelots appellent simplement la ligne, ils ont le terme d'où l'on commence à compter la latitude des lieux: car il y a cette difference entre la latitude Geographique & l'Astronomique, que la Geographique se prent de l'Equateur, au lieu que l'Astronomique se prend, comme nous venons de dire, de l'Ecliptique.

De sorte que la latitude d'une Ville est la distance de cette Ville à l'Equateur, ou bien c'est la quantité de degrez que l'on compte sur un cercle de latitude entre l'Equateur & cette Ville.

Et il est à remarquer que la latitude est toûjours égale à l'élevation du Pole, & que sçachant l'une, on sçait aussi l'autre. Car comme l'Horison s'étend à la ronde à quatre-vingt dix degrez, il est vray que si on s'éloigne de l'Equateur d'un certain nombre de degrez, on découvre autant de degrez par dessous le pole ; c'est à dire que le pole semble s'élever sur nostre Horison d'autant, que nous nous serons éloignez de l'Equateur.

Que la latitude est égale à l'elevation du pole.

D'où l'on voit que les cercles de latitude sont ceux que l'on conçoit passer d'un pole à l'autre par tous les points de l'Equateur.

Du terme de la longitude des lieux.

En transportant sur la terre les Meridiens, & en choisissant un pour premier, ils ont le terme d'où ils commencent à compter la longitude des lieux.

De sorte que la longitude d'une ville est la distance de cette ville au premier Meridien, ou la quantité de degrez sur un cercle de longitude entre cette ville & le premier Meridien: & cela en comptant d'Occident en Orient.

Du premier Meridien. Les Geographes ont esté long-temps en contestation, lequel ils prendroiēt pour premier Meridien; Ptolomée a pris celuy qui passe par l'Isle de Fer, une des Canaries: & aujourd'huy presque dans toutes les Cartes on prend celuy qui passe par les Azores, par les Isles de Saint Michel & de Sainte Marie.

Ce premier Meridien coupe tous ces cercles de longitude: & c'est de cette intersection que l'on commence à compter la longitude des lieux.

Or ces cercles de longitude sont ceux qu'on décrit sur le globe de part & d'autre de l'Equateur, dans des distances paralleles.

Iusques où s'étend la longitude. Et il faut remarquer que la longitude peut s'étendre jusqu'à 359. degrez & quelques minutes: car le Meridien se prend par les Geographes, pour un demy-cercle, & non pas pour un cercle entier: c'est pourquoy les Antipodes de ceux qui habitent les Isles Azores comptent 180. degrez de longitude: ce qu'ils ne devroient pas faire, si on prenoit

un

un Meridien pour un cercle entier.

Mais il n'en eſt pas de meſme de la latitude, car elle ne s'étend qu'à 90. degrez, & cela de part & d'autre, c'eſt à dire vers l'un & l'autre Pole: d'où vient qu'on en diſtingue de deux ſortes, de Septentrionale & de Meridionale. *Iuſques où s'étend la latitude.*

En tranſportant enfin ſur la terre les quatre petits cercles, ils la diviſent en cinq parties, qu'ils appellent Zones: celle qui eſt entre les deux Tropiques eſt la Zone Torride: les deux qui ſont entre les Tropiques & les Polaires ſont les temperées: & les deux autres qui ſont enfermées dans les cercles Polaires ſont les froides. *Des Zones.*

Ils n'ont diviſé la terre en Zones, que pour diſtinguer la temperature de ſes diverſes contrées. Mais comme les Zones n'eſtoient pas ſuffiſantes, y ayant dans une meſme Zone des païs où les ſaiſons ſont fort diverſes, ils ont inventé les Climats, qui ſont une eſpace de terre compris entre deux cercles pa- *Des Climats.*

ralleles à l'Equateur tellement éloignez, que le plus grand jour de l'un surpasse le plus grand jour de l'autre d'une demi-heure.

C'est pourquoy comme les jours sont plus grands de douze heures vers les Cercles Polaires que vers l'Equateur, on compte vingt-quatre climats dans cette étenduë, c'est à dire qu'on en met vingt-quatre dans la partie Septentrionale & vingt-quatre dans la Meridionale.

Dans les Zones froides on n'a plus égard aux demi-heures pour distinguer les climats; on n'a égard qu'aux mois : car où le jour est d'un mois, ils y mettent le premier climat ; où il est de deux mois, le second : & comme le jour est de six mois sous les Poles, ils distinguent tant dans l'une que dans l'autre de ces Zones, six climats.

Ainsi il y a en tout soixante climats. Les Anciens en comptoient beaucoup moins : mais cette difference vient de ce qu'ils entendoient par le mot de climat une terre habitée : & comme ils estimoient que la Zone Torride & les Zones froides estoiét inhabitables, l'une à cause de l'excessive chaleur, les autres à cause de la grande froideur, ils ne pouvoiét compter que fort peu de climats.

Enfin ils ont divisé les climats en deux, qu'ils appellent Paralleles. *Des Paralleles.*

Mais presentement on ne marque plus guere les lieux par les climats, & les paralleles. Les Geographes se servent aujourd'huy plus communement de la latitude.

Chapitre II.

Des Observations sur les Etoiles fixes.

Les Etoiles fixes n'ont ce semble, qu'un mouvement de 24. heures d'Orient en Occident sur les poles du monde: mais Hyparque ayant conferé ses observations avec celles que Timocharis avoit faites avant luy, en reconnut un autre d'Occident en Orient sur les poles du Zodiaque, & Ptolomée ayant comparé *Ptolomée dãs sa grãde Syntaxe mathematique, qu'on appelle l'almageste, l. 7. ch. 2. & 3.*

les siennes avec celles de Timocharis & d'Hyparque, remarqua la mesme chose. Voila donc comme ils le reconnurent.

Comment on a reconnu le mouvement des Etoiles fixes.

Ils avoient observé que les Etoiles fixes gardoient toûjours une mesme distance des poles du Zodiaque, & que leur latitude ne changeoit point, mais que leur declinaison changeoit; par exemple Timocharis avoit observé que l'Epi de la Vierge estoit plus boreal d'un degré 24. minutes que l'Equateur. Hyparque aprés luy ne la trouva plus que de 36. min. & Ptolomée l'observa plus austral de 30. min. Or comme les autres Etoiles avoient à proportion changé, ils conclurent qu'elles avoient toutes ensemble un mouvemēt d'Occident en Orient sur les poles du Zodiaque.

Comment on a admis 2. sortes de signes

Ce fut environ vers ces temps-là que l'on commença à distinguer 2. sortes de signes que l'on confondoit auparavant, les signes du Firmament & les signes du premier Mobile: ceux du Firmament sont des amas d'Etoiles arrangées d'une certaine façon,

& ceux du premier mobile sont certains espaces qu'on a imaginez au-dessus du Firmament, dont le commencement est dans l'intersection de l'Equateur & de l'Ecliptique, & on donna aux uns & aux autres les mesmes noms de Belier, de Taureau, de Gemeaux : mais comme on crut que ceux du premier Mobile estoient fixes, & que ceux du Firmament estoient mobiles, puis que du temps d'Hyparque la premiere Etoile de la constellation du Belier estoit dans l'intersection de l'Equateur & de l'Ecliptique, & que du temps de Ptolomée elle en estoit éloignée prés de 2 d. on n'a plus reglé les saisons que sur ceux du premier Mobile : de sorte qu'on dit encore que les Equinoxes, qui ne se font jamais que dans l'intersection de l'Equateur & de l'Ecliptique, qu'on a crüe invariable, arrivent dans le premier degré du Belier ; quoy que le Soleil ce jour-là se leve avec des Etoiles des poissons éloignées de 28. degrez de la 1. Etoile de la constellation du Belier.

Que leur mouvement est irregulier. On n'a pû encore jusqu'icy determiner ce mouvement propre, puis qu'il a esté toûjours fort irregulier: car depuis Timocharis jusqu'à Ptolomée qui vivoit environ 200. ans aprés, elles n'avancerent que de 2. deg. ce qui luy fit conclure qu'elles achevoient leur tour en 36000. ans: & depuis elles ont avancé de 26. degrez; en sorte que le Belier du Firmament est aujourd'huy presque tout dans le Taureau du premier Mobile : & ce progrez a esté fort inégal dans differens siecles.

Des cõstellations. Et afin de ne se point broüiller dans le grand nombre des étoiles, ils les ont divisées en plusieurs cantons, qu'ils ont appellez en general *Signes* ou *Constellations*, & qu'ils ont nommez chacun d'un nom particulier: & de plus ils ont distingué ces constellations en trois bandes, selon l'endroit du Ciel où elles se sont rencontrées: celles qui estoient dans la partie Septentrionale ont esté appellées signes Septentrionaux, celles qui estoient dans la Meridionale ſignes Meridionaux, & celles qui eſtoient ſous le Zodiaque, ſignes Zodiaquaux: & ce ſont ces ſignes-là que nous avons appellez ſignes du Firmament.

De la lumiere des Etoiles.

Quant à leur lumiere elle n'eſt pas égale dans toutes: il y en a de plus brillantes les unes que les autres, & on en remarque de certaines ſi étincelantes, que pluſieurs auprés d'elles paroiſſent ſombres.

Que cette lumiere leur eſt propre.

On n'a pas laiſſé neanmoins de dire qu'elles avoient toutes leur lumiere d'elles-meſmes: car nous ne voyons point de quels corps elles pourroient emprunter une lumiere ſi étincelante. Elles ne peuvent l'avoir du Soleil; elles en ſont ſi éloignées, & ſont ſi diſtantes de nous, qu'avant que nous l'euſſions receuë elle ſeroit entierement diſſipée.

Qu'on a perdu quelques Etoiles, & qu'il en a decouvert de nouvelles.

On en a perdu dans un temps, & on en a vû dans un autre de nouvelles: on comptoit autrefois ſept Playades, & on n'en compte aujourd'huy que ſix: une dans la conſtellation de la petite Ourſe, & une autre dans celle d'Andromede ont disparu : mais depuis 1664. on en a découvert deux nouvelles dans l'Eridan, & on en remarque à present quatre vers le Pole, dont les Astronomes ne font point de mention.

Qu'il y en a qui se monstrét plusieurs fois.

Il y en a d'autres qui tantost paroissent & tantost disparoissent : en 1572. une Etoile parut dans la constellation de Cassiopeé avec une lumiere plus éclatante que les autres: elle diminua ensuite petit à petit, & au commencement de l'année 1574. elle disparut entierement : en 1601. il en parut une dans la poitrine du Cigne, & en 1626. elle disparut: 33. ans aprés on la revit au mesme lieu où Kepler l'avoit premierement observée : mais en 60. elle diminua si sensiblement pendant deux ans, qu'elle disparut tout à fait : cette mesme Etoile a esté ensuite l'espace de cinq ans sans paroistre, & elle ne s'est montrée qu'en 66. mais beaucoup plus petite. Celle du col de la Baleine, & une autre dans la ceinture d'Andromede ont paru &

disparu de mesme plusieurs fois.

Enfin plusieurs Etoiles dont les Astronomes nous ont exprimé la grandeur, nous paroissent aujourd'huy les unes plus grandes, & les autres plus petites.

CHAPITRE III.

Des Observations sur le Soleil.

Du mouvement journalier du Soleil.

LE Soleil se leve tous les jours & se couche de mesme, & il paroist se mouvoir chaque jour d'Orient en Occident.

Mais s'il se leve aujourd'huy en un point de l'Horison, ce n'est pas le lendemain precisément au mesme point : c'est en un autre endroit quelque peu éloigné.

Du mouvement annuel.

De mesme s'il se leve ou se couche aujourd'huy auec une Etoile à un certain degré de l'Ecliptique, le lendemain c'est avec une autre Etoile, & à un degré plus avancé vers l'Orient : de sorte qu'en 365. jours cinq heures quarante minutes, il parcourt tous les degrez de l'Ecliptique, c'est à dire qu'il fait son tour en un an d'Occident en Orient.

Qu'il a des bornes dans l'Horison & dans le Meridien.

Il ne fait pas de mesme tout le tour de l'Horison, il y a des bornes, & y estant parvenu il retourne sur ses pas : il est six mois à aller d'une borne à l'autre: de sorte qu'allant & revenant il se promene dans une grande étenduë de l'Horison.

Du changement de declinaison de l'Ecliptique.

Il a aussi des bornes dans le Meridien, où il semble demeurer quelques jours, de mesme que dans celle qu'il a dans l'Horison. L'une de ses bornes est dans la partie Septentrionale, l'autre dans la Meridionale: & elles sont chacune écartées de l'Equateur de vingt-trois degrez trente minutes. Du temps de Ptolomée elles en estoient distantes de 23. degrez 52. minutes. C'est pourquoy l'on voit le Soleil tantost dans l'une & tantost dans l'autre partie du monde.

Il fait sept ou huit revolutiōs dans la partie Septentrionale plus que dans la Meridionale: car il employe environ 187. jours à parcourir les signes Septentrionaux, & 178. à faire les Meridionaux; mais la difference est de huit jours.

Il paroist aussi & plus grand & plus proche de la terre.

Des jours. Quand le Soleil dans l'une de ses bornes qui est la plus proche de nostre teste, les jours sont tres-grands, & ils diminuënt à mesure qu'il s'en écarte, & quand il est dans l'autre borne qui est la plus éloignée de nostre Zenith, nos jours sont fort courts, & ils augmentent à mesure qu'il s'en éloigne: mais quand il est dans le milieu, autant écarté de l'une que de l'autre, les jours sont égaux aux nuits, & vers les Poles il y a un jour & une nuit de six mois.

Des saisons. La temperature du temps suit le cours du Soleil: car il fait chaud icy, lorsque le Soleil est dans la partie Septentrionale prés de ses bornes, quoy qu'alors il soit plus écarté de la Terre: il fait froid au contraire lors qu'il eſt dans la partie Meridionale, quoy qu'alors il ſoit plus prés de la Terre : & le temps eſt moderé lorſqu'il eſt dans le milieu de ſes bornes.

De la grãdeur apparẽte du Soleil, & de ſa lumiere.

En regardant le Soleil avec les yeux, ou avec les lunetes, ſon diamettre nous paroiſt environ de 31. primes 6. ſecondes : ſa figure eſt ronde : & ſa lumiere eſt plus forte que celle de tous les autres aſtres enſemble. On rapporte neanmoins qu'il a paru auſſi pâle pendant un temps, que la Lune paroiſt d'ordinaire : & Plutarque dans la vie de Ceſar, Pline, & Virgile diſent qu'aprés la mort de cet Empereur le Soleil parut pendant toute une année ſi pâle, qu'à peine put-il donner aſſez de chaleur pour meurir les fruits de la Terre.

Des taches.

On apperçoit quelquefois ſur ſon corps des obſcuritez que les Aſtronomes appellent des taches : il y a des temps qu'il n'y en paroiſt aucune, d'autre temps où on en voit pendant pluſieurs mois: quelquefois il y en a une ou deux ſeulement, & quelquefois il y en a juſqu'à 40. elles ſont quelquefois toutes proche les unes des autres, & quelquefois auſſi elles ſont fort éloignées.

Ces taches ſont les unes plus noires que les autres, & l'on voit parmy celles-cy certaines ombres qui ne retiennent pas une meſme figure, une grandeur conſtante, ny une égale tranſparence : elle ſe changent continuellement comme des nuës ou des fumées qui ſeroient fort inegalement étenduës deſſus ſa ſuperficie, & ſouvent elles ſe diſſipent en un moment.

Mais pour celles qui ſont noires, elles durent bien long-temps : ce n'eſt pas qu'elles ſoient toûjours de meſme, une quelquefois ſe rompt en pluſieurs, & quelquefois elles diminuënt ſi fort qu'elles diſparoiſſent tout à fait: & l'endroit où elles diſparoiſſent eſt plus brillant que tout le reſte du corps : quelquefois auſſi elles augmentent, & pluſieurs s'aſſemblant en une, en forment de fort grandes. Quelques-unes deviennent lumineuses ; d'autres deviennent obscures ; & toutes generalement sont plus obscures à leur milieu qu'à leurs extremitez, & elles paroissent sur leurs bords avec les couleurs de l'Arc en ciel.

Du mouvement de ces taches.

Quand on apperçoit des taches, ce n'est que vers l'Ecliptique, il y en a qui naissent proche du bord Oriental, d'autres vers le milieu de son disque, & d'autres vers le bord Occidental ; mais elles se rangent toûjours aux environs de l'Eclyptique. Elles ont un mouvement d'Occident en Orient. Les lunettes le font voir ; mais pour l'ordinaire, on l'observe de la sorte, on bouche exactement tous les volets d'une chambre, & à un, qui regarde le Soleil, on fait un trou de la grãdeur d'un écu, où on met un verre convexe, & vis à vis une carte blanche : desorte que le Soleil envoyant ses rayons à travers ce verre, se peint sur cette carte comme il est, c'est à dire avec ses taches s'il en a pour lors.

On obſerve dis-je que ces taches ſe meuvent toutes emſemble de l'Orient vers l'Occident dans des lignes paralleles, & inclinées ſur l'Eclyptique environ de trois degrez, & achevent leur tour en 26. ou 27. jours; mais elles ne vont pas toûjours également viſte; elles vont plus viſte ſur le milieu du diſque, & elles vont plus lentement vers les bords.

Que le Soleil tourne ſur ſon centre.

C'eſt le mouvement de ces taches qui a donné lieu aux Aſtronomes de dire que le Soleil ſe mouvoit ſur ſon centre, & cela en 27. jours d'Occident en Orient.

Des éclipſes de Soleil.

Enfin l'on obſerve que le Soleil eſtant ſur noſtre Horiſon, nous ſommes pendant quelque temps privez de ſa lumiere, & c'eſt ce qu'on appelle Eclipſe de Soleil. Quelquefois tout le corps du Soleil eſt caché; mais ce n'eſt que tres-peu de temps, & qu'à certains peuples, les autres dans d'autres païs en appercevant quelque parties: & dans ces Eclipſes totales l'on a vû le jour converty en une nuit obſcure, & les Etoiles briller de toutes parts. Quelquefois auſſi il n'y a qu'une partie du Soleil de cachée; & pour en marquer la grandeur, les Aſtronomes ont diviſé le diametre apparent du Soleil en 12. parties, qu'ils appellent doigts: de ſorte que ſi la partie obſcurcie eſt de trois ou quatre de ces parties: ils diſent que le Soleil eſt éclipſé de trois ou quatre doigts.

Ce qu'il y a de remarquable c'eſt que la partie du Soleil, qui regarde le couchant eſt la premiere eclipſée. Leur durée eſt grande ſelon la grandeur de la partie cachée, & le plus qu'elle dure eſt deux heures. Il ſe paſſe pluſieurs années ſans qu'il en arrivent en un païs, quoy qu'il ne ſen paſſe guere où il n'y en ait en quelque endroit.

Ce qu'il y a encore de remarquable, c'eſt qu'il n'arrive jamais d'éclipſe de Soleil, que pendant la nouvelle lune, dans le temps qu'elle eſt entre le Soleil & nous.

CHA-

Chapitre. IV.

Des Observations sur la Lune.

Les apparences du mouvement de la Lune sont à peu prés les mesmes que celle du Soleil : c'est à dire qu'elle decrit tous les jours un cercle d'Orient en Occident: qu'elle change de lever & de coucher, & qu'elle a des bornes dans l'Horison & dans le Meridien.

Qu'on observe à peu prés les mesmes choses à la Lune qu'au Soleil.

Mais il y a cette difference qu'elle se promene dans une plus grande étenduë de l'Horison que le Soleil, ses bornes estant éloignées de 10. degrez d'avantage, & qu'elle change en 24. heures autant sensiblemẽt le lieu de son lever & de son coucher, que le Soleil en 13. jours ; & de plus qu'elle le retarde tous les jours, & qu'elle l'avance de 48. minutes.

Quelle est la difference qu'on y trouve.

En comparant la Lune avec les Etoiles du Zodiaque, l'on trouve

Cõment on con-

noist le mouvement propre de la Lune. qu'elle avance des parties Occidentales vers les Orientales, & fait dans de certains jours 15. degrez, & dans d'autres 11. Le Cercle dans lequel elle se meut d'Occident en Orient, coupe l'Ecliptique en 2. points, & s'en écarte de part & d'autre de 5. degrez.

Du mois periodique & du mois synodique. Elle employe 27. jours à parcourir ce cercle, c'est à dire à faire le tour du Zodiaque, & on a appellé ce temps-là le mois Periodique: mais estãt une fois jointe au Soleil, elle employe 29. jours & demy avant de se rejoindre à luy, & on a nommé ce temps-là, le mois Synodique.

Des nœux. Il a plû aux Astronomes d'appeller les deux intersections les deux nœux, l'un ascendant, ou la teste du Dragon, qui est celuy où cette Planete passe de la partie Meridionale du Monde au regard de l'Ecliptique dans la Septentrionale, & l'autre descendant ou la queüe du Dragon, qui est celuy où elle passe de la Septentrionale dans la Meridionale.

Ces deux nœux changent continuellement, & ils avancent par jour d'Orient en Occident de trois minutes, c'est à dire que la Lune decrit chaque mois un nouveau Cercle, & qu'elle traverse l'Ecliptique en divers points, dont la suite est d'Oriẽt en Occident; de sorte quand la teste ou la queüe du Dragon est dans un certain point, il se passe environ 19. années auparavãt qu'elle y revienne. C'est ce qu'on appelle le Cicle lunaire, le nombre d'or, ou la periode de Meton.

Du changemẽt des nœux.

Du nombre d'or.

La Lune est un temps sans paroistre, & l'on remarque qu'alors elle est dans le mesme degré du Zodiaque que le Soleil: c'est pourquoy l'on a appellé ce temps-là, *la conjonction ou la nouvelle Lune.*

Des phases de la Lune.

Mais depuis qu'elle s'est une fois montrée elle paroist sous la forme d'un Croissant, dont les cornes sont tournées vers la partie opposée au Soleil: elle paroist sous cette forme principalement lors qu'elle est éloignée du Soleil d'un quart de

Cercle, & c'est ce qu'on a appellé *Premier quartier.*

Ce Croissant se remplit à mesure que la Lune s'éloigne du Soleil, & il ne paroist tout à fait plein, que la Lune n'en soit éloignée presque de la moitié de son cercle, c'est à dire qu'elle ne soit entierement opposée au Soleil : c'est pourquoy l'on a appellé ce temps-là *l'opposition ou la pleine Lune.*

Mais s'approchant aprés du Soleil, elle diminuë autant qu'elle avoit augmenté en s'éloignant : elle devient comme auparavant en Croissant, & cela lors qu'elle n'est plus éloignée que d'un quart de cercle, & c'est ce qu'on a appellé *second Quartier* : & enfin diminuant de jour en jour elle disparoist tout à fait.

Au temps de la conjonction & de l'opposition la Lune semble precipiter son mouvement d'Occident en Orient : car c'est alors qu'elle parcourt ces quinze degrez, & dans d'autre temps elle n'en parcourt qu'onze : elle paroist aussi & plus grande & plus proche de la terre.

Les lunettes semblent nous découvrir que la Lune est un corps opaque qui ne luit que d'une lumiere étrangere : on remarque sur son corps plusieurs taches : il y en a qui demeurent toûjours, comme celles qu'on y voit quand elle est Pleine, & celles-là gardent entr'elles une mesme scituation : & il y en a qui paroissent seulement quand elle est en Croissant, & qui disparoissent entierement quand elle est Pleine.

Que la Lune est un corps obscure.

L'on remarque aussi que les parties de la Lune qui sont proche de la separation de sa lumiere & de son ombre estant noires & obscures dans les quadratures, deviennent claires & lumineuses dans l'opposition ; & celles qu'on voit si lumineuses dans la Pleine Lune, s'ombragent & s'obscurcissent dans les quadratures.

Mais l'on peut dire que ce n'est pas toûjours, comme on a crû jusques icy, la mesme face qu'elle

Que la Lune ne montre pas tou-

jours la mesme face. nous montre : car on obſerve que certaines taches paroiſſent quelquefois ſur le bors de ſon diſque, & que quelquefois elles en ſont fort éloignées, & qu'elles avançent vers le milieu ; l'on y en voit d'autres qui viennent de derriere, & celles qui eſtoient ſur le bord oppoſé ſe cachent par derriere : & ce changement ſe fait vers ſa partie Orientale.

Qu'elle Balãce ſur ſon centre. C'eſt ce qui nous doit faire conclure que la Lune tourne, ou du moins, comme quelques Aſtronomes veulent, qu'elle a un continuel balancement ſur ſon centre, & que la periode de cette libration eſt d'environ un mois.

Des éclipſes de Lune. La Lune ſouffre comme le Soleil, des éclipſes, quelquefois de totales & quelquefois de partiales, & la grandeur de ces partiales ſe meſure par la quantité de doigts qu'elle a de caché.

On remarque quelquefois dans le temps de ſon éclipſe totale qu'elle ſe dérobe tellemẽt à la veuë qu'elle disparoist entierement, & on ne peut mesme connoistre l'endroit où elle est : mais pour l'ordinaire, lors mesme qu'elle est dans l'ombre de la terre, elle a une lumiere obscure tirant sur le rouge.

Les éclipses n'arrivent que quand elle est opposée au Soleil, & elles durent bien plus long-temps que celles du Soleil. On observe que sa partie Orientale est auparavant éclipsée que l'Occidentale. Il ne se passet guere d'années sans qu'il n'y en ait en quelque endroit ; elles sont bien plus frequentes que celles du Soleil, & les mesmes reviennent de 19, en 19. ans.

CHAPITRE V.

Des Observations sur Mercure & Venus.

CEs deux Planettes sont assez differentes en apparence : car Mercure paroist fort petit & fort brillant, & Venus est fort grande & fort blanche.

Quel est le mouvement apparent de Mercure & de Venus.

Elles sont neanmoins assez semblables dans leur mouvement : & en les comparant avec les Etoiles fixes, on observe qu'elles ont un mouvement d'Occident en Orient dans des cercles qui coupent l'Ecliptique en deux points opposez, & qui s'en écartent de part & d'autre d'une certaine quantité, celuy de Mercure de six degrez 16. minutes, & celuy de Venus de 3. d. 30. m.

De leurs nœux.

Les endroits dans lesquels Venus coupe l'Ecliptique, sont au 14. d. 45. m. des Gemeaux & du Sagittaire, & à la 1. année de N. S. elle la coupoit au 1. d. mais ceux dans lesquels Mercure la coupe, sont au 14. d. 22. m. du Taureau & du Scorpion : & à la 1. annnée de N. S. il la coupoit au 1. d. du Belier & de la Balance. Ces observatiõs sont selon les tables Philolaïques, où le Soleil est pris pour centre de leurs orbes.

Quel est le temps qu'elles employent à parcourir leurs cercles.

Elles semblent estre un an ou environ à parcourir ces cercles, allant tantost devant le Soleil & tantost aprés, sans jamais beaucoup s'en écar-

écarter ; Mercure ne s'en éloigne tant vers l'Orient que vers l'Occident, tout au plus, que de 28. degrez, & Venus de 48.

De l'irregularité de leur mouvement.

Mais quand Mercure est plus Oriental que le Soleil de ces 28. degrez & Venus de ces 48. alors retardant leur mouvement ils semblent s'arrester quelque temps en un mesme endroit, & s'en retournant en suite vers l'Occident ils deviennent aussi Occidentaux à son égard, qu'ils avoient esté Orientaux : & par un mouvement inégal, c'est à dire tantost plus lent & tantost plus precipité, ils continuënt la mesme route ; Quand ils passent de l'Orient vers l'Occident on les appelle *Retrogrades :* quand ils vont de l'Occident vers l'Orient on les appelle *Directes :* & enfin quand ils semblẽt estre arrestez, ce qui arrive entre chaque direction & retrogradation, on les appelle *Stationnaires.*

Vers le milieu de chaque direction & retrogradation ils se conjoignent avec le Soleil, & le tẽps que Venus est d'une conjonction à une autre, est de neuf mois, & Mercure seulement de deux.

Que Venus a des phases comme la Lune

Les lunettes nous ont fait voir dans Venus ce que l'antiquité avoit ignoré : elles nous ont fait voir dis-je, que cette Planette a ses phases comme la Lune, mais qu'elle ne les a toutes qu'en l'espace d'un an; c'est ce qui nous fait conclure qu'elle ne luit que par une lumiere empruntée, & que c'est un corps obscur & opaque.

Lorsque Venus est en Croissant elle n'a qu'une tres-petite partie de son disque qui puisse estre veuë de la terre; neanmoins si l'on la regarde sans lunettes, elle paroist aussi lumineuse que lors qu'elle est entierement pleine : & la regardant avec les lunettes dans son Croissant, elle augmente de grandeur beaucoup plus que dans sa plenitude.

Qu'elle a des taches.

Les mesmes lunettes nous ont fait voir en sa superficie quelques taches : & comme ces taches paroissent tantost sur le bord de son disque, & tantost en un autre endroit, cela nous fait conclure que cette planete tournoit sur son centre; mais on n'a encore pû sçavoir dans quelle espace de temps elle achevoit sa periode.

Que Mercure a aussi ses phases.

Hevelius en 1644. a remarqué que Mercure change ses fâces comme Venus, & nous en devons faire le mesme jugement, c'est à dire, qu'il luit par une lumiere étrangere, & qu'il tourne sur son centre: ce n'est pourtant qu'une conjecture quand je dis qu'il tourne sur son centre, car on n'en a point encore de preuve, & il y a deux choses qui en rendent l'observation difficile, la premiere c'est la petitesse de son disque, la seconde c'est qu'estant fort proche du Soleil, sa lumiere en est entierement offusquée.

Que Mercure éclipse le Soleil.

Mercure a quelquefois éclipsé le Soleil, mais c'est une rencontre assez rare; en 31. Gassendy remarqua que cette Planette parut dans le disque du Soleil comme une tache dont le centre estoit assez noir & les extremitez tirant sur le rouge ; la seule vitesse de son mouvement fit connoistre que c'estoit cette mesme Planette, puis qu'elle fit plus de chemin en une heure, qu'une tache ne fait en un jour.

Chapitre VI.

Des Observations sur Mars, Iupiter & Saturne.

Il n'est pas difficile de reconnoistre ces trois Planettes entre les autres, car Jupiter est assez éclatant, Saturne fort pâle, & Mars assez rougeâtre.

Quel est le mouvement apparēt de ces planettes.

En les comparant avec les Etoiles fixes on observe qu'elles ont un mouvement d'Orient en Occident dans des cercles qui coupent successivement l'Ecliptique en deux points opposez, & qui s'en écartent diversement.

Des nœux de Mars

Car celuy de Mars la coupe dans le 17. d. 44. m. du Taureau & du Scorpion, & il s'en écarte de part & d'autre d'un degré 50. minutes.

Celuy de Jup. la coupe dans le 9. d. 11. m. de l'Ecreviſſe & du Capricorne, & s'en écarte de part & d'autre d'un degré 20. m.

Des nœux de Iupiter.

Et celuy de Saturne dans le 21. d. 2. m. de l'Ecreviſſe & du Capricorne, & s'en éloigne de deux degrez 21. minutes.

Des nœux de Saturne.

Ce n'eſt pas qu'ils s'en écartent toûjours de la meſme maniere, ny auſſi qu'ils les ayent toûjours coupé en ces points, la 1. année de N. S. Mars la coupoit dans le 25. d. 18. m. du Belier & de la Balance, Jupiter dans le 27. 40. min. des Gemeaux & du Sagittaire; & Saturne dans le 8. 59. m. de l'Ecreviſſe & du Capricorne. Et ces obſervations ſont ſelon les tables Philolaïques.

Que ces nœux ont chãgé.

Mars employe environ deux ans à parcourir ſon cercle; Jupiter prés de douze, & Saturne environ trente.

De la durée du mouvement de ces planetes.

Il y a mille irregularitez dãs le mouvemẽt de ces Planetes; car elles ſont directes, ſtatiõnaires & retrogrades; quelquefois elles avancent d'Occident en Orient d'un mouvement

De leurs directions, ſtatiõs, & retr.

assez precipité : & elles sont directes, & ralantissant en suite leur mouvement elles semblent s'arrester plusieurs jours de suite sous un mesme endroit du Firmament ; & elles sont stationnaires ; & tout d'un coup elles retournent vers l'Occident, d'un mouvement pourtant assez lent ; & elles sont retrogrades, aprés quoy elles sont encore stationnaires, & puis directes : & ainsi devant & aprés une retrogradation on remarque une station.

L'Arc de la retrogradation de Mars est de 12. deg. & quelquefois mesme de 20. celuy de Jupiter de 20. & celuy de Saturne de 7.

Les intervalles d'une retrogradation à une autre sont aussi differens: car Mars n'est retrograde que de deux en deux ans ou environ : Jupiter & Saturne tous les ans.

Que ces planettes ne sont retrogrades, que lors que

Enfin ces trois Planettes ont encore cela de commun qu'elles ne sont jamais retrogrades que la terre ne soit interposée entre elles & le Soleil : & que dans leurs retrogradations elles ne paroissent beaucoup plus grandes que dans leurs stations & directions ; Mars plus de 5 fois, Jupiter de 3. & Saturne de 2.

la terre est en-tr'elle & le Soleil.

Voila ce que nos yeux nous ont pû faire remarquer, mais les lunettes nous ont découvert encore bien des choses; Elles nous ont fait voir Saturne sous differentes figures : tantost elles nous l'on fait voir rond, tantost ovale, & tantost ayant deux anses, & cela en 15. années, suivant cet ordre, que 1. il paroist rond, puis ovale, & aprés de cette autre figure bizarre.

Que Saturne paroist sous diverses figures.

Monsieur Huggens est celuy qui a découvert que ces differentes figures luy venoient d'un anneau qui est autour de luy comme un cercle plat & mince : mais on le ne voit pas tout rond comme si l'on le regardoit de front, on le voit comme un cercle qu'on regarde obliquement.

De la cause de ces diverses figures.

C'est à cause de ce changement que les Astronomes ont conclu que cette Planete se mouvoit sur son centre, & que cet anneau estant plat devoit entierement disparoistre lors

Que cette planete se meut sur son centre.

qu'il estoit tourné de profil.

Que Saturne a autour de luy 3. petites planettes.

Saturne a autour de luy 3. petites planetes, dont l'une qui est celle du milieu a esté découverte par Mõsieur Huggens dans le mesme temps qu'il a découvert l'anneau dont nous venons de parler. Et les 2. autres par Monsieur Cassiny qui a donné des trois des observatiõs tres-curieuses.

Que Jupiter paroist toûjours sous la mesme figure, & qu'il a des taches.

Pour Jupiter soit qu'on le regarde avec les yeux ou avec les lunettes, il nous paroist toûjours rond, & l'on a aperçu sur son corps certaines taches en forme de bandes; ces bandes regnent tout autour de son corps, & s'étendent d'Orient en Occident: de sorte que comme elles sont paralleles, elles font comme un Equinoxial & deux Tropiques.

Qu'il tourne sur son centre.

On remarque entre ces bandes deux taches qui se meuvent, ce qui fait conclure que Jupiter tourne sur son centre: car paroissant vers un des bords & de là vers le centre, elles paroissent enfin vers l'autre bord; & disparoissant pour quelque temps, elles recommencent à paroiſtre au meſme endroit que la premiere fois.

Le temps que ces taches employent à faire un tour eſt d'environ neuf heures 56. minutes, ce qui nous fait conclure que Jupiter tourne dans ce meſme eſpace de temps.

Enfin les lunettes à longue veuë nous ont fait voir autour de Jupiter quatre petites planetes, que Galilée a nommées les Etoiles de Medicis, & qu'on appelle maintenant les gardes de Jupiter. Elles ſe meuvent autour de cette planete en des temps differens, & il nous ſemble qu'elles aillent tantoſt vers l'Orient & tantoſt vers l'Occident.

Qu'il a quatre planetes autour de luy.

Elles reçoivent leur lumiere du Soleil & non pas de Jupiter, qui n'en a aucune, car elles tombent dans l'ombre de cette Planette, & elles y ſouffrent des éclipſes.

On a auſſi remarqué ſur le corps de Mars des taches qui ont fait conclure qu'il tournoit ſur ſon centre, & cela en vingt-quatre heures qua-

Que Mars tourne auſſi ſur ſon centre.

rante minutes d'Occident en Orient.

Que ces planetes ne paroissent pas toujours pleines. Enfin ces trois Planettes ne sont pas toûjours pleines ; elles ne paroissent quelquefois qu'à demy-pleines, & ce temps est lors qu'elles sont dans le quart aspect du Soleil; ce qui nous doit faire conclure qu'elles ne luisent toutes que par la lumiere du Soleil.

CHAPITRE VII.

Des Observations sur les Cometes.

Ce que c'est que Comete. ON ne voit pas souvent des Cometes ; des années se passent sans qu'il en paroisse, & quelquefois aussi on en voit deux de suite ; Les unes sont rondes & les autres sont longues, & dans l'une & l'autre on distingue deux parties, une qui est assez éclatante & dense, qu'on appelle sa teste, & une autre qui est blanchâtre & fort rare qu'on appelle sa queuë, sa barbe, ou sa chevelure.

De ſorte que ce ſont les differentes diſpoſitions de ces deux parties, qui ont fait donner aux Cometes les noms de cheveluë, de barbuë & à queuë ; lorſque la partie blanchâtre va devant la teſte, on l'appelle barbe ; quand elle la ſuit, on l'appelle queuë, & quand elle eſt éparſe tout autour, on l'appelle chevelure.

De la chevelure, de la barbe, & de la queuë des Cometes.

La teſte de la Comete n'eſt guere plus grande en apparence que Venus, & elle diminuë à meſure qu'elle approche de ſa fin : mais la partie blanchâtre s'étend bien plus loing, & on l'a vû occuper une grande partie du Ciel.

Sa queüe & ſa barbe ſont toûjours oppoſées au Soleil : elles ſont quelquefois toutes droites, quelquefois courbées : quelquefois auſſi elles ſemblent eſtre dans la meſme ligne, qu'on imagine paſſer par les centres du Soleil & de la Comete: mais ſouvent elles s'en detournent.

Il n'y a point de temps prefix ny

Que les

Cometes sont au dessus de Saturne

de lieu determiné où ces Aſtres commencent à paroiſtre. Les Aſtronomes ont remarqué ſeulement qu'elles eſtoient au deſſus de Saturne.

Que le mouvement propre des Cometes eſt fort irregulier.

Outre le mouvement d'Orient en Occident qui eſt commun à tous les Aſtres, elles en ont encore un: mais il eſt fort irregulier : car tantoſt elles vont du Midy au Septentrion, & tantoſt du couchant au levant, quelquefois avec un mouvement lent, & quelquefois avec un mouvement precipité. Au commencement de leur apparition elles parcourent en un jour pluſieurs degrez, & vers la fin ralantiſſant peu à peu leur mouvement elles en font tres-peu. Cependant elles ne font jamais plus de la moitié de noſtre ciel, quoy que ſouvent elles n'en faſſent que le tiers, & meſme bien moins.

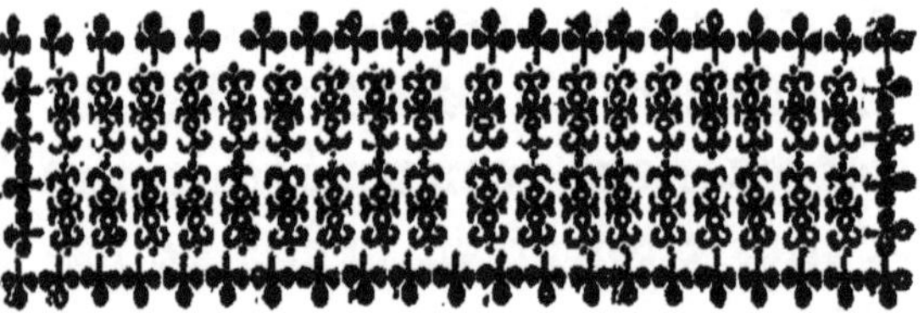

QUESTION II.

Des diverses hipotheses pour expliquer le mouvement des Astres.

Orsque de dessus un Vaisseau on regarde la terre ferme, nous croirions que ce soit la terre & non pas le Vaisseau qui s'écarte;

Qu'on ne peut dire si c'est la terre ou les cieux qui se meuvent.

Provehimur portu, terraque, urbesque recedunt.

De mesme en regardant du lieu où nous sommes le cours des Astres, il est impossible de determiner au quel de ces corps, ou des Cieux ou de la terre, nous devons attribuer le mouvement; La terre en effet est comme un Vaiſſeau qui flotte au milieu de l'air, & qui en eſtant environnée de tous coſtez, peut auſſi-bien eſtre emportée, qu'elle peut demeurer immobile.

Que c'eſt ce qui a donné lieu d'invẽter differentes hipotheſes.

C'eſt pourquoy il n'y a pas lieu de s'étonner ſi pluſieurs ont inventé differentes hipotheſes ; Les uns ont ſuppoſé la terre immobile, les autres au contraire l'ont ſuppoſée mobile : & à vray dire les Cieux ne doivent pas moins paroiſtre tourner d'Orient en Occident dans l'une que dans l'autre hipotheſe : & ne les regardant que comme de pures ſuppoſitions, elles expliquent également bien les Phenomenes.

Qu'elles ont chacune des Sectateurs.

Auſſi ont-elles eu chacune leurs partiſans, celle de l'immobilité de la terre a eſté ſuivie par Hiparque, Ptolomée, Ariſtote, & pluſieurs autres Philoſophes ; & celle du mouvement par Pitagore, Platon, Archimede, & Copernic; mais Ptolomée a tellement enchery ſur Hiparque, & Copernic ſur Pitagore, que ces deux hipotheſes ont aujourd'huy les noms de ces deux hômes.

Neanmoins nous sommes comme obligez d'en rejetter une comme fausse, & de choisir l'autre comme vraye : car la verité estant une & simple, nous ne pouvons avoir deux idées differentes d'une mesme chose ; mais comme les sens ne sçauroient en cela nous determiner, ce choix dépendra de nos reflexions ; & nous nous arresterons à la plus simple & à la plus commode, non seulement pour expliquer les apparences, mais encore pour en rechercher les causes naturelles.

Que le choix que nous en devons faire, ne sçauroit dépêdre que de nos reflexiôs.

CHAPITRE I.

Hypothese de Ptolomée.

PTolomée suppose que la terre est au centre du monde, qu'elle est immobile, & que tous les Astres se meuvent autour d'elle.

Cômen Ptolomée dispose le monde.

Chaque Planette a son Ciel ; celuy de la Lune est le plus prés de la terre ; celuy de Mercure le suit ; au dessus est celuy de Venus ; en suite celuy du Soleil ; aprés celuy de Mars, de Jup. & enfin de Saturne.

Tous ces Cieux sont enveloppez du Firmament, dans lequel il enchasse toutes les Etoiles fixes, & au dessus est encore un Ciel qu'il nomme le premier mobile ; en voila la figure.

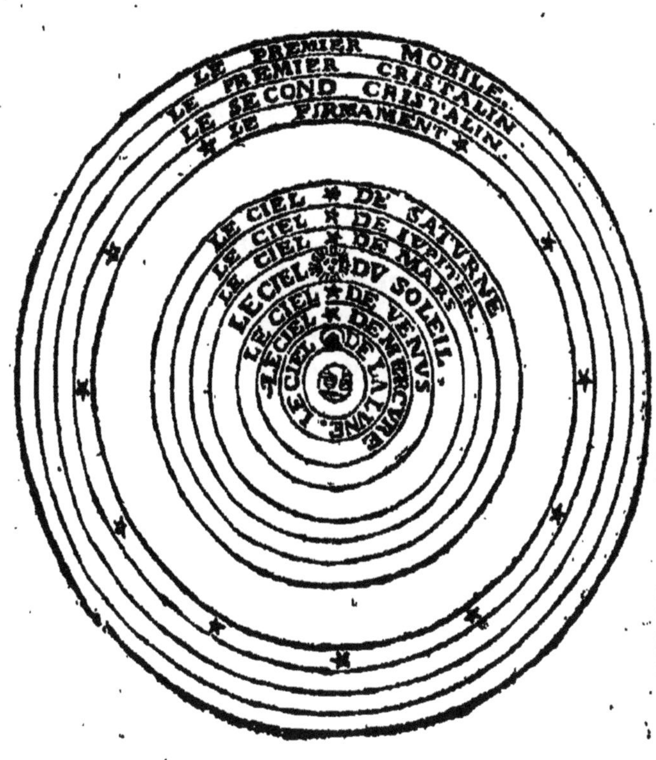

Mais

Mais pour expliquer le mouvement des Planettes, il ſuppoſe que les cercles que chacune d'elles décrit, ſont excentriques à la terre, c'eſt à dire qu'ils n'ont pas le meſme centre qu'elle; il ſuppoſe de plus que chaque Planette, excepté le Soleil, eſt enchaſſée à la circonference d'un Globe qu'il appelle Epicicle, dont il fait mouvoir le centre ſur la circonference de l'Excentrique.

Ce qu'il ſuppoſe pour expliquer le mouvement des Aſtres.

De ſorte qu'il veut que le mouvement commun que nous avons remarqué s'achever en vingt-quatre heures d'Orient en Occident, ſoit cauſé par le Premier mobile: & l'autre qui s'acheve en differens temps d'Occident en Orient, leur vienne d'une force particuliere: c'eſt à dire qu'il croit que pendant que le Premier mobile emporte d'un coſté tous les Cieux, chaque Planette en particulier ſe meuve dans la partie oppoſée.

Du mouvement des Aſtres.

Voila la ſuppoſition de Ptolomée: & afin de nous rendre ſa penſée plus

De la Sphere artificielle.

ſenſible, on nous a repreſenté ce grand monde par une machine artificielle compoſée des dix cercles dont nous avons parlé ; ces cercles ſont tellement entrelaſſez les uns dãs les autres, qu'ils compoſent une Sphere ; au milieu il y a un petit Globe qui repreſente la terre, & eſtant ſoutenu d'un axe de fer, toute cette petite machine roule ſur les extremitez.

Que Ptolomée n'ayant rien dit de la nature des Cieux, chacun a ſuppoſé ce qu'il luy a ſemblé plus probable.

Ptolomée n'a rien determiné de la ſolidité ou de la fluidité des Cieux: c'eſt pourquoy ſes ſectateurs ont pris la liberté de ſuppoſer differentes choſes : les uns ont ſuppoſé la ſolidité, eſtimant que ſans cela le mouvement des Planettes ne pouvoit eſtre reglé : & les autres ont voulu la fluidité, ne s'imaginant pas pouvoir autrement expliquer le cours des Cometes : & comme chacun en cela a pretendu rendre plus probable l'opinion de Ptolomée ; je croy la devoir expliquer dans l'une & dans l'autre ſuppoſition.

SECTION I.

Où l'on explique les apparences des Astres posant la solidité.

CEux qui soutiennent la solidité supposent que tous les Cieux estant concentriques à la terre, il y a dans leur épaisseur une espece de canal creusé excentriquement, & que l'Epicicle se meuve fort librement dans ce canal. Ils supposent, par exemple, que *a*, *b*, *c*, *d*, est le Ciel *Ce qu'on suppose icy pour expliquer le mouvement des Astres.*

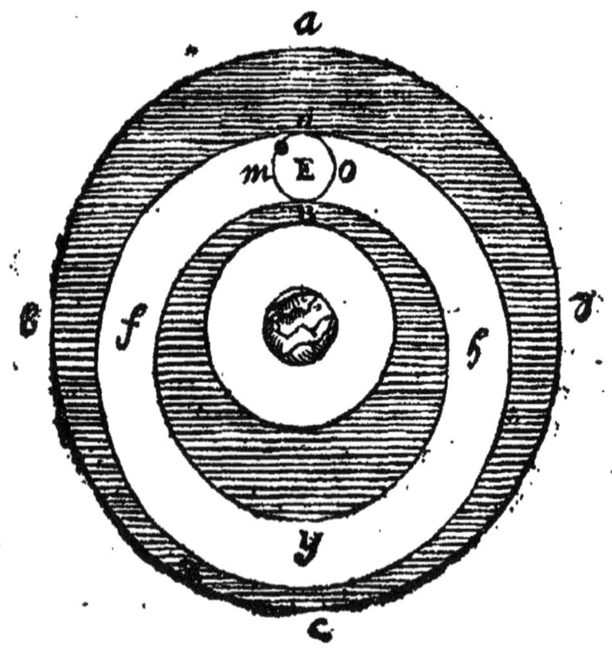

concentrique à la terre, *f, g, h*, le canal ou l'excentrique, & que E, est l'Epicicle.

Il n'est pas difficile aprés cela de concevoir les deux mouvemens des Astres : car tandis que toute la masse des Cieux est emportée d'un costé, on peut concevoir que ces Epicicles qui en sont entierement détachez, se meuvent de l'autre : tout de mesme que l'on conçoit qu'un bateau estant emporté d'un costé par le courant de l'eau, l'on peut faire rouler une boule dans la partie opposée.

ARTICLE I.

Explication du mouvement des Etoiles fixes.

Comment Ptolomée explique le mouvement des Etoiles fixes.

PTolomée a crû que les Etoiles fixes estoient enchassées dans la solidité d'un mesme Ciel, & que le premier mobile les emportoit toutes ensemble en vingt-quatre heures sur les Poles du monde d'Orient en Occident, pendant que par un effort particulier elles avançoient en 36000. ans sur les Poles de l'Ecliptique d'Occident en Orient.

Comment on a étably le premier Christallin.

Cette opinion a eû long-temps cours, & jusqu'à Alphonse Roy de Castille, on n'admettoit que 9. Cieux. Mais comme depuis on a remarqué dans leur mouvement particulier beaucoup d'irregularité, ce Prince suivant les maximes d'Aristote, qui veut que les Cieux soient incapables de changement, aima mieux croire que cette irregularité venoit d'une cause étrangere, que de penser qu'elle leur fut propre: c'est pourquoy il s'imagina qu'entre le Premier mobile & le Firmamẽt il y avoit un Ciel, qu'il nomma premier Christallin, & que ce Ciel par un balancement d'Orient en Occident, & d'Occident en Orient, hastoit ou retardoit le mouvement propre des Etoiles fixes.

Comment on a étably le secõd Christallin.

Il crut encore qu'au dessus de celuy-là, & au dessous du Premier mobile il y avoit un autre Ciel, qu'il nomma second Christallin, &

que ce Ciel par un balancement du Septentrion au Midy, & du Midy au ſeptentrion, cauſoit le changement qu'on remarque dans la declinaiſon de l'Eclyptique. De ſorte que preſentement on repreſente le Monde avec onze Cieux; à ſçavoir ſept des Planetes, le Firmament, deux Chriſtallins, & le Premier mobile.

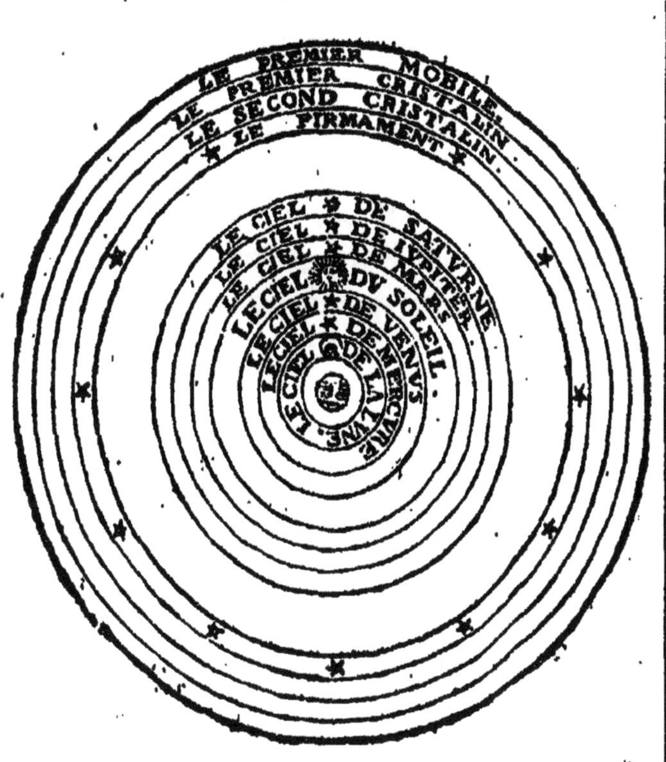

ARTICLE II.

Explication du Mouvement du Soleil.

IL faut ſuppoſer que le Ciel du Soleil eſt concentrique à la Terre, & que dans ſon épaiſſeur il y a un canal creuſé excentriquement qui s'étend depuis un Tropique juſqu'à l'autre, & qui s'appelle Ecliptique. *Suppoſitions particulieres.*

Secondement que la plus grande partie du canal, qui eſt l'excentrique du Soleil, eſt compriſe entre l'Equateur & le Pole Artique.

Troiſiémement que dans ce canal il y a une boule d'étachée qui repreſente le Soleil.

Et enfin que pendant que ce Ciel eſt emporté en 24. heures par le Premier mobile d'Orient en Occidant, le Soleil avance dans ce canal d'un degré ou environ tous les jours d'Occident en Orient.

C'eſt à dire que le Ciel *a*, *b*, *c*, *d*, tournant ſelon l'ordre des lettres *a*, *b*, *c*, *d*, la boule E., qui repreſente le Soleil ſe meut dans ſon canal, qu'il faut imaginer eſtre l'Ecliptique d'*b*, par *y*, vers *f*.

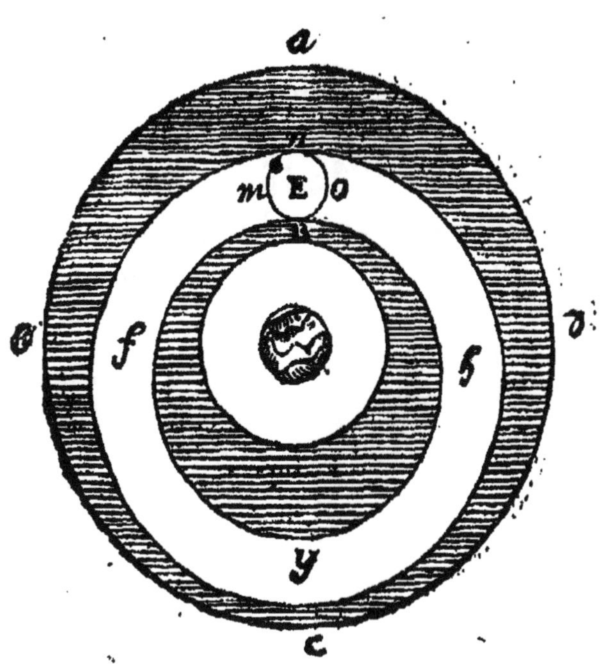

Cela ſuppoſé il eſt facile de rendre raiſon de toutes les obſervations, que nous avons faites ſur le mouvement du Soleil.

Et

Et premierement comme il est emporté tous les jours par le premier mobile d'Orient en Occident, il nous doit paroistre decrire un cercle en 24. heures de ce costé-là.

Du mouvement journalier.

Secondement comme il avance tous les jours d'un degré dans l'Ecliptique vers l'Orient, il doit changer le lieu de son lever & de son coucher dans l'Horison, & se lever chaque jour avec differentes Etoiles, qui se suivent d'Occident en Orient.

Du mouvement annuel.

Troisiémement comme l'Ecliptique ne s'étend que depuis un Tropique jusqu'à l'autre, & qu'elle a une moitié dans la partie Septentrionale, & l'autre dans la Meridionale; le Soleil doit avoir des bornes dans l'Horison & dans le Meridien, & se faire voir tantost dans l'une, & tantost dans l'autre partie du Monde.

Pourquoy l'on le voit dans l'une & dans l'autre partie.

Quatriémement comme le plus grand Arc est dans la partie Septentrionale, le Soleil y doit faire plus

Pourquoy il est plus

long-temps dans la partie Septentrionale

de revolutions, & par consequent en faire moins dans la Meridionale, il doit estre aussi plus prés de la terre, & paroistre plus grand.

Enfin comme on doit mesurer la grandeur des jours suivant la grandeur des cercles diurnes, nous n'avons qu'à cõsiderer la maniere dont les cercles de la Sphere sont coupez par l'Horison, & pour cela regardons la Sphere armillaire en ses trois differentes scituations.

Pourquoy les jours sont égaux aux nuits sous l'Equateur.

Mettons premierement ses deux Poles sur l'Horison, & nous trouverons qu'alors tous les cercles estant également coupez par l'Horison, les peuples qui ont la Sphere dans cette scituation, c'est à dire ceux qui sont sur la ligne, doivent avoir tous les jours égaux aux nuits.

Pourquoy il y a un jour & une nuit de six mois sous les poles.

Mais si nous élevons un Pole au Zenith, l'Equateur celeste estant parallele à l'Horison, & le Soleil demeurant comme nous avons dit, six mois d'un costé & six de l'autre, les peuples qui ont la Sphere dans cette scituation, c'est à dire ceux qui ſont ſous les Poles doivent avoir ſans interruption un jour & une nuit de ſix mois.

Enfin ſi nous mettons la Sphere obliquement, c'eſt à dire que nous élevions le Pole deſſus l'Horiſon, depuis un degré juſques à 89. & quelques minutes, il n'y a que l'Equateur qui ſoit également coupé par l'Horiſon ; auſſi voit-on qu'en ce temps-là ſeul nos jours ſont égaux aux nuits.

Pourquoy ils ſont ſi divers dans les temperées.

Mais avançant de l'Equateur vers le Pole Antartique, comme les cercles diurnes ſont plus petits que les nocturnes, nos jours auſſi doivent eſtre plus petits que nos nuits.

Au contraire avançant de l'Equateur vers le Pole Artique, comme les cercles diurnes ſont plus grands que les nocturnes, nos jours doivent eſtre plus grands que nos nuits.

Que dãs tous les pays il y a 6. mois du jour & 6. de nuit.

Et nous n'avons pas pour cela plus de jour que de nuict, car la breveté des jours d'hyver eſt recompenſée par la longueur des jours d'Eſté, & les courtes nuicts d'Eſté par les longues nuicts d'hyver. Ainsi dans toutes les diverses scituations de la Sphere, c'est à dire dans quelque païs qu'on soit, il y a six mois de jour & six mois de nuict.

Article III.

Explication du mouvement de la Lune.

Suppositions particulieres. IL faut supposer que l'excentrique de la Lune coupe l'Ecliptique en deux points opposez, & s'en écarte de part & d'autre de cinq degrez.

2. Que la Lune est enchassée à la circonference d'un Epicicle, & que pendant que son Ciel est emporté en vingt-quatre heures d'Orient en Occident, cet Epicicle, avance tous les jours de treize degrez d'Occident en Orient.

3. Qu'outre ces deux mouvemens il en a encore un à l'entour de son centre, & cela d'Orient en Occident par le haut, & d'Occident en Orient par le bas,

C'eſt ce qu'on verra facilement en jettant les yeux ſur la figure ſuivante : car pendant que l'on conçoit que le ciel *a*, *b*, *c*, *d*, eſt emporté ſelon l'ordre des lettres *a*, *b*, *c*, *d*, l'Epicicle B ſelon l'ordre des lettres *b*, *g*, *f*, cet Epicicle dis-je tourne ſur ſon centre de *n*, par *m*, vers *o*.

4. Il faut ſuppoſer encore que la Lune que j'ay repreſentée à la circonference par un poinct noir entre *n*, & *m*, ſe trouve dans la partie baſſe, c'eſt à dire en *p*, au temps de ſa conjonction & de ſon oppoſition : & dans la partie haute, c'eſt à dire en *n*, au temps des quadratures.

Enfin comme ſon Ciel eſt ſeparé des autres qui le touchent, il peut eſtre emporté tous les jours en Occident trois minutes davantage que le Ciel du Soleil.

Cela ſuppoſé, 1. comme la Lune parcourt tous les jours treize degrez ou environ de l'Ecliptique, au lieu que le Soleil n'en parcourt qu'un, *Pourquoy la Lune change ſi ſenſi-*

blement le lieu de son lever & de son coucher. elle doit changer son lever & son coucher autant sensiblement en un jour ; que le Soleil en treize.

2. Comme le canal dans lequel elle roule, ne s'étend au delà des Tropiques que de cinq degrez, elle doit avoir des bornes dans l'Horison & dans le Meridien éloignée de l'Ecliptique de cette quantité.

Pourquoy elle change de nœux. 3. Comme son Ciel fait tous les jours, plus que le Ciel du Soleil, trois minutes de chemin, ses nœux doivent continuellement changer de place, en avançant par jour en Occident de trois minutes.

Pourquoy elle va plus viste lors qu'elle est dans la conjonction ou l'opposition, que quand 4. Comme dans la conjonction ou dans l'opposition, la Lune se trouve dans la partie basse de son Epicicle, elle doit paroistre avancer son mouvement : car cette partie de l'Epicicle estant emportée d'Occident on Orient, & l'Epicicle entier estant aussi emporté de ce costé-là, le mouvement de la Planette doit estre beaucoup plus sensible: au contraire comme dans les quadratures elle est dans la partie haute de son

Epicicle où elle est emportée d'Orient en Occident, ce mouvement estant contraire au mouvement de son Epicicle, elle doit alors paroistre aller moins viste d'Occident en Orient d'une pareille quantité de degrez, qu'elle semble avancer en Occident par le tournoyement de son Epicicle. *elle est dans les quadratures.*

Supposons par exemple, que l'E-

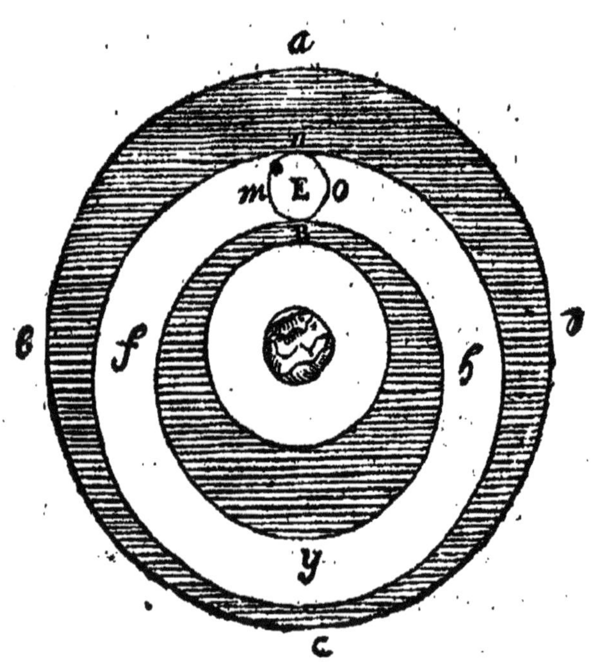

picicle *e*, se meuve selon l'ordre des lettres *m*, *o*, *n*, la Planette estant dans la partie basse, nous la rapporterons en *a*, & passant vers o, nous la rapporterons à droite d'*a* : ainsi sans que la Planette ait en effet avancé, nous dirons qu'elle s'est muë de *a* vers *d*; si donc presentemẽt nous faisons avancer l'Epiciclevers *b* de treize degrez par jour, & que nous y ajoutions ce qu'elle nous a paru avancer par le tournoyement de son Epicicle, il nous paroistra qu'elle aura avancé plus de treize degrez: & il est visible que la supposant dans la partie haute, nous dirons qu'elle se meut de *a* vers *b*, & nous devons soustraire la quantité dont elle nous paroist ainsi avancer, des treize degrez dont son Epicicle avance par jour vers *d*.

Mais on doit juger que dans cette hypothese le rallentissement & la precipitation du mouvement ne sont en effet qu'apparens.

L'on peut de cecy determiner le

temps qu'employe l'Epicicle à se mouvoir autour de son centre : car la Lune se rencontrant deux fois en vingt-sept jours au mesme point, ce temps est d'environ de quatorze jours.

Enfin comme au temps de la conjonction ou de l'opposition, elle est dans la partie basse de son Epicicle, & par consequent plus proche de la terre, sa grandeur apparente doit beaucoup augmenter.

Pourquoy elle paroist aussi plus grande.

Article IV.

Explication du mouvement de Mercure & de Venus.

Il faut supposer icy les mesmes choses que nous avons supposées pour la Lune ; avec cette difference neanmoins que leurs Epiciles se meuvent par le haut d'Occident en Orient, & par le bas d'Orient en Occident.

Suppositions particulieres.

De plus que l'Epicicle de Venus a de diametre 96. degrez, & qu'il acheve sa periode autour de son centre en 19. mois ; & celuy de Mercure de 56. & acheve le sien en six mois.

Et enfin que le centre de ces Epiciles accompagne toûjours le centre du Soleil.

Je croy qu'il est inutile apres cela d'expliquer comment ces Planetes doivent avoir deux mouvemẽs, commẽt elles ne s'écartent du Soleil tãt vers l'Orient que vers l'Occident que d'une quantité determinée, & comment elles sont directes, stationnaires & retrogrades.

Pourquoy ces deux Planetes ont des mouvemens si irreguliers.

Car estant enchassées à la circonference de leurs épicicles, qui tournent sur eux-mesmes, & leurs centres estant toûjours dans la mesme ligne que celuy du Soleil, elles doivent tantost paroistre à son Orient & tãtost à son Occident: c'est à dire qu'estant vers la partie haute de leurs Epicicles, où elles passent de l'Occidẽt à l'Orient du Soleil elles sont directes; qu'estãt vers la partie basse, où elles passent de son Orient à son Occident, elles sont retrogrades, & enfin qu'estant dans les deux costez où elles semblent du lieu où nous sommes demeurer quelque temps, elles sont stationnaires.

ARTICLE V.

Explication du mouvement de Mars, Iupiter, & Saturne.

TOut ce qu'il faut supposer de nouveau c'est que l'Epicicle de Mars soit plus grand que celuy de Jupiter, & celuy de Jupiter plus que celuy de Saturne. *Supposition particuliere.*

Sans m'amuser aprés cela à expliquer en détail, ce qui suit clairemẽt de ces suppositiõs, je viens à la cause de l'irregularité de leurs mouvemens.

Et premierement lorsque ces Planettes se rencontrent dans la partie haute de leurs Epicicles, qui imite leurs mouvemens particuliers, ces deux mouvemens estant joints ensemble, elles doivent paroistre aller plus viste d'Occident en Orient, *Pourquoy elles sõt directes.*

& alors elles sont directes.

Pourquoy elles sont retrogrades. Mais lors qu'elles se rencontrent dans la partie basse qui est contraire à leur mouvement particulier, elles doivent paroistre aller d'Orient en Occident, & alors elles sont retrogrades.

Pourquoy elles sont stationnaires. Enfin lors qu'elles passent de la partie haute de leurs Epicicles dans la partie basse, pour de directes devenir retrogrades ; ou de la partie basse dans la partie haute, pour de retrogrades devenir directes, on les doit voir quelque temps correspondre aux mesmes Etoiles fixes, & alors elles sont stationnaires.

Et secondement selon la supposition que nous venons de faire, Mars doit paroistre retrograder sous un plus grand Arc que Jupiter, & Jupiter que Saturne.

Et enfin puisque quand ces Planetes sont retrogrades elles sont au bas de leurs Epicicles, elles doivent augmenter leur grandeur apparente.

SECTION II.

Où l'on explique les apparences des Astres, posant la fluidité des Cieux.

Ce qu'on suppose icy pour expliquer le mouvemẽt des Astres.

CEux qui soutiennent la fluidité supposent que depuis la Terre jusqu'aux Etoiles fixes ce n'est qu'un liquide, où nagent tous les Epicicles des Planetes.

Secondement que ces Epicicles tournent au tour de leurs centres de la maniere que nous avons dit dans les Chapitres precedens.

Troisiémement que le Premier mobile emportant en 24. heures tout ce liquide, comme si ce n'estoit qu'une seule masse, chaque Astre en particulier se meut en differens temps dans la partie opposée. Tout de mesme qu'un Vaisseau estant emporté d'un costé, l'air qui est enfermé ayant le mesme mouvement que le Vaisseau n'empesche pas les corps qu'il contient, de se mouvoir dans la partie opposée où il tend.

Et enfin qu'aucun Aſtre ne ſe meut immediatement ſous l'Ecliptique ; mais la coupent en differens points, & auſſi qu'ils decrivent un cercle excentrique à la Terre.

Il ſeroit fort inutile de deduire preſentement dans le particulier toutes les apparences que nous venons d'expliquer: car c'eſt la meſme choſe, & on pourra ſans peine en faire l'application.

CHAPITRE II.

Hipotheſe de Copernic.

COpernic ſuppoſe le Soleil au centre du monde.

Comment Copernic diſpoſe le Monde.

Toutes les planetes, au nombre deſquelles il met la Terre, & à l'entour de laquelle il fait mouvoir la Lune en un mois, tournent autour de luy. Mercure eſt le plus proche, Venus enſuite, aprés la Terre, autour de laquelle nous avons dit que la Lune tournoit : au deſſus eſt

Mars, Jupiter, & enfin Saturne.

Le Firmament ou le Ciel des Etoiles fixes enferme toutes les Planettes ; Il le croit immobile & il le place à une diſtance de la terre ſi grande, que le cercle qu'elle parcourt autour du Soleil n'eſt preſque qu'un point en comparaiſon.

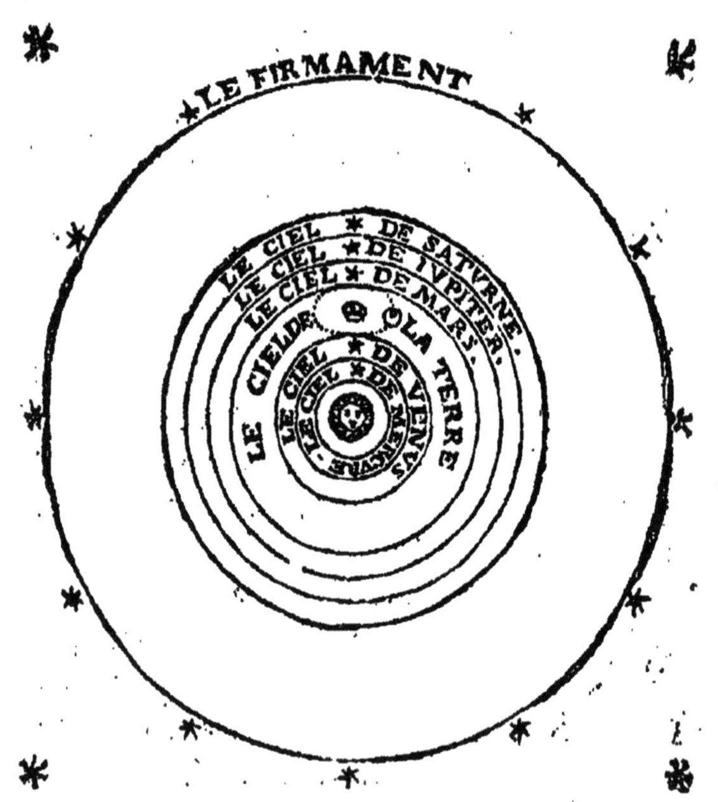

Du mouvement des Planetes. Chaque Planette employe differens temps à faire son tour ; Mercure le fait en trois mois, Venus en sept & demy, la Terre en un an, Mars en deux, Jupiter en douze, & Saturne en trente : & cela dans des cercles qui coupent l'Ecliptique dãs les points que nous avons marquez, excepté la Terre dont le centre ne sort jamais de l'Ecliptique.

Que la Terre a trois mouvemens. Outre le mouvement qu'a la Terre autour du Soleil, il luy en donne encore deux, l'un en 24. heures autour de son centre, & l'autre en plusieurs milliers d'années, par lequel son axe fait un cercle autour de luy d'Orient en Occident, de la mesme maniere à peu prés que fait un sabot sur la fin de son mouvemẽt.

Pourquoy le Soleil paroist se mouvoir en un an. Le mouvement de la Terre autour du Soleil satisfait au mouvement annuel que nous remarquons dans le Soleil : car estant dans la Balance nous devons rapporter le Soleil dans le Belier : & la Terre avançant dans le Scorpion & parcourant de suite tous les signes, nous le devons rapporter

Mars, encore au dessus est Jupiter, & enfin c'est Saturne.

Le Firmament ou le ciel des Etoiles fixes enferme toutes les planetes. Copernic le croit immobile, & il le place à une distance du Soleil si grande, que le cercle que la terre parcourt autour de luy, n'est presque qu'un point en comparaison.

Chaque Planete employe differens temps à faire son tour, Mercure le fait en trois mois, Venus en sept mois & demy, la terre en un an, Mars en deux, Jupiter en douze, & Saturne en trente, & cela dans des cercles qui coupent l'Ecliptique en differens points. Mais il en excepte la terre, dont le centre ne sort jamais de l'Ecliptique. *Premiere supposition.*

Outre le mouvement d'un an qu'a la terre autour du Soleil, Copernic luy en donne encore deux; l'un en vingt quatre heures autour de son centre d'Occident en Orient, pour satisfaire au mouvement journallier des Astres, l'autre en *Seconde supposition.*

plusieurs milliers d'années, par lequel son axe fait un cercle autour de luy-mesme d'Orient en Occident, pour satisfaire au mouvement propre des Etoiles fixes.

Troisiéme supposition. Enfin il suppose que la terre se mouvant de toutes les manieres que nous venons de dire, son axe est incliné sur le plan de l'Ecliptique de vingt-trois degrez trente minutes, & par là il rend raison de la vicissitude des temps, de la suite des saisons, & de l'inegalité des jours.

Quatriéme supposition. Mais pour rendre cette hypothese tout à fait conforme aux apparences, il faut ajouter à Copernic, Premierement que les cercles que décrivent les Planetes autour du Soleil, sont excentriques & n'ont pas le Soleil pour centre ; Secondement, que le Soleil & les Planetes tournent sur leurs centres ; Troisiémement que chaque Planete contraint une quantité de matiere, qu'on peut appeller son tourbillon, à se mouvoir autour d'elle, pendant que le Soleil la contraint à se mouvoir autour de luy ; & qu'enfin le tourbillon de Jupiter renferme quatre petites Planetes, & celuy de Saturne trois, c'est à dire que ces petites Planetes tournent autour de Jupiter & de Saturne, de mesme que nous avons dit que la Lune tournoit autour de la terre.

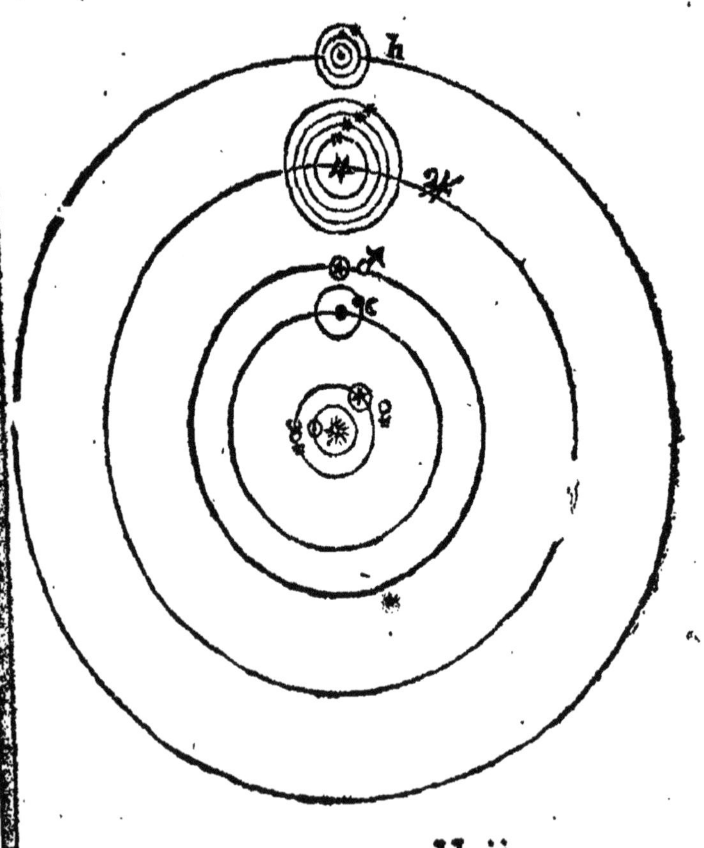

De l'Ecliptique. Il reste seulement à remarquer, premierement que dans cette supposition l'Ecliptique est un cercle, dont le plan coupe perpendiculairement l'axe de la revolution du Soleil autour de luy-mesme.

Quand je parle de l'axe du Soleil, je ne parle point de celuy qu'on reconnoist par le mouvement des taches : car on observe que celuy-là est incliné sur l'Ecliptique de sept degrez. Mais je montreray dans la suite que l'axe autour duquel les taches se meuvent, est different de celuy autour duquel le Soleil tourne, & que celuy des taches est incliné sur celuy du Soleil de sept degrez.

Des autres cercles. Pour les autres cercles il les faut concevoir dans le ciel vis-à-vis de ceux que nous avons imaginé sur la terre : par exemple l'Equateur vis-à-vis de l'Equateur, les Tropiques vis-à-vis les Tropiques, les Meridiens vis-à-vis les Meridiens. Enfin comme les cercles ne changent point sur la terre, quelque supposition qu'on fasse, ils sont toûjours les mesmes dans l'une & dans l'autre hypothese.

Secondement il faut remarquer que les deux points de la superficie de la terre qui se meuvent en eux-mesmes, pendant que tout le reste roule sur eux, sont ses poles; & les deux points du Firmament qui sont vis-à-vis, sont les poles apparens du ciel. *Des Poles.*

ARTICLE I.

Explication du mouvement des Etoiles fixes.

QUoy que les étoiles fixes paroissent également éloignées, il ne faut pas s'imaginer, comme font les Sectateurs de Ptolomée, qu'elles soient toutes pour cela dans une mesme superficie, ny qu'elles soient comme des cloux attachées au Firmament: au contraire il faut penser qu'elles sont comme autant de Soleils aux centres de plu- *Que les étoiles fixes estant au centre de leurs tourbillons ne peuvent pas se mouvoir.*

sieurs tourbillons, & que les unes estant plus basses, les autres plus hautes, il y en a dans toutes les determinations.

Or il est impossible qu'estant disposées de cette maniere, elles puissent se mouvoir d'un lieu à un autre : c'est pourquoy il faut rejetter l'apparence de leur mouvement sur la terre.

Qu'on entend icy parler du mouvement de longitude.

Je ne parle pas de leur mouvement journallier, il est visible qu'il suit du tournoyement de la terre autour de son axe : car la terre tournant en vingt-quatre heures sur elle-mesme d'Occident en Orient, nous devons voir comme si le ciel tournoit autour de nous d'Orient en Occident dans le mesme espace de temps, je parle de leur mouvement de longitude, par lequel nous avons dit qu'elles estoient avancées en Orient d'environ vingt-huit degrez.

Que ce mouvement

Nous avons dit que Copernic pour satisfaire à ce Phenomene, supposoit que l'axe de la terre faisoit en plusieurs milliers d'années un cercle d'Orient en Occident ; & il faut comparer ce cercle à ceux que fait un sabot sur la fin de son mouvement. Or dans cette supposition, comme l'Equateur terrestre ne sçauroit qu'il ne corresponde à diverses parties du ciel, l'Equateur celeste que nous rapportons vis-à-vis, doit parconsequent changer : & nous devons voir comme s'il coupoit l'Ecliptique en differens points, dont la suite est d'Orient en Occident.

depend du mouvement des poles de la terre.

Pour faire comprendre la chose, ayons une Sphere commune, que nous nous representions comme le monde, & pensons que le petit globe du milieu estant le Soleil, l'horizon soit l'Ecliptique ; si nous prenons un autre globe pour representer la terre, & que le mettant par exemple au commencement de la Balance, nons luy fassions faire d'Orient en Occident les cercles que nous avons representez par ceux que fait un sabot, nous verrons que les intersections se feront dans des points qui vont contre l'ordre des signes, & qui avancét dans la Vierge. De sorte que les intersections ne se faisant plus vis-à-vis le Belier, mais vis-à-vis les Poissons; les Equinoxes n'arriveront plus dans les Etoiles du Belier, comme on remarquoit du temps d'Hyparque, elles arriveront dans celles des Poissons, comme on remarque aujourd'huy.

Or comme on estime les points equinoxiaux immobiles, & que c'est d'eux que l'on commence à compter la longitude des Etoiles, on la doit trouver changée de la quantité que la terre a avancé ses nœux en Occident, & qu'ainsi le Firmament semble avoir avancé en Orient d'autant de degrez.

Que ce mouvement ne doit pas toûjours être également sensible.

Mais ce changement ne doit pas paroistre égal dans tous les siecles: car il peut arriver que le chancellement de la terre soit plus sensible en un temps qu'en un autre: & c'est ce qui peut causer toute l'irregularité qu'on qu'on remarque dans la difference des longitudes & des equinoxes.

A l'occasion de ce chancellement nous pouvons remarquer deux choses assez importantes que nous avons observées, la premiere c'est la diminution de la declinaison de l'Ecliptique, & la seconde c'est le changement des poles du ciel.

Comment la declinaison de l'Ecliptique a pû diminüer.

Premierement la terre n'a pû chanceler de la maniere que nous avons dit, que son axe ne se soit quelque peu redressé sur le plan de l'Ecliptique. Or l'Equateur terrestre correspondant alors à des endroits du Firmament plus proches de l'Ecliptique, comme il est aisé de voir, il nous doit paroistre comme si en effet l Ecliptique s'estoit approchée de l'Equateur, & cela de la quantité que l'axe de la terre s'est redressé.

Comment les Poles du ciel ont pû changer.

Secondement les poles par la mesme raison ont dû aussi correspondre à d'autres endroits du Firmament : car on ne sçauroit concevoir qu'ils se meuvent sans que cela arrive. C'est ce que quelques Astronomes modernes disent avoir observé que les poles correspondent aujourd'huy à des endroits du ciel, qui sont beaucoup plus proches de l'Etoile polaire, que les Astronomes anciens ne nous ont marqué.

que l'Elevation du pole de quelque lieu que ce soit ne change pas pour cela.

Mais il ne faut pas s'imaginer que l'elevation du pole par dessus l'horison de quelque lieu que ce soit changeast pour cela. Quelque chancellement qu'on suppose arriver à la terre, il y aura toûjours dans chaque lieu la mesme élevation, tandis que les mesmes points de la superficie de la terre seront ses poles : car le pole de la terre ne sçauroit changer de scituation au regard du ciel, que la terre toute entiere ne change, & l'horison s'étendant toûjours à 90. degrez à la ronde doit changer par consequent à proportion. Si nous supposions par exemple, que le pole de la terre correspondist à un endroit du Firmament different de celuy auquel il correspond aujourd'huy, d'une certaine quantité de degrez, il eſt viſible que l'horiſon qu'on imagine ſur la terre, correſpondroit auſſi à un endroit different de celuy auquel il correſpondoit auparavant, d'une pareille quantité. En un mot la latitude eſtant toûjours égale à l'élevation du pole, ainſi que nous avons remarqué, comme nous avons toûjours la meſme latitude, nous aurons toûjours la meſme élevation de pole.

Je ne vois point en cecy de difficulté, ſi ce n'eſt qu'on peut demander la cauſe de ce chancellement, ou pour parler comme les Coperniciens, de ce mouvement de variation : mais il ne le faut regarder icy que comme une ſimple hypotheſe; je me reſerve d'en parler dans la fabrique du monde.

Article II.

Explication du mouvement du Soleil.

Les deux mouvemens du Soleil ne ſont en effet qu'apparens; *Que le mouve-*

ment du Soleil n'est qu'apparent. celuy de vingt-quatre heures, suit du tournoyement de la terre autour de son centre, & celuy d'un an suit du mouvement de la terre autour du Soleil.

Du mouvement journalier. Premierement comme nous avons supposé que la terre tournoit tous les jours d'Occident en Orient, il est evident que le Soleil doit nous paroistre aller avec tous les Astres dans le mesme temps d'Orient en Occident.

Du mouvement annuel. Secondement comme nous determinons le lieu du Soleil par les Etoiles fixes sous lesquelles il nous paroist, la terre estant dans la Balance, nous devons rapporter le Soleil dans le Belier, & la terre avançant dans le Scorpion & parcourant de suite tous les signes du Zodiaque, nous devons le raporter dans le Taureau & successivement dans tous les autres Signes opposez.

Qu'il doit paroistre avoir des bor- Troisiémement comme l'axe de la terre est incliné sur le plan de l'Ecliptique de vingt-trois degrez trente minutes, l'Ecliptique doit nous paroiſtre éloignée de part & d'autre de l'Equateur de la meſme quantité de vingt-trois degrez trente minutes.

nes dans l'Horiſon & dans le Meridien.

Le meſme exemple dont nous nous ſommes ſervis dans l'explication du mouvement des Etoiles fixes, peut expliquer encore cecy fort ſenſiblement. Faiſons donc tourner autour d'une Sphere ordinaire une bale qui repreſente la terre, & inclinons de vingt-trois degrez trente minutes ſur l'horizon, que nous devons regarder comme l'Ecliptique, l'axe autour duquel nous la faiſons mouvoir ſur ſon centre; nous verrons qu'en la portant autour, en ſorte que ſes poles regardent toujours un meſme endroit, elle preſentera au corps qui repreſente le Soleil au centre diverſes parties, dont les plus éloignées ne ſeront écartées de part & d'autre de ſon Equateur que de vingt-trois degrez trente minutes, c'eſt à dire de la quantité que nous aurons incliné ſon axe.

Qu'il doit se lever tous les jours à differens points.

Quatriémement comme la terre avance tous les jours dans l'Ecliptique de quelque chose, le Soleil correspondant successivement à differens points, qui s'étendent depuis un Tropique jusqu'à l'autre, doit changer tous les jours le lieu de son lever & de son coucher, & paroistre tantost dans l'une & tantost dans l'autre partie du monde.

Qu'il doit demeurer plus long temps dans la partie Septentrionale

Cinquiémement comme la terre décrit autour du Soleil un cercle excentrique, elle doit demeurer plus long-temps dans le plus grand segment, & le Soleil par consequent nous doit paroistre faire dans le segment opposé davantage de revolutions; & la terre estant dans le petit segment il nous doit paroistre tout le contraire : c'est pourquoy le Soleil paroissant faire dans la partie Septentrionale prés de huit revolutions davantage que dans la Meridionale, nous devons dire que le plus grand segment est du costé des Signes Meridionaux. Et c'est encore une suite de cela qu'il nous paroisse alors & plus éloigné & plus petit.

Enfin pour la diversité des jours, il faut considerer que la terre estant dans la Balance, ou dans le Belier, elle regarde le Soleil de maniere que si l'on tiroit une ligne du centre du Soleil, elle seroit enfilée par l'Equateur: c'est pourquoy comme elle tourne sur son axe en vingt-quatre heures, le Soleil paroist decrire ce jour-là l'Equateur, & nos arcs diurnes estant alors égaux aux nocturnes, nos jours sont égaux aux nuits.

Pourquoy aux Equinoxes les jours sont égaux aux nuits.

Mais la terre estant dans le Capricorne, d'où nous rapportons le Soleil dans l'Ecrevisse, elle le regarde de maniere qu'elle seroit enfilée par le Tropique de l'Ecrevisse. C'est pourquoy le Soleil paroist decrire ce jour-là ce Tropique: & nos arcs diurnes estant alors plus grands que nos arcs nocturnes; nos jours sont plus grands que nos nuits.

Pourquoy en Esté ils sont grands.

Au contraire la terre estant dans l'Ecrevisse, d'où nous rapportons le Soleil dans le Capricorne, elle le regarde de maniere qu'elle seroit en-

Pourquoy en hyvers ils sont petits.

filée par le Tropic du Capricorne. C'est pourquoy le Soleil paroist decrire ce jour-là ce Tropic : & nos arcs diurnes estant alors plus petits que nos arcs nocturnes, nos jours sont plus petits que nos nuits.

Pourquoy il y a un jour & une nuit de six mois sous les Poles.

Et si nous considerons que l'Equateur sert d'Horizon à ceux qui habitent les poles, comme le Soleil correspond pendant six mois à la partie Septentrionale & six mois à la partie Meridionale, nous avons la cause des grands jours & des grandes nuits de six mois qu'on a vers les poles.

Tout cecy s'explique de la mesme maniere que dans l'Hipothese de Ptolomée, & l'on n'a pour cela qu'à regarder sur sa sphere la maniere dont l'Horison coupe les cercles dans les differentes elevations des poles. En effet lors qu'on veut designer sur la superficie de la terre l'Horison d'un lieu particulier quelque Hypothese qu'on ait faite auparavant, l'on le conçoit à quatre vingt-dix degrez à la ronde de ce lieu-là; & l'Horison qu'on imagine dans le ciel passant par les endroits qui sont vis à-vis de l'Horison terrestre; soit que les cieux tournent ou que ce soit la terre, ces endroits estant toûjours les mesmes, l'Horison sera toûjours le mesme.

ARTICLE III.

Explication du mouvement de la Lune.

LA Lune est enfermée dans le petit tourbillon de la terre, & ce qui nous confirme dans cette opinion, c'est qu'elle n'est pas fort éloignée de nous. La grandeur apparente de son corps, la force de sa lumiere, sa paralaxe, & les Eclipses nous le font assez connoistre.

Que la Lune est dans le tourbillon de la terre.

Mais pour en expliquer toutes les apparences, il faut supposer 1. que ce tourbillon est ovale, & que son plus petit diametre s'etend du centre à la circonference, comme il est icy representé.

Premiere supposition.

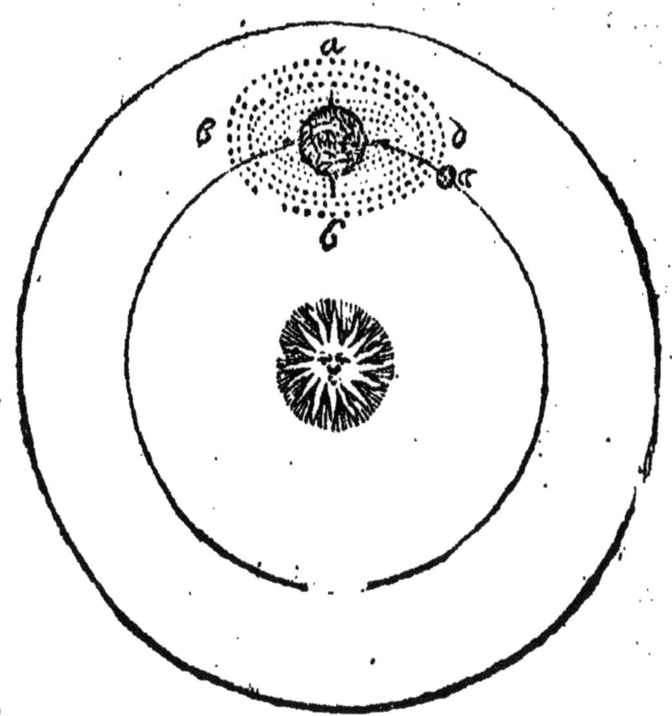

Seconde ſuppoſi-tion.

Secondement il faut ſupoſer que la Lune ne ſe meut pas juſtement ſous l'Equateur ; mais qu'elle le coupe en deux points oppoſez, & qu'elle s'en écarte de part & d'autre de cinq dégrez.

Du mouve ment de la Lune

Il eſt viſible aprés cela que ſon mouvement d'un jour dépend du tournoyement de la terre ſur ſon centre, & ſon mouvement d'un mois du mouvement du tourbillon autour de la Terre : aussi comme nous avons dit que ce petit tourbillon se mouvoit sur luy-mesme d'Occident en Orient, la Lune doit estre entraisnée de ce costé-là; mais le circuit qu'elle fait estant beaucoup plus grand que celuy que fait la Terre : il est certain que si la Terre employe 24. heures à achever sa revolution, la Lune emploira plusieurs jours à faire son tour.

Et cela n'empesche pas qu'elle ne paroisse en vingt-sept jours parcourir tous les signes du Zodiaque, quoy que veritablement elle ne les parcoure qu'en un an avec la Terre. C'est ce qu'on verra mieux en regardant la figure du Monde.

Pourquoy la Lune change si sensiblement le lieu de son lever & de son coucher.

Secondement cõme la Lune acheve le tour de la Terre en 27. jours, & qu'ainsi elle fait chaque jour dans le Zodiaque environ 13. deg. au lieu que le Soleil n'en fait qu'un, elle doit changer le lieu de son lever & de son coucher autant sensiblement en un jour que le Soleil fait en treize.

Pourquoy elle paroist avancer son lever & son coucher.

Troisiémement comme la Lune parcourt cette quantité de degrez pendant que la Terre fait un tour sur son essieu, elle doit paroistre avancer son lever & son coucher : car la partie de la Terre qui luy correspond aujourd'huy, ne luy correspondra pas au bout de 24. heures: cette mesme partie ne luy correspondra que trois quarts-d'heure apres, puisque la Lune est avancée pendant ce temps-là de treize degrez qu'il faut que cette partie de la terre parcoure encore pour ratraper la Lune. De sorte que si nous supposons par exemple que la Lune se levast aujourd'huy à six heures avec une certaine partie de la Terre, elle ne se levera demain qu'à six heures environ trois quarts avec cette mesme partie; & comme nous ne comptons que jusqu'à 12. nous disons que la Lune avance ou retarde son lever.

Pourquoy elle a des bornes plus é-

Quatriémement comme la Lune s'ecarte de l'Equateur de la Terre de cinq degrez, elle doit paroistre s'éloigner de l'Ecliptique de cette mesme quantité, & par consequent avoir des bornes dans l'Horison & dans le Meridien éloignées l'une de l'autre de dix degrez davantage que celles du Soleil.

loignées que celles du Soleil.

Cinquiémement comme la Lune se rencontre justement dans les endroits les plus étroits de son tourbillon au temps de la conjonction & de l'opposition, c'est à dire en *a*, ou

Pourquoy elle va plus viste dans la con-

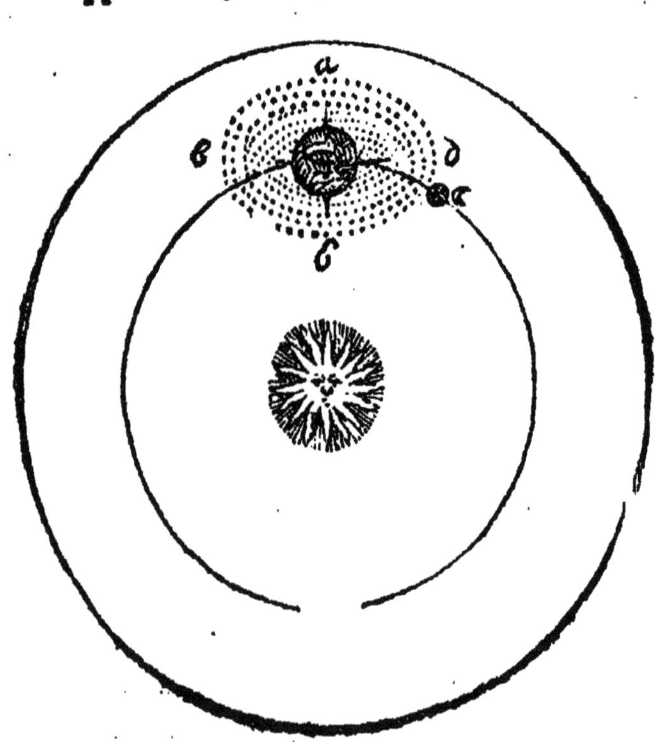

jonction & l'opposition que dans les quadratures. en *c*, elle doit dans ce temps-là precipiter son mouvement : en effet la matiere de ce tourbillon allant plus viste aux endroits étroits, qu'aux endroits larges, l'emporte aussi avec plus de rapidité. C'est ce qu'on peut observer dans le courant des rivieres : car un Bateau est emporté beaucoup plus viste sous l'arche d'un pont, où l'eau est reserrée, que dans son lit ordinaire, où elle a plus d'étenduë.

Pourquoy elle paroist aussi plus grande. Enfin comme dans le temps de la conjonction & de l'opposition la Lune est plus proche de la Terre, elle doit aussi paroistre plus grande que dans les quadratures, où elle est plus éloignée.

ARTICLE IV.

Explication du mouvement de Mercure & de Venus.

Du mouvement de Mercu- NOus sçavons déja que le mouvement commun de ces Planetes suit du tournoyement de la

Terre sur son centre, & que leur mouvement particulier dépend du mouvement du grand tourbillon du Soleil où elles sont enfermées.

re & de Venus.

Nous sçavons encore que Mercure estant plus proche du Soleil que Venus, ne doit pas tant s'en écarter qu'elle, & que ces deux planetes estant devenuës Orientales à l'égard du Soleil autant qu'elles le peuvent estre, elles doivent en suite devenir aussi Occidentales.

Et c'est cela mesme qui les fait paroistre étre un an à parcourir leurs cercles: comme elles sont toûjours fort proches du Soleil, & que le Soleil paroist estre un an à faire son tour, elles nous doivent paroistre employer le mesme temps à achever leurs revolutions.

Pourquoy elles paroissent estre un an à faire leur tour.

Pour ce qui est de toute l'irregularité qu'on remarque dans leur mouvement, on peut bien juger qu'elle n'est qu'apparente, n'y ayant point de causes pour arrester & pour faire reculer ces Astres. Elle ne depend que de leurs circonvo-

Que l'irregularité de leur mouvement n'est qu'apparente.

lutions autour du Soleil, & du mouvement de la Terre autour du mesme Astre.

Comment el les paroissent directes & stationnaires.

Posons donc que *a f* soit la troisiéme partie du cercle que decrit la terre en trois mois, pendant que Mercure décrit le cercle 1. 2. 3. 4. 5. si maintenant nous supposons la Terre en *a*, & Mercure en 1. nous le raporterons dans la partie du ciel marquée *A* : mais si nous supposons que la Terre avance en *b*, & Mercure en 2, nous le raportons dans la partie du ciel marquée *B*; & comme il nous semble qu'il a precipité son mouvement de *A* en *B* selon l'ordre des signes, nous l'appellons directe: & lors que la terre est en *c*, & Mercure en 3. comme nous le rapportons encore en la mesme partie *B*, nous l'appellons stationnaire; & c'est la premiere station.

Figure

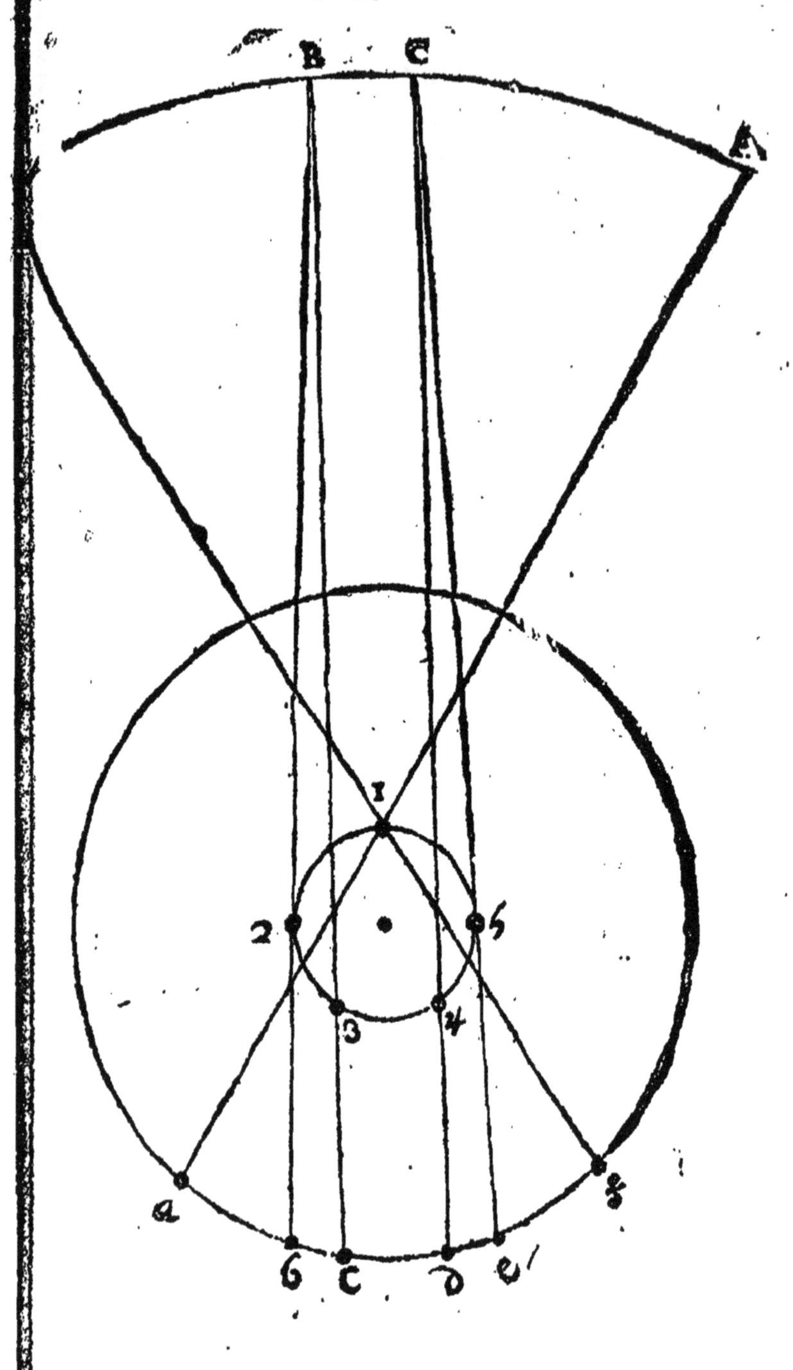

B
C
A
1
2
5
3
4
a
b
c
d
e
g

Comment elles paroissent retrogrades.

Au contraire si nous supposons que la terre avance en *d*, & Mercure en 4. nous le rapporterons dans la partie du Ciel marquée *C*, & comme il nous semble qu'il est retourné sur ses pas contre l'ordre des signes, nous l'appellons retrograde: mais lors que la terre avance en *e*, & Mercure en 5. comme nous le rapportons encore en la mesme partie *C*, nous l'appellons stationnaire, & c'est la seconde station.

De leurs secondes directions.

Enfin lors que la terre est en *f*, & Mercure en 1. nous le rapportons en *D*, & comme nous disons qu'il a precipité son mouvement vers cet endroit selon l'ordre des signes, nous l'appellons encore directe.

Ce que nous venons de dire de Mercure se doit entendre de Venus: car c'est la mesme chose, excepté que ses stations & retrogradations ne sont pas si frequentes.

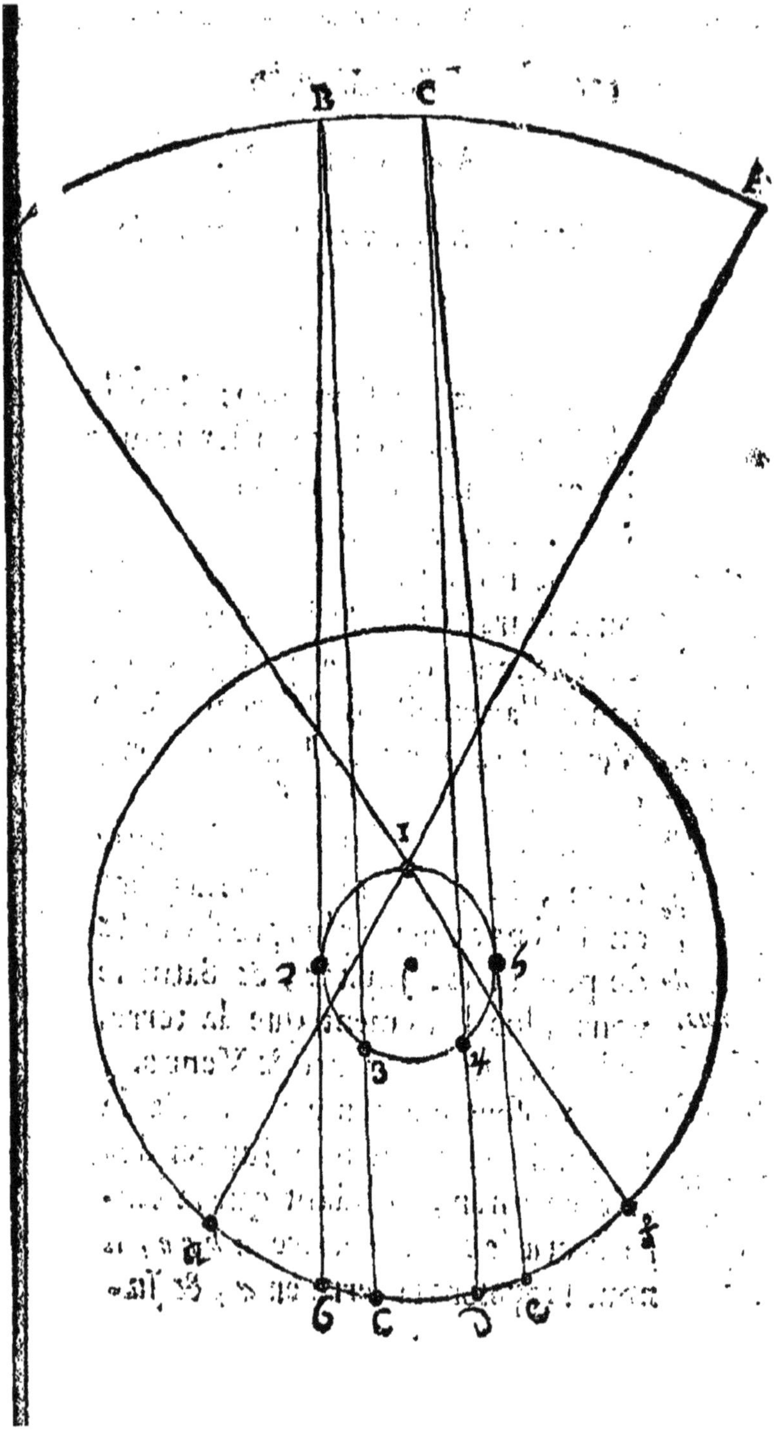

B C
A
I
2 5
3 4

Article V.

Explication du mouvement de Mars, de Iupiter, & de Saturne.

IL seroit presentement inutile d'expliquer en particulier toutes les apparences que ces Planetes ont communes avec les autres.

Que les stations & retrog. de ces Planetes sont differentes de celles de Mercure & de Venus.

Il ne nous reste donc qu'à expliquer leurs stations & leurs retrogradations, en quoy il y a quelque difference d'avec celle de Mercure & de Venus : car ces trois Planetes sont, pour ainsi dire, au dessus de nous estant plus éloignées du Soleil que la terre, & Mercure & Venus sont au dessous en estant plus proches : & de plus Mars, Jupiter, & Saturne vont plus lentement que la terre, & la terre que Mercure & Venus.

Comment elles paroissent directes & stations.

Supposons donc que 1. 6. soit la 12. partie du cercle que Jupiter decrit en un an, pendant que la terre decrit le cercle entiere *a b c e*, si nous supposons la terre en *a*, & Ju-

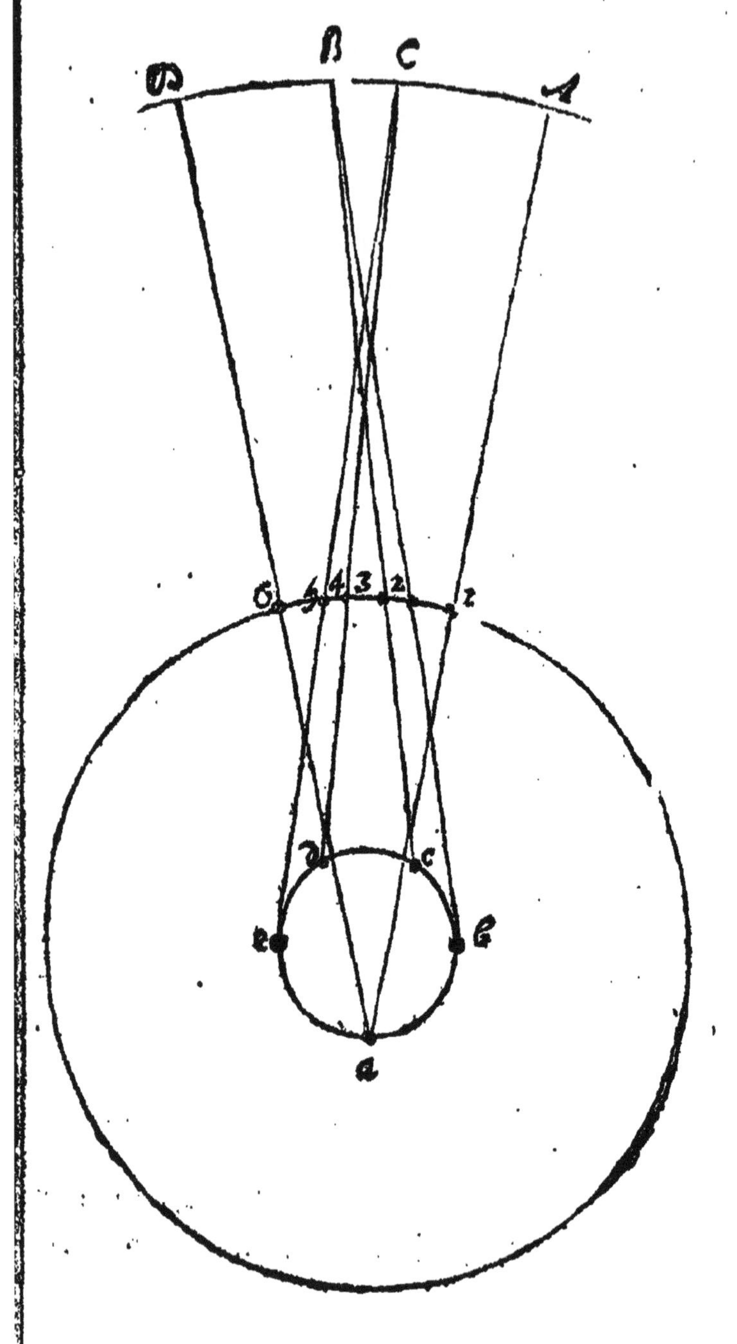
B
C
A
4
3
2
c
a

piter en 1, nous le rapportons dans la partie du ciel marquée *A* : mais si nous supposons que la terre avance en *b* & Jupiter en 2. nous le rapporterons dans la partie du Ciel marquée *B* ; & comme nous disons qu'il a precipité son mouvement de *A* en *B* selon l'ordre des signes, nous l'appellons *directe* ; & lors la terre est en *c* & Jupiter en 3. comme nous le rapportons encore en la mesme partie *B*, nous l'appellons *stationnaire.*

Comment elles paroissent retrogrades, & derechef stationnaires.

Au cõtraire si nous supposons que la terre avance en *d* & Jupiter en 4. nous le rapportons dans la partie du Ciel marquée *C*, & comme il nous paroist estre retourné sur ses pas contre l'ordre des signes, nous l'appellons *retrograde* : & lors que la terre avance en *e* & Jupiter en 5. comme nous le rapportons encore en la mesme partie *C*, nous l'appellons *stationnaire*, & c'est la seconde station.

Enfin lors que la terre avance en *a* & Jupiter en 6. nous le rappor-

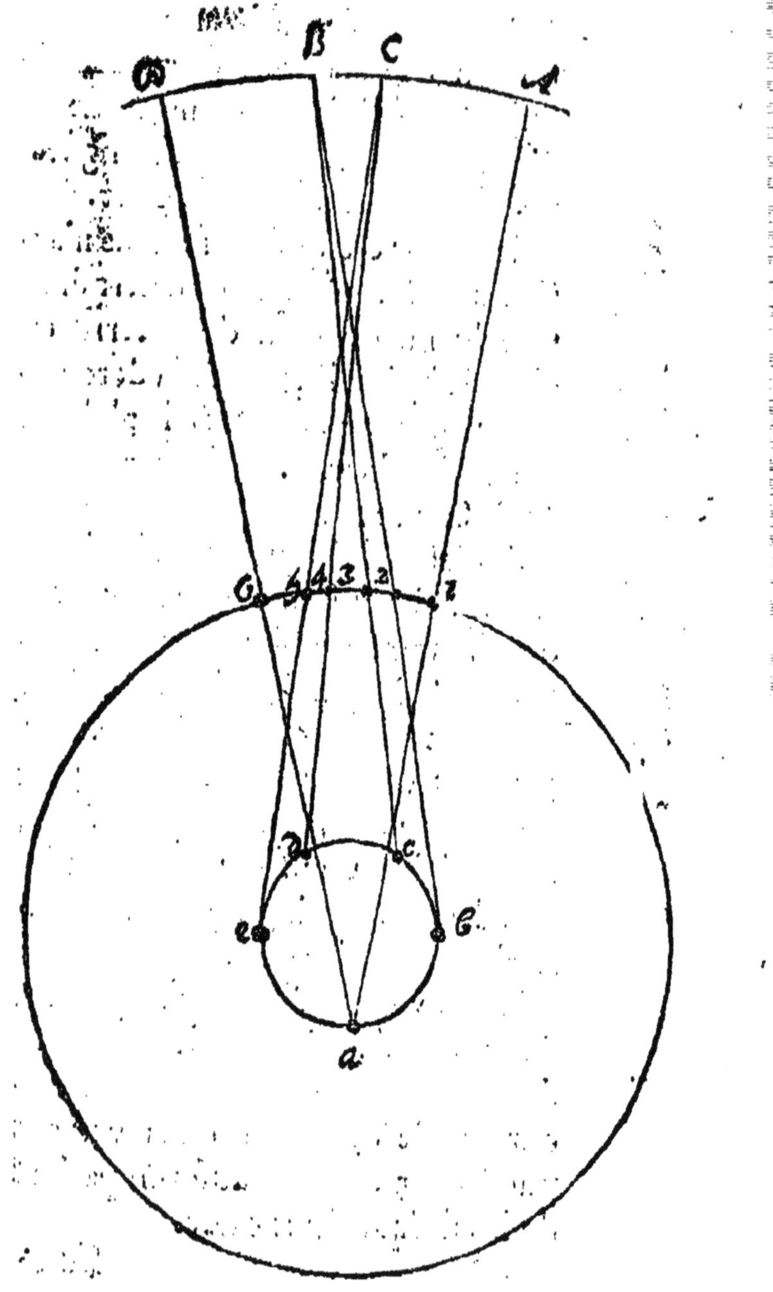
B
C
A
6
5
4
3
2
c
e
a

tons en *D*, & comme il nous semble qu'il a precipité son mouvement de *C* en *D* selon l'ordre des signes, nous l'appellons encore *directe*.

Qu'il faut entendre la mesme chose des deux autres.

Ainsi l'on voit que les stations n'arrivent qu'à cause que la determination du mouvement de la terre est alors de biais à l'égard de la determination du mouvement de la planete. Il faut dire la mesme chose de Mars & de Saturne.

Comment elles paroissent plus grandes lors qu'elles sont retrogrades.

Et il est visible que ces trois planetes ne doivent jamais est retrogrades que la terre ne soit interposée entr'elles & le Soleil, c'est à dire que la terre ne soit entre *c* & *d*, & ces planetes entre 4. & 2. d'où vient qu'estant plus proches de la terre, elles doivent aussi paroistre plus grandes chacune à proportion qu'elle s'approche de nous.

Je n'ay rien dit du changement des nœux de Mars, de Jupiter & de Saturne, non plus que de Mercure & de Venus ; nous en verrons plus facilement les causes en parlant de la fabrique du monde.

CHA-

CHAPITRE IV.

Hipothese de Tycho-Brahé.

TIcho tres-ſçavant dans la connoiſſance des Aſtres croyant d'un coſté qu'il eſtoit hors d'apparence de ſuivre l'opinion de Ptolomée dãs la diſpoſition des Planetes, & de l'autre qu'il eſtoit abſurde d'embraſſer celle de Copernic dans le mouvement de la terre, compoſa un troiſiéme Syſteme qui participe de l'un & de l'autre. *Comment Tycho diſpoſe le Monde.*

Il veut donc avec Ptolomée que la Terre ſoit immobile au centre du monde, & qu'allentour roulent tous les Cieux.

Et il ſuppoſe avec Copernic que le Soleil ſoit le centre des Planetes, excepté de la Lune qui a la Terre pour centre : & qu'elles ſe meuvent toutes autour de luy, pendant qu'il ſe meut luy meſme autour de la Terre.

On n'admet d'ordinaire dans cette hipotheſe que trois Cieux ; le Premier mobile, le Firmament, & le Ciel des Planetes, que Ticho veut principalement eſtre liquide. Voila la diſpoſition de ce Syſteme.

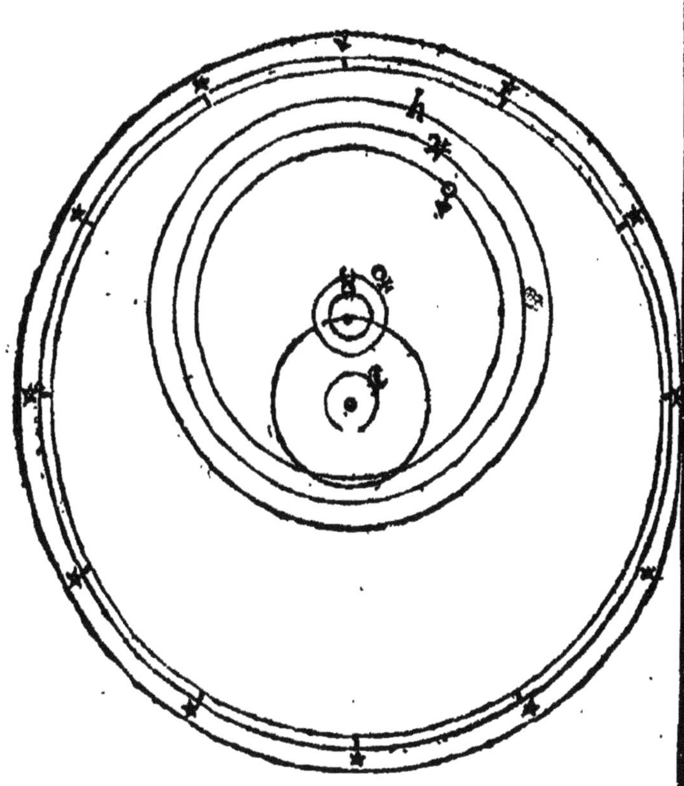

Comment il Dans cette ſuppoſition comme dans celle de Ptolomée, tous les

Cieux sont emportez par le Premier mobile en 24. heures d'Orient en Occident sur les Poles du Monde, & les Planetes avancent de leur propre mouvement d'Occident en Orient chacune sur ses Poles dans les temps marquez par Copernic.

expli-que le mouve-mẽt des Cieux.

Il n'y a pas plus de peine à concevoir cela que nous en avons eü dans la supposition de Ptolomée à concevoir le mouvement des corps qui sont enfermez dans un vaisseau; mais il faut remarquer trois choses.

Premierement que Mars, Jupiter, & Saturne se meuvent autour du Soleil de maniere qu'ils enveloppent la Terre dans leurs cercles: & que Mercure, & Venus ne l'enveloppent point, mais passent entr'elle & le soleil.

Ce qu'il fait re-mar-quer.

Secondement que le cercle que parcoure Mars coupe celuy que decrit le Soleil: parce qu'il luy a semblé que Mars estant dans l'opposition estoit plus prez de la Terre que le Soleil.

Enfin que toutes les Planetes sont tellement emportées, que le Soleil est toûjours le centre de leur mouvement.

Qu'il est inutil d'expliquer dans le particulier toutes les apparences.

Nous deverions, ce semble expliquer icy dans le particulier les apparences des Astres, cõme nous avons fait dans les suppositions precedentes: mais je croy qu'il est inutil, & c'est la mesme que Ptolomée dans la supposition de ceux qui admettent les Cieux liquides.

CHAPITRE. V.

Des reflexions sur ces Hypotheses.

Que l'hipothese de Ptolomée n'est pas probable.

SI l'on juge de la verité d'une Hipothese par sa simplicité & par sa facilité, celle de Ptolomée est tres-fausse: elle suppose une multitude de choses; elle a un embaras d'excentriques & d'Epicicles, & elle souffre beaucoup de difficulté dans l'explication des Phenomenes.

Qu'el-

Mais elle est entieremẽt contraire

aux apparence de. Mercure & de Venus, & il eſt tout à fait impoſſible d'expliquer comment ces deux Planettes ſont tantoſt en Croiſſant & tantoſt pleines : car ſe remettant la figure de ſon ſiſteme devant les

le eſt fauſſe.

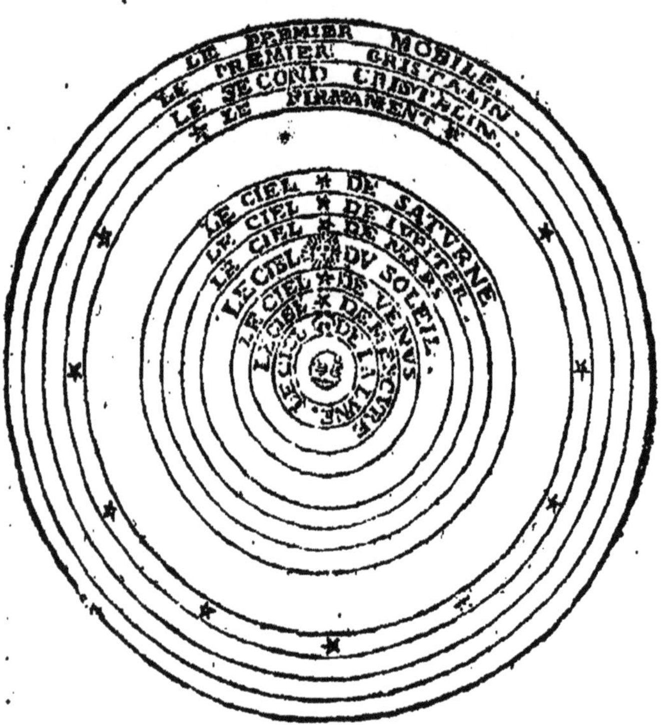

yeux, il faudroit pour paroiſtre pleines qu'elles fuſſent oppoſées au Soleil: car cõme elles ne luiſent que par la lumiere qu'elles en empruntent, il est necessaire pour paroistre rondes que toute leur partie éclairée soit tournée vers la terre, & que par consequent le Soleil soit de l'autre costé : c'est ce qui n'est point encore arrivé, & on ne les a jamais veüs dans l'opposition avec le Soleil, & c'est pourquoy mesme Ptolomée suppose que les centres de leurs Epicicles sont toûjours dans la mesme ligne que le centre du Soleil.

Enfin ce qui est incommode c'est qu'on ne sçauroit rien deduire de ce qu'on a déja supposé : & s'il arrive quelque chose de nouveau, ou l'on le prend pour un miracle, ou l'on a recours à de nouvelles suppositions; de sorte que si l'on considere l'assemblage de toutes les parties dont il compose le monde, c'est plûtost un monstre chimerique, que la figure d'une machine : car quelle proportion y a-t-il dans toutes ces parties, & quelle liaison trouve-t-on entr'elles : & quoy qu'un Astronome qui ne regarde une hypothese que pour expliquer les apparences, ait lieu de s'en contenter, un Philosophe qui en cherche les causes, ne sçauroit s'en satisfaire.

Que celle de Tycho n'est pas moins defectueuse quoy qu'elle satisfasse aux apparences.

L'opinion de Tycho est plus vraysemblable, aussi est-elle ordinairement suivie par ceux qui rejettent celle de Ptolomée, & elle explique tres-bien les phases de Mercure & de Venus, comme la seule inspection de la figure le fait voir : car il est visible qu'estant à nostre égard au dessus du Soleil, leurs corps doivent paroistre tout ronds.

Elle a neanmoins ses defauts, & je ne sçaurois comprendre comment la terre qui n'est retenuë par aucun cable, puisse au milieu d'un torrent demeurer immobile : & si l'on veut bien y prendre garde, il place la terre au milieu de la matiere celeste, comme un pieu au milieu d'une riviere, qui fend l'eau & qui la rejette de part & d'autre.

Que la pesanteur ne

Je sçay que les Peripateticiens disent que la terre estant un corps grave, n'est aucunement propre au

ſçauroit empeſcher que la terre ne ſoit emportée.

mouvement, & qu'elle reſiſte par toute ſa peſanteur à ſon enlevemẽt; comment eſt-ce donc qu'ils diront que Jupiter, Saturne, le Soleil, & toutes les Planettes ſont emportées? cõment eſt-ce que ces corps ne s'opposent point de meſme que la terre au mouvement du Premier mobile? ne ſont-ils pas auſſi grands & auſſi ſolides qu'elle? & comment enfin accorder que la terre reſiſte par ſa peſanteur au mouvement de la matiere celeſte, eux qui ne luy en donnent aucune dans ſon centre.

C'eſt ſans doute un écueil inévitable; ce n'eſt pas qu'ils ne reſpondent qu'il eſt bien vray qu'un corps ne peſe point actuellement dans ſon centre, puiſque c'eſt le lieu de ſon repos, mais qu'il conſerve toûjours en luy la puiſſance de pezer, laquelle ſe reduit en acte lorſque quelque corps vient pour l'en chaſſer: mais comme les corps qui ſont autour de la terre agiſſent inceſſamment contr'elle & tendent à la déplacer; il ne doit point avoir d'inſtans où la terre ne peze actuellement, & cela eſt contraire à leurs principes.

Et meſme ſi nous voulons ſuivre le ſentiment de Deſc. pour le mouvement, nous pouvons dire que Tycho qui n'a inventé ſon ſiſteme que pour ne point donner de mouvement à la terre, luy en donne cependant plus que Copernic : car le mouvement n'eſtant ſelon luy que la differente application d'un corps par tout ce qu'il a d'exterieur aux differentes parties des corps qui l'environnent immediatement, comme la terre ſeroit toûjours environnée de nouveaux corps, puiſque tout ſe mouveroit autour d'elle, elle ſeroit dans une continuelle agitation.

Que Ticho donne du mouvement à la terre ſans y penſer

S'il eſt vray de dire qu'un poiſſon qui fait autant d'effort pour monter contre le courant de l'eau, que le penchant de la riviere en a pour l'emporter avec elle, s'il eſt vray, dis-je, qu'il eſt en mouvement, quoy que par hazard il correſponde aux meſmes endroits du bord &

qu'il tende dans la partie opposée où l'eau fait effort pour l'entraîner, il sera aussi vray de dire selon ses principes que la terre est en mouvement ; elle est placée au milieu de l'air tout de la mesme maniere, & il n'y a rien dans ce poisson qui nous fasse dire qu'il se meut, qu'on ne le trouve, ce semble, dans la terre. Elle fait effort comme luy pour n'estre point emportée où la matiere celeste qui l'environne tend à l'entraîner : & elle change continuellement de corps environnans par tout ce qu'elle a d'exterieur.

Que l'opiniõ de Copernic est probable.

L'hypothese de Copernic est preferable à celle-cy ; elle explique également bien tous les Phenomenes, elle ne se cõtredit point, & l'on peut trouver des raisons naturelles de sa disposition ; c'est une marque assez visible, ce semble, de sa verité qu'elle explique deux mouvemens dont les Philosophes qui ont suivy Ptolomée & Tycho, n'ont encore pû trouver de raisons ; l'un est celuy qu'ont les choses pesantes vers le bas, & les choses legeres vers le haut, qu'on appelle pesanteur & legereté: l'autre est celuy qui fait hausser & baisser tous le jours à certaines heures reglées les eaux de la Mer, qu'on nomme le flux & le reflux.

Quelle apparence aussi de faire mouvoir les Cieux qui sont des corps immenses, pendant que la terre qui n'est qu'un point en comparaison demeurera immobile. Si la terre ne differe en rien des autres Planetes, quel avantage doit-elle avoir par-dessus elles? & pourquoy sera-t-elle seule exépte de suivre la route commune des autres; Il est à croire que Dieu qui prend toûjours les plus courtes voyes, l'aura bien plûtost agitée autour d'elle-même & autour du Soleil. Et mesme il semble que nous en ayons des preuves assez évidentes: car si le Soleil se mouvoit autour de la terre, comme c'est un liquide & une flamme extremement subtile, ainsi que nous le verrons plus bas, il ne nous devroit paroiſtre que ſous la figure ovale, puis qu'en traverſant les Cieux avec une rapidité incroyable, il obligeroit toutes ſes parties à ſe ranger en long.

Il ne faut pas auſſi s'ymaginer que ce ſoit par aucune raiſon qu'on rejette l'opinion du mouvemẽt de la terre. Ce n'eſt dans la pluſpart que par preoccupation, parce qu'ils ſe ſentent fermes ſur terre, & dans les autres par ſcrupule, parce que le texte ſacré ſemble y eſtre contraire.

Il eſt vray qu'en pluſieurs endroits l'Ecriture attribuë le mouvement au Soleil & le repos à la terre : mais l'on peut dire qu'elle parle alors ſelon les apparences, & qu'elle s'accommode à la portée d'un peuple groſſier, qui n'a point d'autre regle dans ſes jugemens que les ſens. N'appelle-t'elle pas la Lune un grand luminaire, quoy qu'il ſoit certain que c'eſt un corps obſcur plus petit qu'aucun aſtre? Neanmoins j'ay pris ſoin de ne luy point donner aucun mouvement : & s'il ſemble que je luy en aye donné quelqu'un, ce n'eſt que fort improprement; car je l'ay toûjours conſideré en repos au milieu de ſon Tourbillon, comme un homme aſſis au fond de cal d'un Vaiſſeau: & comme on ne laiſſe pas de dire que cet homme ſoit en repos, quoy que par hazard le Vaiſſeau tournoye, & qu'il ſoit emporté de France en Angleterre; De meſme on doit aſſurer que la terre eſt en repos, quoy qu'elle ſoit meuë ſur ſon centre & ſoit emportée autour du Soleil; parce qu'elle tourne avec ſon Tourbillon dont elle eſt continuellement environnée; de ſorte que ce mouvement doit eſtre attribué à ſon Tourbillon dont elle fait partie, mais non pas à elle en particulier.

Cette comparaiſon nous fournit en meſme temps la réponſe à pluſieurs objections qu'on a coûtume de faire contre le mouvement de la terre; on dit, par exemple, que jettant une balle en l'air, elle ne devroit pas tomber au meſme endroit; qu'un boulet eſtant tiré vers l'Oc-

Qu'on ne ſçauroit objecter contre elle, ce qu'on objecte contre celle de Copernic. cident iroit plus loin qu'estant tiré vers l'Orient : car tout cela n'arrive pas dans un Vaisseau, & cela seulement parce que tous les corps qui y sont renfermez, participent au mouvement du Vaisseau.

Et en effet lorsque plusieurs corps participent à un mesme mouvemẽt, comme ils sont toûjours également éloignez & qu'ils ont entr'eux le mesme rapport, il faut compter ce mouvement commun pour rien, & regarder ces corps comme s'ils estoient dans un parfait repos.

Mais pour satisfaire ceux qui nous objectent ces choses, & ne leur donner pas tout le tort, car chacun se picque d'avoir du sens, j'avouë qu'en quelque façon la bale ne tomberoit pas au mesme endroit, & qu'un boulet estant tiré vers un costé iroit plus loin que s'il estoit tiré vers un autre. Si donc je suppose dans un Vaisseau, dont le mouvement est d'Occident en Orient, deux hommes qui se jettent l'un à l'autre une bale, & que l'on considere la ligne que decrit cette bale par rapport à la superficie de la Mer, il est vray que quand la bale est jettée d'Occident en Orient, elle decrit une plus grande ligne que quand elle est jettée d'Orient en Occident, car la iettant d'Occident en Orient, le Vaisseau qui avance de ce costé l'allonge, & la iettant d'Orient en Occident, le Vaisseau qui tend en Orient, l'accourcit : Mais si l'on considere la ligne à l'égard du Vaisseau, c'est la mesme chose, & il ne faut pas plus de force pour la ietter d'un costé que d'un autre. Tout de mesme si l'on considere tous les differens mouvemens de la terre par rapport au plan sur lequel elle est meuë, il est vray que les uns se continuëront dans de plus grandes lignes que les autres, mais par rapport à la superficie de la terre, qu'on peut regarder comme un grand Vaisseau, c'est la mesme chose.

Et ie ne me serviray point d'autre

preuve pour répondre à ceux qui pretendent avoir trouvé un argument invincible contre le mouvement de la terre, en disant qu'il n'y auroit point de ligne perpendiculaire, & qu'estant toutes obliques, la chute des corps seroit moins forte, & la vitesse ne s'augmenteroit pas. Premierement quel grand inconvenient y auroit-il que les corps tombassent moins fort? la chute en seroit moins dangereuse: & comme ils sont tombez toûjours de la mesme maniere, comment peut-on dire qu'ils iroient moins viste qu'ils ne vont, si la terre se mouvoit. Mais je distingue icy, & ie dis que par raport au plan sur lequel est meuë la terre, il n'y auroit point de perpendiculaire, mais que par raport à la superficie de la terre, il y en auroit. Une ligne perpendiculaire sur un plan est celle qui en tombant ne panche pas plus d'un costé que d'un autre, & les corps pourroient tomber de cette maniere: car pour prendre le mesme exemple d'un Vaisseau,

Vaiſſeau, quoy qu'il ſoit emporté d'un coſté, ſi ie ſuppoſe que ſon maſt qui eſt élevé perpendiculairement, ſoit percé depuis le haut iuſques au bas, & qu'on y laiſſe tomber une bale, cette bale, dis-ie, ne laiſſera pas d'eſtre perpendiculaire ſur la ſuperficie du Vaiſſeau, encore qu'elle ſoit oblique ſur la ſurface de la Mer.

Ce qu'on peut objecter de plus fort contre le mouvement de la terre autour du Soleil, c'eſt que ſi elle decrivoit un ſi grand cercle, elle correſpondroit à differens endroits du Ciel; cependant elle a toûjours le meſme Zenith & le même Pole. Ceux qui ſuivent Copernic répondent qu'il faut rejetter la cauſe de ces apparences ſur le paralleliſme que garde la terre dans ſon mouvement, & ſur l'extrême diſtance des Etoiles fixes. *Objection.*

Mais s'il eſt vray ce qu'on nous a rapporté d'Angleterre, la terre n'a pas toûjours le meſme Zenith, & on a trouvé entre celuy d'Eſté & *Que la terre change de Zenith.*

M

celuy d'Hyver vingt-deux secondes de distance; on s'y est pris, à ce qu'on dit, de la sorte; ayant fait percer un plancher perpendiculairement : en sorte que de la chambre l'on vit le Ciel, & y ayant mis de longues lunettes avec des filz en travers, comme l'on fait d'ordinaire, on s'est apperceu par le moyen de ces filz, que cette chambre correspondant à une certaine Etoile, six mois aprés, c'est à dire lorsque la terre estoit à l'autre extremité du mesme diamettre, cette chambre dis-je correspondoit à un autre endroit distant du premier de vingt-deux secondes.

Quoy que la difference de ce changement ni soit guere sensible, elle ne laisse pas de

Il est vray que cette difference est tres-peu sensible, mais aussi il faut concevoir que les Etoiles fixes sont extrémement éloignées : & cette difference pourroit faire soubçonner que le froid ou le chaud, l'humide ou le sec auroit peut-estre causé ce changement dans le tuyau, ou bien que la pesanteur de l'edifice eût fait pancher la maison de ce coſté-là. Cependant comme on nous a dit, qu'ayant reïteré pluſieurs fois ces obſervations, on a toûjours trouvé la meſme choſe ; il faudroit que la temperature de l'air euſt eſté pendant tout ce temps-là dans un equilibre tres-juſte pour courber & redreſſer le tuyau de la meſme maniere, ou que la maiſon euſt eu un balancement bien égal pour ſe rejetter de l'autre coſté de la meſme quantité.

Que l'hipotheſe de Copernic eſt preferable aux autres.

Nous n'avons donc point à balances ſur le choix d'une hipotheſe. Ce que nous venons de dire nous determine aſſez, & le repos de la terre eſtant inconcevable au ſens que l'entendent Ptolomée & Ticho, nous devons nous determiner pour l'opinion contraire. Il n'y a rien qui nous arreſte dans l'hipotheſe de Copernic ; c'eſt donc celle-là que nous devons choiſir preferablement aux autres comme la plus vray-ſemblable. Mais ce qui nous doit entierement determiner dans ce choix, c'eſt qu'en ſuppoſant peu de choſes, je vas faire voir comment toutes les parties qui composent le monde, se disposeront entr'elles de la maniere que nous avons supposé] qu'elles estoient arrengées.

QUESTION III.

De la Fabrique du Monde.

IL estoit de la grandeur de Dieu de donner à l'Univers toute sa perfection en mesme temps qu'il luy a donné l'Etre: comme il ne travaille que pour sa gloire, il falloit qu'il agist d'une maniere tout a fait surprenante : & se distinguant des hommes, qui produisent lentement leurs ouvrages & qui ne les achevent qu'en y ajoustant pieces à pieces, il estoit necessaire, dis je, qu'il fist tout d'un coup, ce que nos Arts ne peuvent imiter qu'à peine en beaucoup de temps, & à plusieurs reprises. Mais lorsque les

Que Dieu a créé le monde en un instant.

Philosophes viennent à cõsiderer ce Monde, quoyque Dieu l'ait fait en un instant, ils se trouvent obligez, pour en decouvrir les causes, d'en faire une espece d'Anatomie, & d'examiner comment il se seroit pû faire, pour connoistre en effet comment il est fait.

Ce qu'il est necessaire de supposer pour expliquer le monde.

Je suivray donc cette voye, & m'imaginant que Dieu ait dessein de faire un Monde tout semblable à celuy-cy; Je ne supposeray que deux choses; la premiere qu'il a crée de la matiere; & la seconde qu'il entretient dans le Monde une certaine quantité de mouvement.

Que Descartes suppose ce qu'on peut prouver

Je sçay que Monsieur Descartes suppose dans ses principes que Dieu a encore divisé cette grande étenduë de matiere en plusieurs portions: qu'à toutes les parties qui composoient ces portions il a donné deux mouvemens, l'un à l'entour chacun de son propre centre, l'autre à l'entour d'un centre commun, c'est à dire qu'il suppose que Dieu a fait d'abord tous les Tourbillons; mais je ne croy pas devoir supposer tant de chose, & j'estime qu'en supposant seulement ce que je fais, l'on peut prouver que ces Tourbillons se sont dû faire de la maniere que nous les croyons aujourd'huy estre, c'est à dire les uns plus grands, & les autres plus petits.

Mais avant que d'entrer dans cette grande étenduë, où je suppose qu'il n'y a encore ny chaleur, ny froidure, ny lumiere, ny couleur, ny pesanteur, ny legereté; où il n'y a ny eau, ny feu, ny terre, ny air; où tout est dans la confusion, & dans un desordre encore plus grand que dans le cahos des Poëtes, resouvenons nous des Loix de la nature, d'où dépend l'ordre & l'arrengement des parties de ce Monde. *Qu'il est necessaire de parler des loix du monde.*

CHAPITRE I.

Des Loix du Monde.

IL ne suffit pas de supposer que Dieu ait meu la matiere : il faut *Ce que nous en-*

tendons par les loix du monde.

de plus penſer aux regles qu'il a voulu que chaque partie obſervaſt dans l'eſtat où elle ſe trouveroit : & c'eſt ce que nous entendons par les Loix du Monde.

Quelles ſont ces loix.

La premiere Loy eſt que chaque choſe demeure en l'eſtat où elle eſt pendant que rien ne la change.

La ſeconde qu'un corps qui eſt en mouvement tend à le continüer en ligne droite.

La troiſiéme que les corps qui ſe meuvent en rond, font effort pour s'écarter du centre de leur mouvement.

Preuve de la premie re loy.

Ces deux dernieres Loix ſont des ſuites de la premiere, & la premiere eſt une dépendence de l'immutabilité de Dieu. Car Dieu agiſſant toûjours de la meſme maniere, il conſerve les choſes au meſme eſtat qu'elles ſe trouvent, & il les maintient toutes dans les meſmes loix qu'il leur a fait obſerver dés leur creation. C'eſt pourquoy ayãt mû la matiere d'une certaine force, ou ce qui eſt la meſme choſe, ayant crée une

une certaine quantité de mouvement, il faut penser qu'il la conserve encore aujourd'huy tout entiere, & qu'il meut toûjours la matiere de la mesme force ; mais de cela seul qu'il en cõserve la mesme quantité, il est necessaire qu'il arrive plusieurs changemens dans les parties de la matiere : car comme tout est plein, un corps ne sçauroit se mouvoir sans en deplacer un autre, & sans diversifier par cette rencontre son mouvement. De sorte que tous les changemens qui arrivent dans le Monde, ne doivent pas estre rejestez sur Dieu, qui agit toûjours de la mesme maniere, ils doivent estre seulement rejettez sur la nature.

Qu'une chose considerée en elle mesme demeure en l'estat où elle est.

Mais à ne considerer une chose qu'en elle mesme sans avoir égard aux corps qui l'entourent, nous ne concevons point qu'estant dans un certain estat, elle s'en procure elle mesme un autre : si elle est quarrée, nous ne concevons point, dis-je, qu'elle se fasse ronde ; si elle est en repos, qu'elle se mette en mouvement, & si elle est en mouvement, qu'elle se donne le repos.

En quoy consiste la force de chaque corps.

Et c'est en cela mesme que consiste la force qu'a un corps pour agir ou pour resister : un corps qui est en repos a de la force pour y demeurer, & estant en mouvement il a aussi de la force pour y persister : qu'elle autre raison y auroit il sans cela, qu'un corps jetté de la main continuëroit apres de se mouvoir, sinon que le mouvement ne tendant pas plus que les autres choses à sa destruction, demeure comme les autres choses en l'estat qu il se trouve.

Les Philosophes qui n'ont point fait icy d'attention, sont tombez dans mille absurditez : car outre les qualitez impresses qu'ils mettét dans les corps pour leur faire continuer leur mouvement, sans pouvoir dire ce que c'est, ils ont enseigné que le mouvement tendoit au repos ; & qu'un corps ne se mouvoit que pour enfin se reposer : & c'est de laque sont venus les amours du centre & les simpathies, qui servent aujourd'huy de réponses à une infinité de demandes.

Mais le mouvement estant contraire au repos, il ne luy peut estre sousordonné, & rien ne se porte de sa nature à son contraire : il est bien visible qu'une chose ne se meut pas toûjours, mais il n'est pas visible qu'une chose se meuve pour s'arrester : & quoy que les causes qui l'arrestent nous soient inconnuës, il ne faut pas croire pour cela qu'elle cesse d'elle mesme de se mouvoir.

Qu'un corps ne se meut pas pour s'arrester.

L'Air & les autres liquides, dans lesquels nous voyons ces mouvemens, en diminuent peu à peu la vistesse : & mesme si nous remuons assez viste la main, nous sentons la resistence de l'air ; & une fleche va plus loin dans l'air, que dans l'eau, & estant jettée de pointe que de travers : parce que ne rencontrant pas tant de corps, elle communique moins de son mouvement.

Quelles sont les causes qui l'arrestent.

C'est un effet de la plenitude du monde, & de l'impenetrabilité de la matiere : comme un corps ne

Pourquoy elles l'arrestent.

sçauroit se mouvoir qu'il n'en déplace d'autres, il doit enfin donner tant de mouvement, qu'il ne luy en reste plus que tres-peu ; & ce peu ne nous estant pas sensible, ce corps nous paroist tout à fait en repos à l'égard des autres auprés de qui nous le voyons.

Que tous les mouvemens sont naturels.

On distingue pourtant dans l'Ecole deux sortes de mouvemens, le naturel & le violent : Le naturel, disent-ils, provient d'un principe interieur, & le violent vient d'un agent exterieur : de sorte qu'il n'y a que le naturel, qui continuë sans tendre à sa ruine ; & le violent cesse de luy-mesme. Mais tous les mouvemens à proprement parler sont naturels, puis qu'ils se font tous selon les loix de la nature, & il n'y a rien de violent à l'égard de la matiere : car estant une chose entierement passive, elle est de soy indifferente au mouvement ou au repos, & elle n'est pas plus disposée à recevoir un mouvement qu'un autre : la violence ne se rapporte qu'à noſtre volonté, & cela lors qu'on fait quelque choſe qui luy eſt contraire.

La ſeconde loy n'eſt, comme j'ay dit, qu'une ſuite de la premiere : car ſi une choſe perſiſte naturellement dans l'eſtat où elle ſe trouve, il eſt neceſſaire qu'un corps qui ſe meut vers un certain endroit, continuë toûjours de ſe mouvoir de ce coſté-là. Or tendre vers un endroit c'eſt ſe mouvoir en ligne droite, puis que nous ne concevons ce vers là, pour ainſi parler, que comme une ligne droite ; à cauſe que nous le concevons comme une choſe tres-ſimple, & que de toutes les lignes il n'y a que la droite qui ſoit ſimple. C'eſt pourquoy comme il n'y a point de corps qui dans ſon mouvement ne tende vers quelque endroit, il n'y en a point auſſi qui ne tende à décrire une ligne droite.

Preuve de la ſeconde loy.

De ſorte que ſi un corps ſe détourne du droit chemin, ce ne peut eſtre que par la rencontre d'autres corps qui l'en détournent : d'où il faut

Qu'un corps ne ſe meut en rond que par

côtrain-te. conclure qu'un corps, qui dans son mouvement parcoure les trois costez d'un triangle, est détourné par trois causes differentes : que celuy qui fait les quatre costez d'un quarré, est détourné par quatre : & enfin que celuy qui décrit un cercle, est détourné par une infinité de causes : parce que le cercle estant un Poligone d'une infinité de costez, on ne le peut décrire que par un détour continuel.

C'est ce que l'experience confirme : car si l'on agite en rond une fronde, lors que la pierre qui est dedans s'en écarte, elle ne décrit pas une ligne circulaire, elle décrit une ligne droite : cela se voit aussi dans les grains de sable qu'on jette sur une piroüette pendant qu'elle tourne sur son axe : ce qui fait voir manifestement que tout corps qui est meu en rond, ne s'y meut que par contrainte ; puis qu'aussi-tost que la contrainte cesse, ce corps décrit une ligne droite qui est la tãgente du cercle, c'est à dire qu'il prolonge hors le cercle la petite ligne droite, qui fait un des costez du cercle qu'il décrivoit.

La troisiéme loy enfin est un corollaire de la seconde, & il n'est pas necessaire d'employer à sa preuve d'autre chose, que ce que nous venons de dire : Il suffit d'adjouster qu'en tournant une pierre dans une fronde, nous sentons l'effort qu'elle fait pour s'éloigner de nostre main en faisant tendre la corde & en la bandant. *Preuve de la 3. loy.*

On peut prouver encore cela par une autre experience. Si on prend un tuyau dans lequel on mette une dragée de plomb, ou bien quelqu'autre corps, & qu'on fasse tourner le tuyau dans sa main, la boule s'avance vers l'embouchure du tuyau, & si on continuë de le mouvoir, elle sort avec d'autant plus de vitesse, qu'on agite plus fortement le tuyau.

CHAPITRE II.

Du débroüillement du Cahos.

ON ne peut point douter de la verité des regles que je viens d'expliquer, & elles sont si constantes, qu'elles ont merité d'estre considerées comme les loix de la nature. Quelque confusion aussi que nous supposions maintenant dans les parties de la matiere, il est necessaire qu'elles s'arrengent de maniere qu'elles prennent la forme d'un monde parfait, telle que nous la voyons aujourd'huy.

Premierement comme il n'y a point de vuide, & que tout est exactement plein, il est impossible que les parties de la matiere s'accordent à se mouvoir toutes ensemble vers un mesme endroit : mais pendant que les unes vont vers un costé, les autres sont repoussées de l'autre, & pendant que quelques-unes montent, d'autres sont obligées de descendre.

Or il est bien difficile que dans toutes ces diverses agitations plusieurs ne soient contraintes de tourner sur leurs centres : comme elles ne se rencontrent pas toutes à plein, mais que la pluspart se choquent par leurs angles, celles-là sont obligées de piroüeter: & il en est de mesme que quand deux hommes l'un courant d'un costé & l'autre de l'autre, se choquent rudement par l'épaule, chacun fait un demy tour: car tout le corps estant determiné à aller vers le mesme endroit, & une partie en estant empeschée par cette rencontre, l'autre partie continuë comme auparavant : mais comme elles se tiennent, & qu'elles ne sçauroient se separer; tout le corps se meut circulairement, en sorte que la partie qui a esté choquée tient le centre, & l'autre la circonference.

Cōment chaque partie cōmence à tourner sur son centre.

Mais dans ce tournoyement des parties il arrive bien des choses, car leurs angles ne sont pas toûjours si forts qu'ils puissent resister au choc

Cōment elles sont contraintes à chan-

ger de figure. de quelques parties qui les heurtent: c'est pourquoy à force de s'entrechoquer mutuellement l'une l'autre, elles brisent à la fin leurs angles, & de quelque figure qu'elles ayent esté, la pluspart deviennent tout à fait rondes.

Nous avons des exemples de choses semblables, les grains de sable & les cailloux des rivieres s'arrondissent à force de rouler avec les eaux qui les entraisnent : & si l'on a jamais pris garde comment on arrondit ces anis de Verdun, on ne les fait qu'agiter à force de bras dans un grand bassin : & il ne faut pas s'imaginer que ces parties s'arrondissent toutes à la fois ; plusieurs mesme se cassent, & d'autres sont assez dures pour resister au choc pendant un assez long-temps.

Des trois Elemens. De sorte que de quelque figure qu'ayent esté toutes les parties de la matiere, les unes ont dû devenir rondes, & les autres de toutes sortes de figures irregulieres. Aussi trouve-t'on au fond de ce bassin dont nous venons de parler, trois ſortes de parties ; on trouve une pouſſiere fort ſubtile, qui s'eſt faite de la raclure des angles briſez : on trouve des parties rondes qui ſont ces dragées, & on trouve des parties de toute autre ſorte de figure ; & celles-là ſont celles qui ne ſe ſont pas encore arrondies, ou qui aprés s'eſtre arrondies ſe ſont briſées, ou enfin qui ſe ſont faites de la pouſſiere qui s'eſt amaſſée enſemble.

Et pour ne nous point embarraſſer dans la ſuite, nous reduirons les parties de la matiere ſous trois eſpeces ; la raclure des angles briſez ſous la premiere, les parties rondes ſous la ſeconde, & toutes les autres parties ſous la troiſiéme, & nous nous en ſervirons comme d'elemens. Nous appellerons la raclure le premier element, les boules le ſecond, & les autres parties de figures irregulieres le troiſiéme.

La raclure eſtant une pouſſiere fort menuë, ſert à remplir les pores que les parties rondes laiſſent entr'elles : & comme de jour en jour il se brise de nouveaux angles, il doit à la fin y avoir plus de raclure qu'il n'en faut pour les remplir, & ce surplus est épars de costé & d'autre comme en A & en B, n'y ayant rien qui le determine à s'amasser en un mesme endroit.

Cōment les tourbillons commēcent à se former.

C'est pourquoy considerant plusieurs de ces petites parties en un mesme endroit, comme elles ont beaucoup de vitesse, & qu'elles ne peuvent se mouvoir directement, parce que tous les pores sont replis, elles doivent employer le mouvement qu'elles ont à se mouvoir toutes circulairement autour d'un mesme centre ; nous voyons quelque chose de semblable lors qu'il fait du vent, & cela peut servir de preuve à ce que je dis : car quelquefois l'air s'engouffre si fort dans les tuyaux des cheminées, que n'ayant pas la liberté de s'étendre, il forme un tourbillon de vent, qui enleve les cendres du feu, & les corps legers qu'il rencontre.

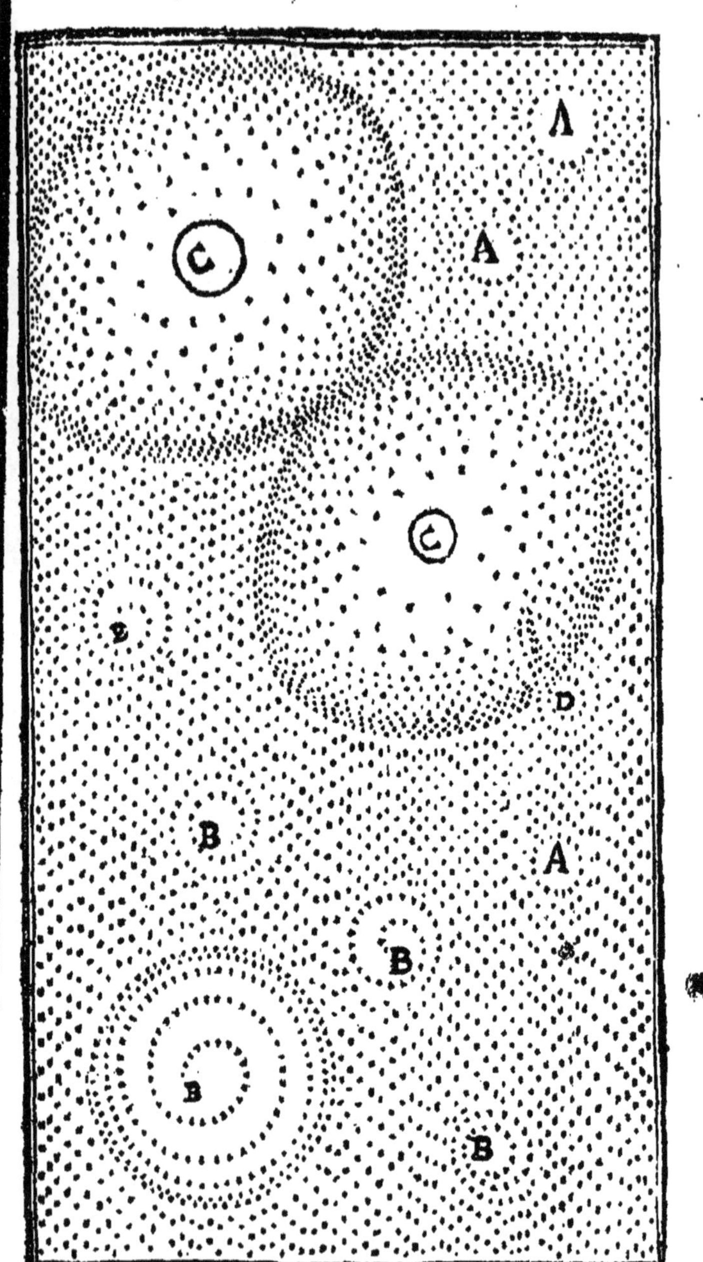
A
C
C
E
D
B
A
B
B
B

Cōment la matiere subtile afflüe vers ces endroits

On peut donc dire que dans tous les endroits où se rencontrent plusieurs ensemble de ces petites parties, comme aux endroits marquez A & B, se sont autant de petits tourbillōs qui commencent à se former : & comme les loix de la nature s'observent aussi bien dans les plus petits corps que dans les plus grands ; ces petits tourbillons, dis-je, gardent les mesmes regles que les plus grands, c'est à dire que chaque petite partie qui les compose doit tendre à s'écarter du centre de son mouvement. Mais dans l'effort qu'elles font toutes pour s'écarter, elles ne sçauroient qu'elles ne pressent les parties rondes qui les entourent : & comme ces parties rondes ne peuvent s'écarter qu'elles n'expriment la matiere subtile qu'elles ont entr'elles, ces petits tourbillons croissent à proportion qu'ils pressent, & ils s'agrandissent autant qu'ils peuvent faire sortir de matiere subtile d'entre les parties rondes.

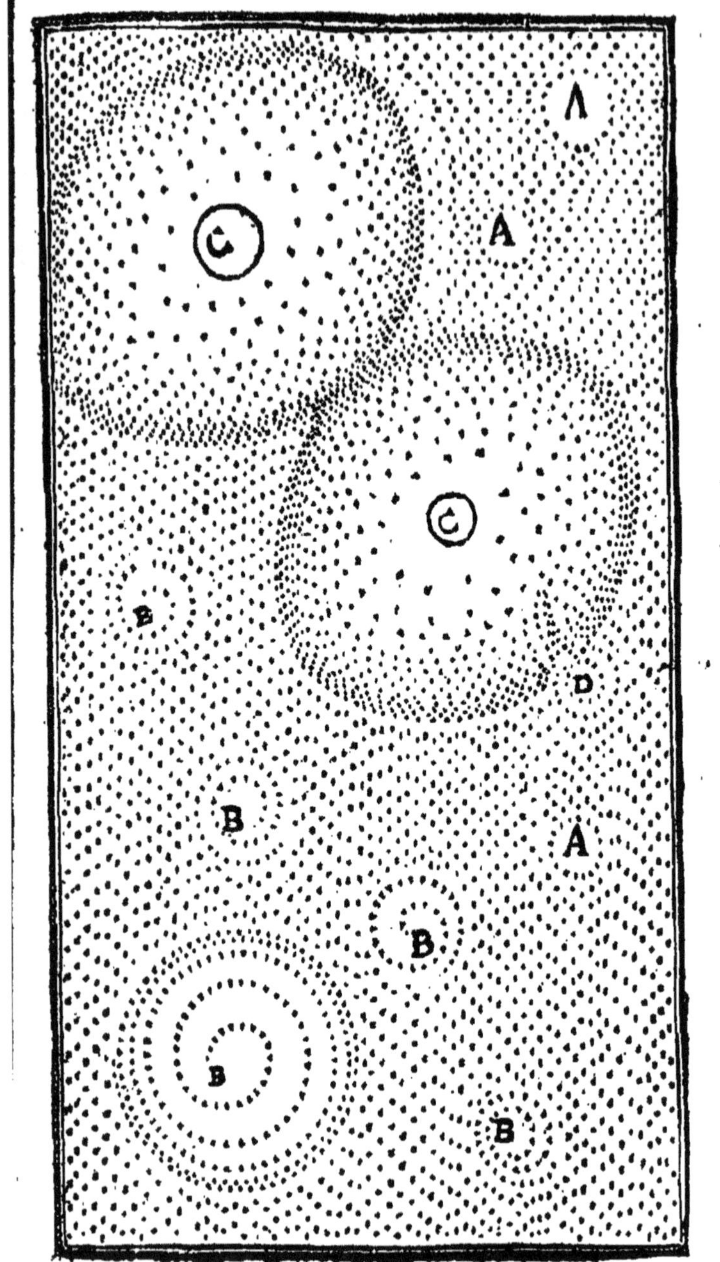
A
C
A
C
B
D
B
A
B
B
B

Cõment les boules sont cõtraintes de tourner aussi.

Ce n'est pas que dans la suite il n'y ait d'autres causes qui contribuent à leur agrandissement, mais ces petits tourbillons tournant chacun sur leur centre, nous devons bien penser qu'ils communiquent le mesme branle aux parties rondes qui les entourent, & cela jusqu à une certaine distance où ils peuvent étendre leurs actions. Ce n'est pas une chose si difficile, car toute la matiere estant en mouvement, il ne s'agit que de la determiner.

Comment ils s'agrandissent.

Mais si tost que les boules tournent avec cette matiere subtile, & font avec elle un mesme tourbillon, comme nous voyons vers B, ce tourbillon, dis je, doit en peu de temps s'agrandir; car ces boules entrainent avec elles celles qu'elles touchent; celles-là communiquent le mesme mouvement à celles qu'elles ont derriere; & celles-cy encore à d'autres jusques à ce qu'elles rencontrent un autre tourbillon, qui suivāt les mesmes loix s'agrandit de la mesme maniere, comme icy C,C.

Et

Et ce qu'il y a de remarquable, c'est qu'à mesure qu'il se fait de nouvelles raclures, comme il ne peut manquer, puis que toutes les parties ne cessent point de se frotter l'une l'autre ; cette raclure, dis-je, aprés avoir remply tous les pores qui sont autour des boules, le surplus est repoussé au centre : car plusieurs corps de differente solidité tournant autour d'un mesme centre, comme ils tendent tous en mesme temps à s'écarter de ce centre, il n'y a que les plus solides, comme ayant plus de force, qui s'en écartent, & les autres sont repoussez en leur place ; or la matiere subtile ayant moins de force que les boules, c'est elle par consequent qui est repoussée au centre : il est vray qu'elle a plus de vitesse, mais la force ne se prend point de là, elle se prend seulement de la quantité du mouvement & de la solidité. *Que la matiere subtile est sans cesse poussée au centre.*

Mais que deviendra la matiere du troisiéme element ? sera t'elle repoussée au centre avec le premier, *Que ce qu'il y a de 3. Elements*

Sa place au dessus de la matiere subtile qui est au centre.

ou demeurera-t'elle meslée avec le second ? comme elle a bien moins de solidité que les boules, elle sera repoussée vers le centre ; mais d'un autre costé y ayant déja de la matiere en tres-grande agitation, elle en sera rechassée, car le trop grand mouvement de cette matiere ne luy permettra pas d'entrer entre ses parties : & il en sera de mesme que du vin, qui boüillant dans la cuve ne sçauroit souffrir aucune impureté, & qui les rejette sur sa superficie; ainsi elle demeurera entre l'une & l'autre, & formera une espece d'air autour du globe de matiere subtile qui est au centre.

Ce qui arrive quand deux tourbillons se rencontrent.

Considerant donc maintenant cette immensité de matiere partagée en divers tourbillons, il est necessaire que plusieurs se rencontrant par differens endroits de leurs circonferences, les uns par les poles, les autres par l'Equateur, & les autres par d'autres endroits, doivent ou se confondre, & de plusieurs n'en faire qu'un, ou demeurer apres leur rencontre comme ils estoient auparavant.

Si nous supposons par exemple que deux tourbillons se touchent par les poles, il est certain que de quelque costé qu'ils tournent, il doit arriver du changement : car s'ils tournent tous deux de mesme costé, ils se confondront en un ; ou s'ils tournent de different costé, ils s'empescheront l'un l'autre : de mesme si nous supposons qu'ils se touchent par les endroits les plus éloignez des poles, & qu'ils tournent de mesme costé, ils se détruiront enfin.

De qu'elle maniere ils doivent s'arrenger.

Et il est assuré que de quelque maniere que ces tourbillons se soient rencontrez, ils se sont disposez de façon que chacun tourne du costé où il luy est plus aisé de continuer son mouvement : car suivant les loix de la nature un corps qui se meut, se détourne aisement par la rencontre d'un autre corps qui se meut aussi ; & il n'y a rien qui empesche les tourbillons de le faire ; c'est pourquoy si nous supposons que le tourbillon S se meuve d'A par E vers I; F tournera d'E par 3 vers X; le troisiéme qui est Y tournera sur son essieu X X vers f; & le quatriéme qui est f, tournera par en haut sur son essieu E B vers Y.

Enfin deux tourbillons peuvent se toucher par leurs Ecliptiques, comme icy f & Y, c'est à dire par les endroits les plus éloignez des poles, & s'aider l'un l'autre à tourner, l'un d'un costé & l'autre d'un autre, de mesme que deux roües dont les dents s'engrainent les unes dans les autres: mais la disposition la plus generale qu'on puisse determiner, c'est que les Ecliptiques des uns correspondent aux endroits les plus proches des poles des autres.

Que les tourbillons ne sont pas tous de mesme grandeur.

Ce que nous venons de dire montre assez que les tourbillons ne sont pas tous de mesme grandeur: car les uns pourroient s'estre beaucoup agrandis, avant que les autres eussent eu le temps de croistre, & plusieurs

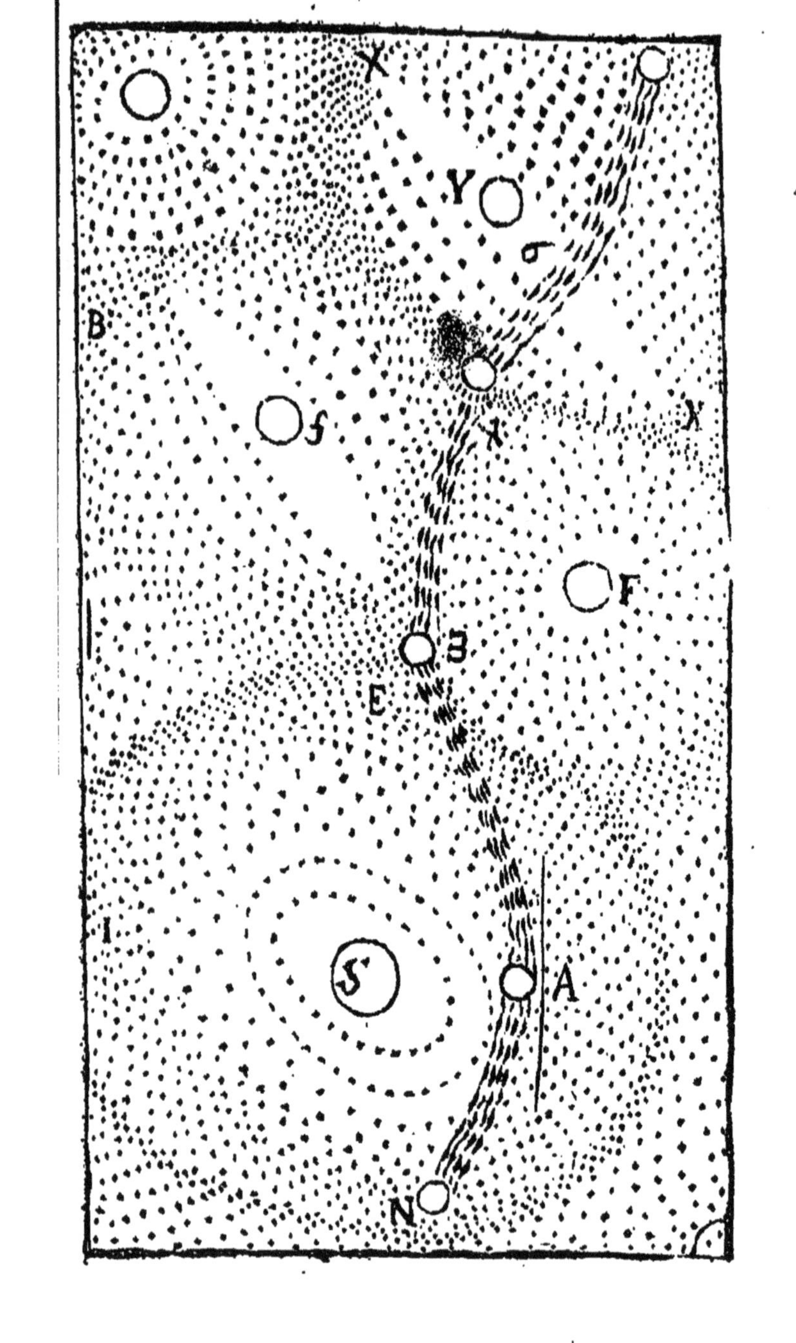
X
Y
B
f
F
E
I
S
A
N

s'eſtant confondus enſemble, ont pû n'en faire qu'un grand auprés de pluſieurs autres qui ſont demeurez petits comme ils eſtoient. Or comme nous allons faire voir que ces globes de matiere ſubtile qui ſont au centre de chaque tourbillon, ſont autant d'aſtres lumineux, cela nous fera aſſez connoiſtre la raiſon des diverſes grandeurs des Etoiles fixes, & de la varieté qui paroiſt dans leur ſcituation : car d'un coſté voyant de grandes étoiles, & un eſpace autour d'elles aſſez conſiderable, nous dirons que ce ſont de ces grands tourbillons qui ont à leurs centres de gros globes de matiere ſubtile ; & d'un autre voyant de petites Etoiles fort proche les unes des autres, comme on remarque icy dans la voye de laict, nous dirons que ce ſont de ces petits tourbillons qui ſont encore aujourd'huy tels que dans leur commencement ; parce que s'eſtant tous rencontrez par hazard de meſme force, l'un n'a pû anticiper ſur l'autre.

Mais afin de ne nous point égarer dans ces eſpaces immenſes, & que deſirant connoiſtre le monde nous ne le perdions de veuë, renfermons nous dans un de ces tourbillons, & diſtinguons tous les autres en deux: celuy où nous ſommes renfermez, appellons-le noſtre ciel: ceux qui entourrent immediatement le noſtre, appellons-les le ſecond ciel, & tous les autres appellons-les le troiſiéme. Mais comme nos yeux ſont foibles, ils ne peuvent percer juſques à ce troiſiéme, à peine meſme nous pourront-ils faire decouvrir quelque choſe dans le ſecond; c'eſt pourquoy nous nous devons contenter de connoiſtre le noſtre, & de raiſonner par proportion de ceux auſquels nous ne pouvons atteindre.

Qu'on peut diſtinguer 3. cieux.

Nous remarquerons d'abord que toutes les petites boules tournant autour d'un meſme centre, tendent auſſi toutes à s'en écarter: de ſorte que ſi par impoſſible les eſpaces qui entourent le tourbillon qu'elles

Cõment les boules ſont retenuës autour d'un meſme centre.

composent estoient vuides, ou pour parler mieux n'estoient remplis que d'une matiere qui ne les empeschast point de s'écarter, ces petites boules s'écarteroient en effet, & ne composeroient plus de tourbillon: mais parce qu'elles sont environnées par celles des autres tourbillons, qui les repoussent vers le centre à mesure qu'elles tendent à s'en écarter; nous les devons considerer comme si elles estoient renfermées fort étroitement: car il faut considerer, que si les boules du tourbillon S poussent les boules des autres tourbillons qui les environnent, celles aussi de ces autres tourbillons les poussent de mesme: & estant d'égale force, elles ne reculent n'y n'avancent.

Que chaque boule se place selon sa grosseur.

Cela n'empesche pas neantmoins qu'entre celles qui composent un mesme tourbillon, quelques-unes n'aillent vers la circonference, & d'autres vers le centre, car n'estant pas possible qu'elles soient toutes de mesme grosseur dans l'effort qu'el-

les

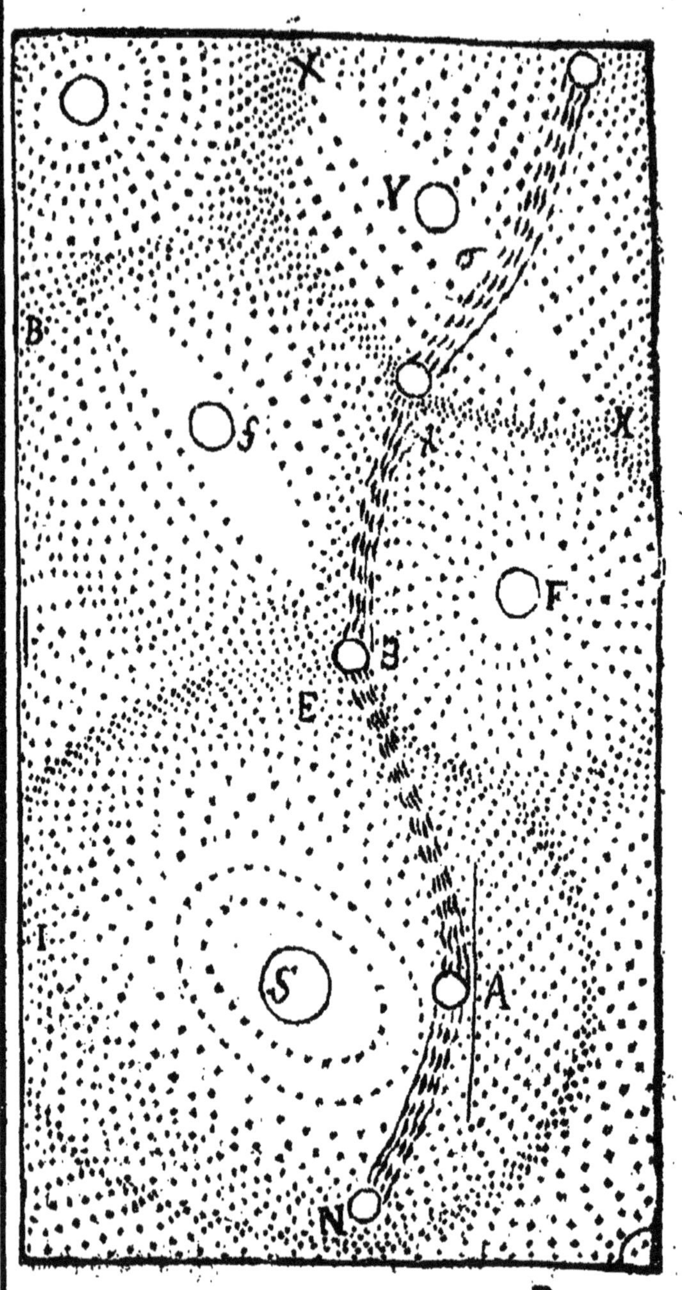
X
Y
B
X
F
E
I
A
S
N
P

les font pour s'écarter du centre, ce ne soient les plus grosses, cōme ayant plus de force, qui s'en éloignent le plus : ainsi nous pouvons imaginer dans un mesme tourbillon differens étages de boules : & entre celles qui sont vers la circonference, & celles qui sont vers le centre il y a beaucoup de difference dans la grosseur.

Ce que c'est que la solidité.

Et afin de ne point passer par dessus les difficultez, & de ne laisser rien sans preuve, il faut que je dise en quoy consiste la force de chaque corps, & pourquoy les plus grosses boules en ont plus qne les petites. Je pense donc que la force d'un corps qui est en mouvement ne dépend que de sa solidité ; & que la solidité consiste à avoir beaucoup de parties en repos les unes auprés des autres sous peu de superficie.

Pourquoy les corps solides cōtinuent plus lōg-temps à

Pour comprendre cecy, prenons deux corps ronds chacun d'un pied de diametre, & supposons que l'un soit de branchages entrelassez, & que l'autre soit de plomb : il est certain qu'il n'y a pas plus de matiere en l'un qu'en l'autre ; puis que la matiere ne consiste que dans l'étenduë, & qu'ils en ont une pareille : mais comme dans le plomb il y a plus de parties en repos, à cause qu'il est plus compacte, que dans le bois qui l'est moins ; il s'ensuit que lors que le boulet de plomb se meut, presque toutes ses parties s'accordent ensemble au mesme mouvement ; & les forces de chacune estant toutes reünies, le tout a plus de force pour continuer son mouvement dans la ligne droite : au lieu que dans le corps fait de branchages il y a tres-peu de parties qui s'accordent ensemble à un mesme mouvement : car y ayant entre ses parties quantité d'air dont le mouvement est divers, cet air, dis-je, rompt l'effort des parties solides ; & les forces estant des-unies, le tout a moins de force pour continuer son mouvement dans la ligne droite.

se mouvoir.

J'ay dit sous peu de superficie : car puis qu'un corps en se mouvant ne communique de son mouvement

Pourquoy l'õ a égard

à la superficie dans la solidité.

qu'autant qu'il rencontre d'autres corps qu'il écarte pour passer, & qu'il n'en rencontre qu'à proportion de sa superficie ; moins un corps aura de superficie, plus il se mouvra long-temps. Les corps ronds sont ceux qui en ont le moins, & les plus gros que les plus petits à proportion de leur masse.

Que le plus grosses boules sont vers la circonferance.

C'est pourquoy entre les boules de mesme matiere, par exemple entre celles qui composent nostre tourbillon, les plus grosses auront plus de force que les plus petites; aussi avons nous dit que les grosses estoient vers la circonference, & que les petites estoient vers le centre.

Que s'il y avoit du vuide ce seroit vers le centre qu'il seroit.

Mais pour suivre nostre sujet, il est visible que s'il n'y avoit pas assez de boules pour remplir tout l'espace qui est depuis le centre jusqu'à la circonference, ce seroit vers le centre qu'elles laisseroient tout ce qu'elles n'occuperoient point. Et cet espace seroit rond : car de quelque figure que nous le supposions, les boules qui se trouveroient en ces endroits ayant le moyen de s'écarter du centre, s'en écarteroient en effet, & tant qu'il y auroit un angle dans cet espace, c'est à dire un endroit plus éloigné du centre que les autres endroits, les boules en passant le rempliroient, & formeroient un cercle parfait.

Comme donc chaque partie se place selon le plus ou le moins de force qu'elle a, la matiere subtile faisant moins d'effort que les globules, devroit aller remplir cet espace, s'il ne l'estoit déja de semblable matiere. Tout ce qu'elle fait c'est de l'agrandir : & les autres parties qui ne sont ny boules ny raclure, c'est à dire celles qui se sont ou cassées ou applaties, ou qui se sont faites par l'assemblage de plusieurs parties de la raclure, sont aussi rejettées au centre : mais la matiere subtile qui y est les en rejette bientost ; parce que leur grossiereté ne leur permet pas de suivre son mouvement. Il en est, comme j'ay déja dit, ainsi que du vin qui boüil-

Quelle est la disposition des diverses parties de la matiere d'un tourbillon.

lant dans la cuve, ne ſçauroit ſouffrir aucune impureté; ou comme des liqueurs impures qui eſtant ſur le feu rejettent toute leur écume.

Qu'il y a un ſoleil au centre de chaque tourbillon.

C'eſt pourquoy nous ne ſçaurions manquer de dire que vers le centre de chaque tourbillon il y a un amas de matiere ſubtile : l'amas qui eſt au centre de celuy où la terre & les autres planetes ſont enfermées, eſt le Soleil, & ceux qui ſont aux centres des autres tourbillons, ſont les Etoiles fixes, mais les uns & les autres ſont tous ſemblables : autour de chacun de ces Aſtres il y a cette matiere groſſiere qui eſt répanduë en forme d'air; & au delà il y a le ſecond Element.

Que le Soleil n'eſt pas juſtemẽt au centre.

Quand je dis au centre, je n'entends pas parler geometriquement: & je feray voir en parlant de la nature des Aſtres les cauſes qui peuvent empeſcher le Soleil d'y eſtre. Il eſt toûjours certain qu'un tourbillon ſe trouvant environné d'autres qui le preſſent les uns plus, les autres moins, il s'étend d'un costé, à sçavoir aux endroits où il touche les autres par les poles; & il se reserre de l'autre, à sçavoir aux endroits où il touche les autres par l'Ecliptique.

Que les globules ont differens degrez de vitesse autour du Soleil.

Et de là nous pouvons conclure de belles veritez touchant le mouvement des globules autour du Soleil: car nous pouvons presentement distinguer trois differens lits où cette matiere a differens degrez d'agitation: celle qui touche le Soleil estant engagée avec l'air que j'ay dit estre répandu autour, est emportée avec toute la rapidité dont cet Astre tourne luy-mesme autour de son centre. Mais cette vitesse ne continuë pas bien loin; elle diminuë à mesure que cette matiere s'éloigne du Soleil, qu'il faut considerer comme le premier Mobile; & elle devroit se rallentir jusqu'à la circonference si le tourbillon estoit parfaitement rond: mais comme il est inégal, & qu'il est plus étroit en des endroits que dans d'autres, la matiere qui est vers ces retrecissemens doit augmenter sa vitesse, & se mouvoir avec d'autant plus de rapidité que son passage est retrecy.

Pourquoy ils ont differés degrez de vitesse.

La raison de cela est que comme il faut qu'il passe par les lieux étroits autant de matiere en un mesme espace de temps que par les endroits larges, à cause que la matiere qui est derriere pousse toûjours de la mesme force ; il faut pour cela que la vitesse s'augmente à proportion du retrecissement. Tout de mesme que voulant faire passer cent hommes par une porte en une demy-heure les faisant marcher quatre à quatre, il faudroit qu'ils allassent d'une certaine vitesse : mais si on ne les faisoit marcher que deux à deux, il faudroit qu'ils allassent une fois plus viste pour passer dans le mesme temps. En un mot c'est ce que nous voyons qu'il arrive dans les rivieres où l'eau venant à passer dessous un pont, precipite d'autant son mouvement, que son passage est retrecy.

Et il ne nous doit pas sembler étrange que dans un tourbillon la matiere qui est pour ainsi dire au milieu entre le centre & la circonference, aille moins viste que celle qui est aux extremitez; c'est ce que nous voyons encore dans le courant des rivieres, lors que le rivage est inégal: car l'eau va bien plus viste au bord & dans le fil de l'eau, que non pas aux autres endroits.

CHAPITRE III.

Demonstration du Systeme du mouvement de la terre.

S'Il ne s'agissoit que de faire des suppositions, il me semble qu'il n'y auroit rien qu'on ne pust prouver; mais comme les consequences se ressentent tousjours de leurs principes, si ces suppositions sont d'elles mesmes arbitraires, ce qui s'ensuivra ne pourra jamais estre fort raisonnable.

Si je supposois par exemple que la terre fust au centre du monde, & qu'-

un feu central la faisant tourner sur son centre, elle entrainast autour de soy toutes les planetes; Que le Soleil fust un feu au milieu d'un gros globe de cristal, & que dans l'épaisseur de ce cristal, il y eust à differentes distances deux canaux dans lesquels Mercure & Venus se mouvroient autour du Soleil, pendant que luy-mesme se mouvroit autour de la terre: Je satisferois aux apparences mieux que Ptolomée, & aussi-bien que Ticho. Et mesme cette hipothese auroit plus de vrai-semblance: car je n'admettrois point d'autre Premier mobile que la terre, pour satisfaire au mouvement journallier du Soleil; ny d'autre force dans chaque planete que de se laisser emporter, pour satisfaire à leur mouvement particulier.

Mais quelle preuve aurois-je de ce que je dirois; ce seroit une hipothese purement arbitraire, & elle n'auroit point d'autre fondement que ma phantaisie; Il ne faut admettre pour hipotheſes que celles qui nous repreſentent des machines dont les reſſorts joüent d'eux-meſmes, ſans avoir beſoin d'hommes qui faſſent marcher, pour ainſi dire, à force de bras chaque partie qui les compoſe ; que celles, dis-je, dont le jeu fait voir ſans peine tout ce que nous avons pû remarquer de plus particulier.

Celles-là ne ſe font pas toûjours quand on veut ; il faut qu'elles ſe preſentent toutes faites, & qu'on n'ait qu'à les appliquer à ſon ſujet ; celle que nous avons choiſie eſt de ce nombre : car il me ſemble que tous les Phenomenes s'en enſuivent, ſans forcer la nature, pour parler comme on dit, à venir au ſecours.

Mettons donc dans noſtre tourbillon pluſieurs corps durs, dont les uns ſoient plus grands que les autres, & dont la ſolidité ſoit diverſe en tous : mais n'en conſiderons preſentement que ſix, & donnons leur les noms des principales planetes : c'eſt à dire de Mercure, de Venus, de Terre, de Mars, de Jupiter & de Saturne.

Cõment les planetes sont emportées autour du Soleil.

Premierement tous ces corps doivẽt estre emportez autour du Soleil. Mais pour prendre la chose dés son commencement, lors qu'un corps dur nage dans un liquide qui est en repos, il est certain qu'il est également poussé de tous costez : car de quelque figure qu'on le suppose, il y a autant de parties du liquide, qui le pressent d'un costé, qu'il y en a qui le pressent de l'autre : c'est pourquoy s'il n'arrive rien d'ailleurs, ce corps doit demeurer en repos.

Mais si quelque force étrangere vient à se joindre au liquide, ou que le liquide prenne son cours vers un endroit ; pour petite que soit cette force, ou pour peu lentement que coule ce liquide, il entraîne avec soy ce corps, de mesme que les rivieres emportent les corps qu'elles embrassent : ainsi comme nous supposons que nostre Ciel ait son cours autour du Soleil d'Occident en Orient, toutes les planetes qui y sont suspenduës, & qui sont comme des pieces de bois au milieu d'une grande mer, obeïssent à son mouvement, & se laissent emporter du costé d'Orient autour du Soleil.

Mais si elles sont emportées, elles ne sont pas emportées si viste que la matiere celeste dans laquelle elles nagent : ce sont des corps trop grossiers pour en suivre toute la rapiditè ; & il en est de mesme que de ces grands bateaux que le courant de l'eau emporte : ils ne vont jamais si viste que l'eau, principalement lors qu'ils sont chargez.

Qu'elles vont moins viste que la matiere celeste.

Secondement ils doivent tous se placer à differente distance du Soleil. En effet tous les corps estant contrebalancez, comme nous avons déja dit, par un volume du liquide où ils sont, égal à leur masse, ils s'approchent ou s'éloignent du centre selon qu'ils ont plus ou moins de force que le volume du liquide qui les contrepeze : c'est à dire que si nous supposions, par exemple, un de ces

Qu'elles se doivent toutes placer à differente distance.

corps vers la circonference où la matiere du tourbillon eust plus de force que luy pour s'écarter du centre, ce corps seroit en mesme temps repoussé vers le centre : si au contraire nous le supposions vers le cẽtre, où la matiere du tourbillon eust moins de force que luy pour s'écarter de ce centre, ce corps s'en écarteroit luy-mesme, & cela jusqu'à ce qu'il fust venu en un lieu, où il fust en équilibre avec son pareil volume du liquide.

Ce n'est que la troisiéme loy que j'applique icy : car tous ces corps tournant autour du Soleil doivent faire effort pour s'en écarter : mais comme ils ne sçauroient s'en écarter qu'ils ne repoussent en leur place aussi gros qu'ils sont de la matiere où ils nagent : il faut pour s'en écarter en effet, qu'ils surmontent en force leur pareil volume.

Or comme nous avons dit dans le chapitre precedent, que les petites boules vont depuis le Soleil jusqu'à la circonference toûjours en augmentant en grosseur & en force, & que nous avons supposé au commencement de ce chapitre dans tous ces corps diverse grosseur & differente solidité, c'est à dire differente force: il est visible qu'ils doivent prendre leur place à differente distãce du Soleil chacun selon sa solidité: ainsi les moins solides doivent se placer plus prés que les plus massifs: aussi Mercure s'est placé le plus prés du Soleil, au dessus Venus, aprés la Terre, Mars, Jupiter & Saturne.

Mais pour faire l'application de cecy avec ce que j'ay dit auparavant en parlant de la solidité des boules, il faut considerer que toutes les planetes sont à peu prés semblables aux corps que j'ay dit estre composez de branchages: & il faut ajoûter que les unes sont plus serrées que les autres. Ainsi comme il peut y avoir dans ces planetes plus de parties qui tendent toutes à la fois vers un mesme costé, que dans toutes les petites boules qui les contrepezent; & quelquefois aussi il y en avoit plus, elles sont aussi toutes suspenduës dans le Ciel à diverse distance du centre.

Et de là l'on voit qu'il ne faut point avoir égard à la grandeur d'un corps pour juger de sa force : il ne faut avoir égard qu'à l'étroite union de ses parties. D'où vient qu'on ne doit point s'étonner si Mars qui est plus petit que la Terre, se meut neanmoins à une distnnce du Soleil bien plus grande qu'elle.

Que toutes les planetes devroient se mouvoir sous l'Ecliptique.

Troisiémement tous ces corps doivent estre emportez autour du Soleil sous l'Ecliptique : & la raison est que les corps qui se meuvent en rond tendent toûjours à décrire les plus grands cercles qu'ils peuvent, puisquè chaque corps tend toûjours à décrire la ligne droite, & que les plus grands cercles en approchent davantage.

Neanmoins si l'on considere que tous les corps, mesme les plus éloignez, agissent l'un sur l'autre par le moyen de ceux qui sont entr'eux : toutes les planetes ont dû se disposer de de maniere que les unes n'empeſchaſſent en aucune façon le mouvement des autres, & pour cela il a fallu qu'elles ſe ſoient écartées de l'Ecliptique.

Comment elles en ont eſté chaſſées

Suppoſant donc que les Planetes ſe ſoiét au cõmencement toutes meuës ſous l'Ecliptique, comme elles ſe ſont trouvées beaucoup preſſées, à cauſe qu'elles retreciſſoient le paſſage de la matiere celeſte, elles ont dû ſe gliſſer à coſté en s'en éloignant quelque peu; & il en eſt arrivé à peu prés de meſme, que quand nous preſſons un noyau de cerize entre nos doigts.

Mais les unes ſe ſont écartées beaucoup plus que les autres. Mercure, par exemple, ſe trouvant entre deux corps plus grands que luy, entre le Soleil & Venus, s'en eſt écarté le plus, & eſtant venu vers D, il a fait avec l'Ecliptique un angle de ſix degrez ſeize minutes: mais Venus eſtant entre Mercure & la terre, ne s'en eſt pas tant écartée, elle a ſeulement fait avec l'Ecliptique en avançant vers *c* un angle de trois deg. 30. m. Mars s'est encore moins écarté : enfin comme toutes

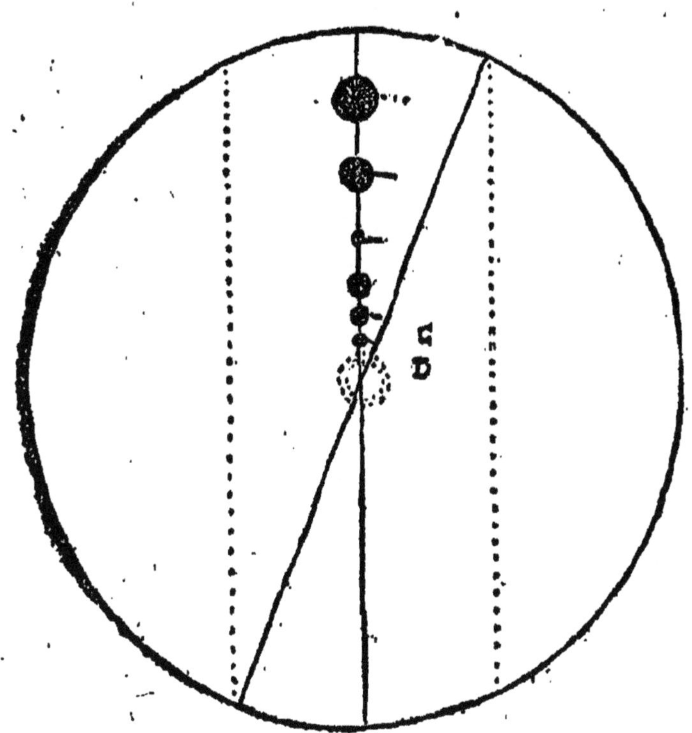

les Planetes s'en sont éloignées les unes plus les autres moins, & que quelqu'une, comme la terre, y est demeurée, il faut croire qu'elles ont esté toutes differemment pressées.

Et il ne faut pas pour cela avoir seulement égard à la grandeur des corps entre lesquels une planete est scituée, ny aussi à la distance qui est entre chacune ; il faut considerer celle qui a esté la premiere chassée. Ainsi les supposant toutes sous l'Ecliptique, celle qui s'en est écartée la premiere ayant esté la plus pressée, s'est plus éloignée ; & les autres l'ayant esté moins de la place que celle-cy leur a quittée, ont dû aussi s'en écarter moins. Or si nous avons égard à la differente latitude que nous remarquons aujourd'huy, nous pouvons dire que Mercure s'en est écarté le premier, Venus la seconde, Saturne le troisiéme, Mars le quatriéme, Jupiter le cinquiéme : & la terre restant la derniere, comme il n'y avoit plus rien qui la pressast, elle est demeurée sous l'Ecliptique, & continuë encore aujourd'huy de s'y mouvoir.

Mais par la mesme raison que les corps qui se meuvent en rond décrivent les plus grands cercles qu'il leur eſt poſſible, il a fallu que les planetes ſe ſoiét approchées de l'Ecliptique à meſure qu'elles ſe ſont debaraſſées les unes des autres : & cõme il eſt difficile que de ſi grands corps qui ſont une fois en branle, ſe détournent de leur chemin, quãd elles ſont revenuës vers l'Ecliptique, au lieu de ſe mouvoir deſſous cette ligne, elles ont dû paſſer outre, & la rapidité du torrent qui y coule, les a rejettées de ce coſté là à peu prés de la meſme quantité. De ſorte que leur eſtant plus aiſé de ſe mouvoir dans un cercle qui coupe l'Ecliptique en deux points oppoſez, & qui s'en écarte de part & d'autre, que non pas ſous l'Ecliptique, elles continuent toûjours de la meſme maniere.

Mais à dire le vray, il eſt bien difficile de determiner dans le particulier les cauſes de leurs differens preſſemens : il y a cent choſes qui peuvent y contribuer, & il eſt viſible que pluſieurs planetes repaſſant en meſme temps l'Ecliptique, le preſſement doit eſtre plus grand, &

le mouvement de la matiere celeste devenant plus rapide, a plus de force pour les rejetter vers les poles. Aussi voyons nous que de certaines s'écartent tantost plus & tantost moins; d'où vient que determinant la largeur du Zodiaque selon la latitude des planetes, quelques-uns l'ont fait tantost moins & tantost plus large.

Qu'elles ne peuvent pas toujours couper l'Ecliptique aux mesmes points.

Considerant donc qu'aujourd'huy les planetes coupent l'Ecliptique en deux points, il ne faut pas s'imaginer qu'elles la coupent toûjours à ces mesmes points: le mouvement de la matiere estant plus rapide sous l'Ecliptique qu'ailleurs, lors que les planetes y passent, elles peuvent estre emportées plus ou moins en Orient. Il en est de mesme qu'en faisant traverser un petit bateau d'un costé à un autre de la riviere, il ne suit pas une ligne droite, mais en passant par le fil de l'eau, il est quelque peu emporté, & il décrit une ligne d'autant plus courbe qu'il est entrainé plus loin.

Supposons donc que le cercle *a b c d* soit l'Ecliptique, & l'autre soit un cercle que décrit l'une des planetes, & pensons que ces deux cercles se coupent au premier point du Belier & de la Balance, la matiere de nostre tourbillon se mouvãt selon

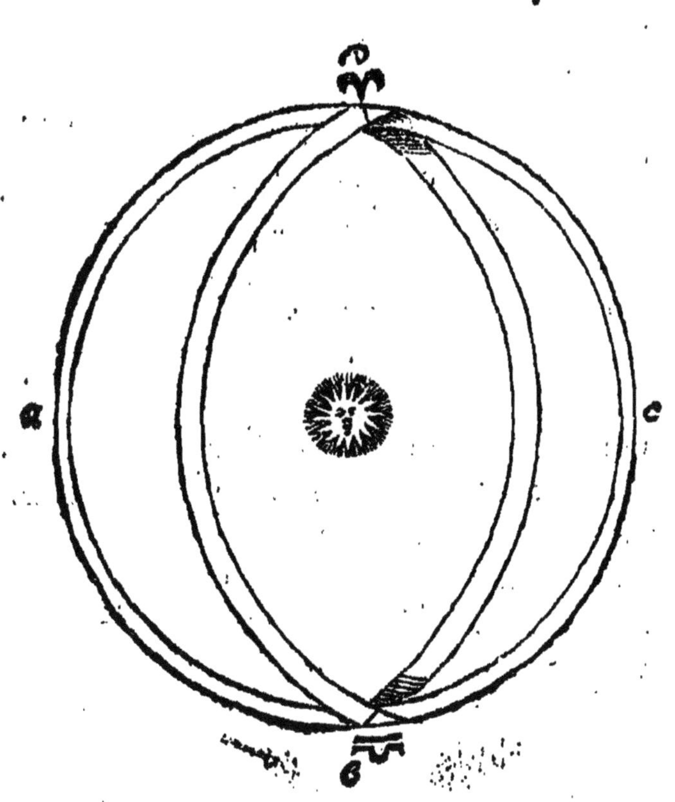

l'ordre des lettres *a b c*, lors que cette planete viendra à passer en *b*, y trouvant plus de mouvement, elle sera emportée vers *c*.

Pourquoy le cours de la matiere celeste est plus rapide sous l'Ecliptique.

Or on ne peut point douter que sous l'Ecliptique le mouvement de la matiere celeste ne soit plus rapide qu'en tout autre endroit : toute la matiere celeste qui est à une mesme distance du Soleil, devant faire son tour en un mesme espace de temps, doit aller plus viste aux endroits où elle a un plus grand cercle à faire, & c'est vers l'Ecliptique qu'est le plus grand cercle.

Que toutes les planetes coupent aujourd'huy l'Ecliptique en d'autres points qu'autrefois.

Aussi remarquons-nous que presque toutes les planetes coupent aujourd'huy l'Ecliptique en d'autres points que du temps de Nostre Seigneur ; Mercure comme nous avons remarqué, qui la coupoit au premier degré du Belier & de la Balance, la coupe aujourd'huy au quatorziéme degré vingt-deux minutes du Taureau & du Scorpion, c'est à dire prés de quarante quatre degrez plus loin qu'il ne la coupoit en ce temps-là ; Venus qui la coupoit au premier degré des Gemeaux & du Sagittaire, la coupe aujourd'huy prés de quinze degrez plus loin; Mars prés de uingt-trois, Jupiter de treize, & Saturne d'onze.

Pourquoy elles ne changẽt pas toutes également leurs nœux.

Or encore qu'on puisse dire generalement parlant, que la matiere allant plus viste sous l'Ecliptique, emporte les planetes lors qu'elles y passent, ce n'est pas à dire pour cela qu'elles soient toutes également emportées, ny aussi qu'une mesme planete le soit à chaque fois qu'elle y passe : il y a à distinguer, ou bien elles se mouvront toujours dans un torrent de matiere qui ira presque aussi viste que sous l Ecliptique ; ou bien elles passeront seules par leurs nœux, ou bien enfin elles seront fort solides : & en toutes ces rencontres elles ne seront pas beaucoup emportées. Car lors qu'elles se mouvront dans des endroits également agitez, il n'y aura rien qui les obligera de se détourner : lors qu'elles passeront seules leurs nœux, le chemin en min en estant moins retrecy que si elles se rencontroient plusieurs ensemble, la matiere en sera moins rapide : & lors qu'elles seront fort solides, elles seront moins en état d'obeïr au plus de rapidité qu'elles trouvent sous l'Ecliptique. Nous voyons cela dans ces grands bateaux, principalement lorsqu'ils sont chargez ; car si l'on les fait traverser la riviere, ils ne se detournent pas sensiblement au courant de l'eau de la maitresse arche. Enfin il faut se resouvenir qu'il y a cent causes, qui peuvent changer la route des planetes, puisqu'un corps qui est en mouvement se detourne aisement par la rencontre d'un autre.

Pourquoy Mercure a changé de deux

Pour determiner donc en particulier comment entre les planetes les unes ont esté emportées plus que les autres, je pense qu'à cause que Mercure s'éloigne beaucoup de l'Ecliptique, & qu'il passe pour cela d'un lieu où la matiere se meut lentement dans un autre où elle se meut tres-viste, il peut estre beaucoup emporté, n'estant pas de plus fort solide. Ajoutez encore que faisant son tour en trois mois, il passe toutes les six semaines par ses nœux.

Pourquoy Venus n'en a pas tant changé.

Venus qui est plus solide que Mercure, & qui ne s'ecarte pas de l'Ecliptique tant que luy, n'a pû estre emportée si loin. Ajoûtez aussi que faisant son tour en sept mois, elle ne passe que tous les trois mois & demi par ses nœux.

Pourquoy Mars en a beaucoup changé.

Mais ce n'est pas la même chose de Mars: quoy qu'il ne s'écarte pas de l'Ecliptique tant que Venus & qu'il ne passe que tous les ans par ses nœux, il n'a pas laissé d'estre emporté plus loin. La raison que j'en trouve, c'est qu'estant placé entre deux corps beaucoup plus grands que luy, s'il les trouve proche de ses nœux, comme ils retrecissent son chemin, & qu'ils augmentent le mouvement de la matiere celeste, il est en passant tout envelopé dans le Torrent, & y estant quelque temps à cause de sa petitesse, & de la grandeur de la terre & de Jupiter, il se laisse aller au gré de ce torrent qui l'entraiſne. Ainſi au lieu de couper l'Ecliptique en B il la coupera en A.

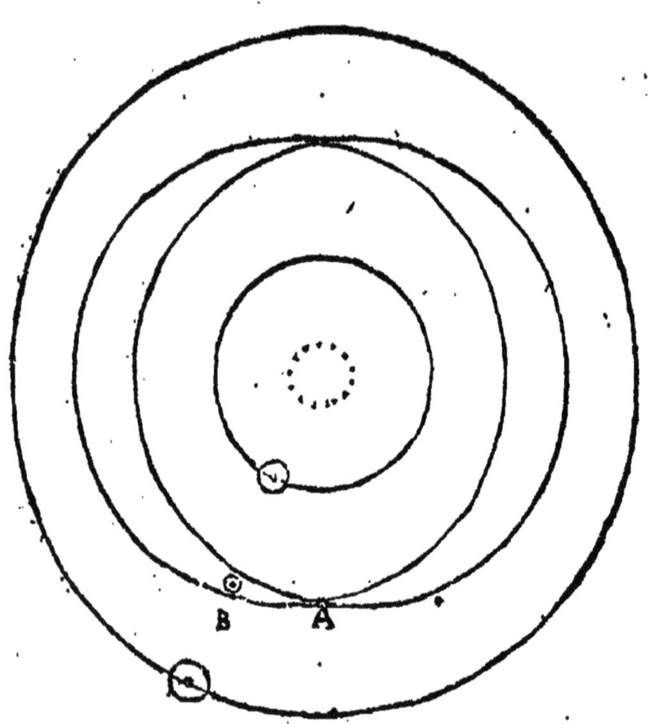

Jupiter n'en a pas tant changé, & je croy que c'eſt à cauſe qu'il ne paſſe que tous les ſix ans par ſes nœux, & que ne s'écartant guere, il eſt trop ſolide pour ſe laiſſer emporter bien

Pourquoy Iupiter n'en a pas tant changé.

loin à ce plus de mouvement qu'il trouvé sous l'Ecliptique;

Pourquoy Saturne encore moins Saturne qui est encore plus solide & qui ne passe par ses nœux que tous les quinze ans, ne devroit pas ce semble avoir esté tant emporté: car il a avancé ses nœux d'onze degrez, & ces onze degrez estant des portions d'un fort grand cercle, valent bien les treize dont Jupiter a avancé les siens : mais il faut remarquer qu'il s'écarte une fois plus de l'Ecliptique que Jupiter, & qu'estant de la figure qu'il est, c'est à dire, ayant un anneau autour de luy, comme nous avons remarqué dans les observations, la matiere celeste s'y engouffre quelquefois si fort (& cela selon la maniere dont il est disposé quand il y passe) qu'elle peut quelquefois l'emporter assez loin.

Pour la terre, elle n'en peut pas changer de mesme: puisqu'elle se meut toujours dans le Torrent, qui est sous l'Ecliptique.

Pourquoy les Quatriémement ces corps ne doivent point achever leur tour en un mesme temps : la raison est que ceux qui sont proche du centre, outre qu'ils sont plus petits & que la matiere s'y meut plus viste, ils n'ont pas un si grand tour à faire. C'est aussi ce que nous voyons : Mercure qui est plus proche du Soleil a plûtost fait sa periode que Venus, Venus plutost que la Terre, & la Terre plutost que les autres planetes qui en sont plus éloignées.

Planetes ne font pas leur tour en mesme tẽps.

Je sçay qu'on va m'objecter que Venus n'acheve neanmoins sa periode qu'en dix-neuf mois, & Mercure qu'en six. Mais on doit prendre garde qu'on n'établit le cõmencemẽt de la periode de ces planetes, que quand elles sont entre le Soleil & la Terre, & qu'on ne dit pas qu'elles l'ayent achevée, à moins qu'elles ne s'y rencontrent une seconde fois.

Pourquoy Mercure & Venus paroissent plus long-temps qu'ils ne sont en effet à achever leurs periodes

Et ainsi l'on ne doit pas s'étonner si Venus à qui j'ay attribué un plus petit cercle qu'à la Terre, ne semble neanmoins l'achever qu'en dix-neuf mois : cela vient de ce que Venus ne ne rencontrant point à la fin de sa periode la Terre au point où elle l'avoit laissée, elle doit avancer pour la ratraper; & le calcul est assez facile à faire, pour voir qu'estant sortie d'entre le Soleil & la Terre, elle ne peut y revenir qu'environ 19. mois aprés. De sorte qu'une periode apparente de cette planete doit comprendre non seulement le tour qu'elle fait, mais deplus le chemin qu'a fait la Terre durant ce temps-là.

Pour quoy les planetes tournẽt sur leurs centres.

Cinquiémement ces corps doivent tourner chacun sur son centre en tournant autour du Soleil. Par exemple que b. c. d. soit le cercle que decrit l'un de ces corps autour du Soleil, comme la matiere celeste va plus viste que les planetes, celle qui est dans le cercle b c d, venant à frapper la planete 1. 2. 3. en 4. se detournera vers 1. plutost que vers 3. à cause que tout corps tendant à s'écarter du centre, elle s'en écarte effectivement: & en se coulant le long de la superficie 4. 1. elle contraint le corps de la planete à tourner sur son centre selon l'ordre des chiffres 1. 2. 3. 4.

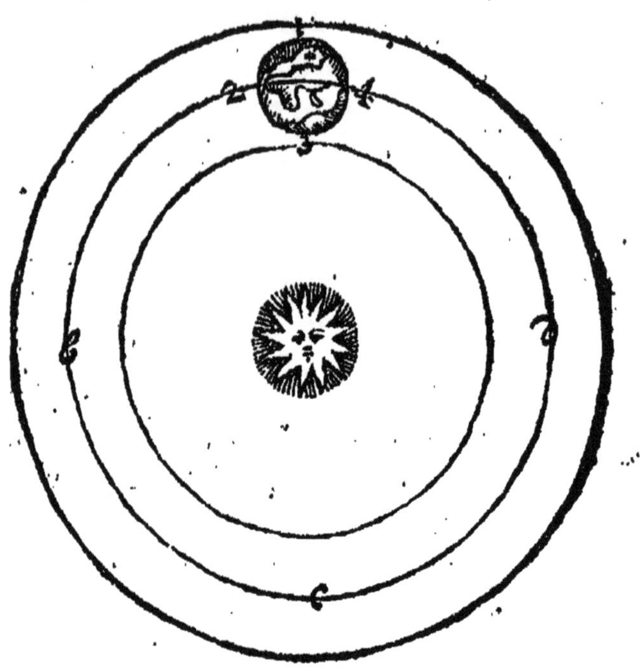

Et deplus puisque nous avons dit que les globules qui s'écartent d'avantage du centre sont plus gros que ceux qui s'en approchent plus prés, & qu'ils ont parconsequent plus de force pour pousser: nous devons penser que ces corps ayant des diametres assez grands, sont poussez plus fort par la partie qui regarde la circonference, où sont les plus grosses bou- *Seconde cause de ce mouvement*

les, que par celle qui regarde le centre, où sont les plus petites: C'est pourquoy ils sont obligez de tourner par le haut dans le mesme sens qu'ils se meuvent autour du Soleil.

Que ce n'est que par contrainte que la terre est inclinée

On peut voir de là que si la terre incline l'axe sur lequel elle tourne au tour d'elle mesme, c'est qu'elle y est forcée: car de quelque maniere qu'on la pose dans son ciel, si la cause qui la fait tourner est celle que je viens de dire, elle devroit tourner selon l'ordre des chiffres 1. 2. 3. 4. c'est à dire que son axe devroit estre parallelle à l'axe du mobile qui est au centre: mais il y a une cause qui l'en empêche, & cette cause est une matiere qui viét des parties voisines des poles de son tourbillon, & qui en l'enfilant la contraint de s'incliner.

Ce qui la tient inclinée

Nous montrerons plus bas comment il sort par l'Ecliptique de chaque astre une matiere qui entre dans un autre astre par les poles. Or il n'y a rien qui nous empesche de croire que la terre ne reçoive de quelque étoile une semblable matiere. Au contraire comme elle regarde toujours les mesmes endroits du ciel, nous avons tout sujet de nous le persuader : & mesme les experiences de l'aimant semblent nous en convaincre.

Conjecture sur le mouvement de variation.

Et je croirois que cette matiere seroit la principale cause du mouvement de variation qu'à la terre: car je considere qu'on ne sçauroit verser d'un peu haut dans un Entonnoir une liqueur, que cette liqueur en mesme temps ne tourne & ne fasse balancer l'Entonnoir. Je conjecturerois de mesme que cette matiere estant poussée avec force dans la terre tourne quand elle se presente pour sortir par le pole opposé, & que ce tournoyement est capable de faire balancer la terre au tour de son axe en plusieurs milliers d'années. Enfin comme il entre de la matiere par les deux poles, le centre de ce mouvement doit estre le centre de la terre.

Et il y a une cause toute visible pourquoy la terre a commencé de de faire ces cercles d'Orient en Occident plutost que d'Occident en Orient : car de ce que nous l'avons supposé inclinée, si l'on la dispose de la maniere que Copernic la suppose dans les Equinoxes (ce qui sera facile en faisant mouvoir une bale autour d'une sphere ordinaire) la matiere celeste dans laquelle elle nage la frapant plus fort par le pole qui regarde l'endroit d'où elle vient, que par l'autre pole, où il est visible qu'elle ne fait que glisser ; & encore plus fort par celle de ce pole qui regarde la circonference, que par celle qui regarde le centre : On verra que ces causes l'ont dû determiner à balancer d'Orient en Occident.

Mais cela n'empesche pas que la matiere celeste ne téde continuellement à la redresser sur son axe, ou à la faire tourner sur d'autres poles : & si les observations de quelques modernes sont veritables nous avons lieu de croire que la terre tourne aujourd'huy sur d'autres poles qu'elle ne tournoit autrefois : car ils pretendent que la latitude de Paris, & parconsequent l'élevation du Pole a changé, & que les bornes du coucher & du lever du Soleil ne sont plus les mesmes.

Sixiémement ces corps doivent se faire chacun un tourbillon dont ils soient le centre. La raison de cela est que tournant sur eux-mesmes, & estant fort gros & raboteux, ils communiquent le mesme mouvement à la matiere qui les entoure jusqu'à une certaine distance. C'est ce que nous voyons dans un Vaisseau ; car il emporte non seulement l'air qui le touche ; mais encore celuy qui est beaucoup élevé au dessus de luy : cela se confirme de ce que si l'on jette une bale en l'air, elle retombe au mesme endroit d'où l'on l'a jettée : autrement si l'air ne suivoit pas, il empescheroit que la bale ne suivist l'impression qu'elle a receuë du Vaisseau. Et en effet il est bien plus facile à cette matiere à cause de sa fluidité de suivre ce cours, que de se

Qu'il y a un tourbillon autour de chaque planete.

separer de la superficie de ces corps, pour en suivre un autre.

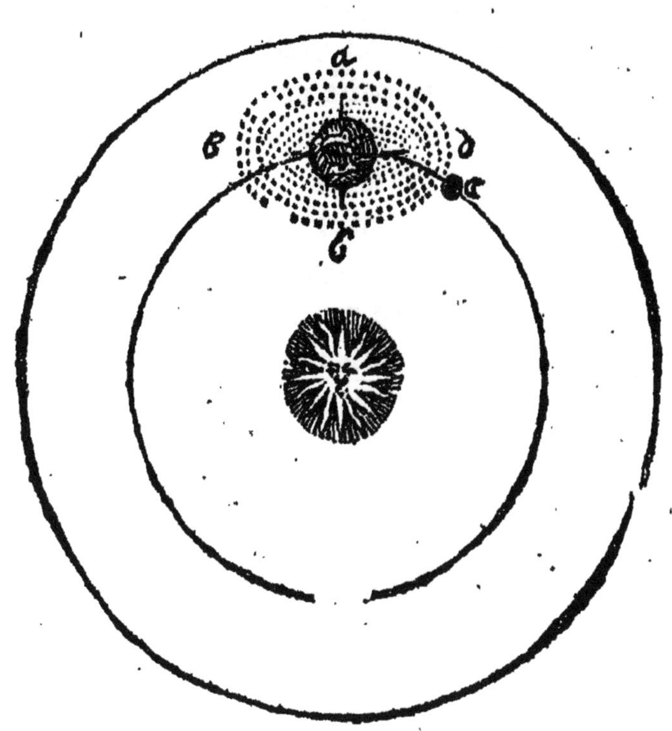

De sorte que voila les petits tourbillons que nous avons supposez au tour des planetes, & comme ils doivent garder à peu prez les mesmes loix que les grands tourbillons, les petites planetes qui y sont renfermées suivent le mesme ordre que celles-cy dans le grand tourbillon du Soleil.

Je ne dis rien icy que l'experience ne confirme; si l'on veut prendre garde à ce qui se passe dans le courant des eaux, on remarquera quelquefois que certaines parties se plient & replient en elles-mesmes, de maniere qu'elles forment de petits tourbillons, au milieu desquels il se rencontre quelquefois de petits corps qui se meuvent au tour de leurs centres: & j'ay vû que des pailles venant à heurter la superficie de ces tourbillons, tournoient aussi avec eux, quoy qu'elles fussent emportées avec le reste de l'eau.

Que ces petits tourbillons doivent étre ovales.

Septiémement ces petits tourbillons doivent estre ovales, & le plus petit diamettre doit estre du centre du Soleil à la circonference du grand tourbillon. Il semble neanmoins qu'il en devroit estre tout le contraire: car si l'on fait nager une goute d'huile sur du vinaigre qu'on agite circulairemẽt au tour d'un bassin, il est vray que cette goute prend la figure ovale, mais le plus grand diametre s'étend du centre à la circonference; & la raison en est évidente: le mouvement circulaire du liquide la presse aux endroits qui regardent les costez, & ne la pressent pas à ceux qui regardent le centre & la circonference.

Il n'en est pas de mesme des petits tourbillons; & pour en trouver la difference, il faut se ressouvenir que ces tourbillons qui ont une planete au centre, ne vont pas si viste que la matiere celeste dans laquelle ils nagent: c'est pourquoy la matiere qui est en *d*, se fend en deux pour passer, & une partie allant vers *a* l'autre va vers *c*: mais comme son passage est retreci de tout le diametre *a c*, elle presse en passant ce petit tourbillon qui est contraint de s'étendre du sens *b d*; tout de mesme que l'eau en passant sous un pont presse les deux costez de la pile, en sorte que s'ils estoient mobiles, & que le milieu de la pile fut vuide, ces costez s'approcheroient l'un de l'autre.

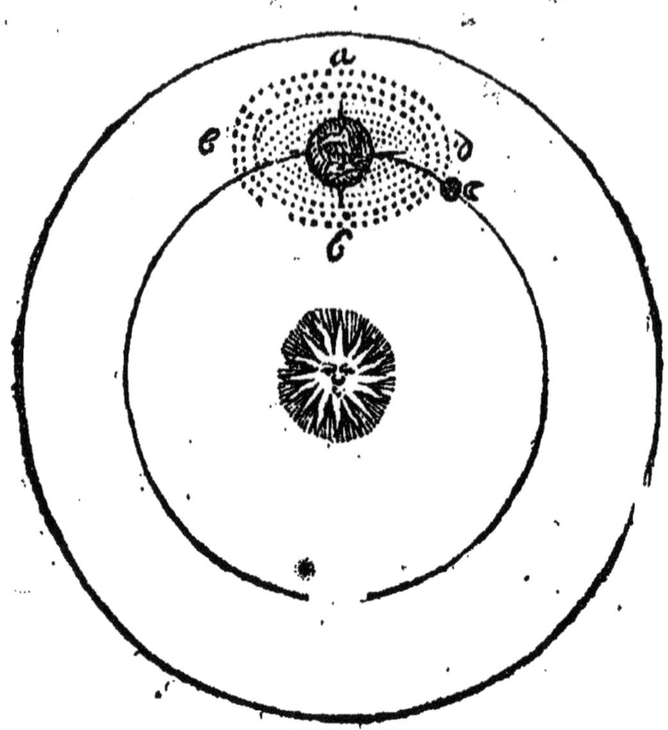

On peut se persuader de tout cecy par une experience assez facile. On n'a qu'a prendre une cuve de figure ovale, comme elles sont d'ordinaire; & au milieu mettre une espece de roüe de moulin à eau dont l'axe soit perpendiculaire au fond de la cuve; en tournant cette roüe on fait tourner l'eau: de sorte que faisant nager

Confirmation de ce systeme.

des corps de diverse grosseur & de differente solidité, on voit premierement qu'ils se placent chacun à differente distance du centre, c'est à dire de l'axe de la roüe. Secondement qu'ils font leur tour en differens temps. Troisiémement qu'ils tournent sur leurs centres en tournant au tour de la roüe, & enfin que leurs axes sont paralelles à l'axe de la roüe qui est au centre.

Ce n'est pas qu'il n'y ait quelque chose à redire dans cet exemple: car pour dire la verité ces corps ont de la peine à tourner sur leurs centres. Il y a aussi de la difference: l'eau va tout en masse, & elle emporte les corps qu'elle contient aussi viste qu'elle; mais la matiere celeste a differens degrez de vitesse, & elle n'emporte pas si viste qu'elle les corps qu'elle embrasse. J'ay fait voir aussi que ce qui estoit cause que les planetes tournoient sur elles mesmes, c'estoit en partie qu'elles alloient moins viste que la matiere celeste. De plus la distance est trop courte

courte, & le diametre de ces corps trop petit pour estre plus sensiblement touchez par leur partie qui regarde la circonference, que par celle qui regarde le centre. On remarque cependant que ces corps font quelques tours, & quand on le remarque c'est autour d'un axe qui est parallele à l'axe du mobile qui est au centre.

Ce qui pourroit empescher la Lune de tourner.

Que si l'on me dit que la Lune ne tourne pas cependant sur son contre, je repondray que ce que j'ay dit dans les observations y semble estre contraire : car ce n'est pas toujours la mesme face qu'elle nous montre, & des Astronomes assurent avoir remarqué de certaines taches sur le bord de son disque, lesquelles dans un autre temps en estoient fort éloignées. Mais quand la Lune ne tourneroit pas sur son centre, cela ne fait pas que la cause que j'ay apportée du tournoyement des planetes soit fausse. Ne se peut-il pas faie qu'un de ces costez estant plus solide que l'autre, ce soit en vain que la matiere celeste la frappe plus fort par en haut ? puisque la pesanteur de ce costé-là fera toujours tendre ce costé vers la terre sans pouvoir monter au dessus.

QUESTION IV.

De la nature des Astres.

Ous avons remarqué de deux sortes d'Astres, les uns luisent par leur lumiere propre, & les autres par une lumiere étrangere; le Soleil & les étoiles fixes sont du nombre de ceux qui luisent par leur propre lumiere, & les planetes de ceux qui luisent par celle du Soleil. C'est pourquoy comme il faut porter differens jugemens, nous en traiterons dans divers Chapitres. Nous avons donc premierement à chercher en quoy consiste le pouvoir qu'ont le Soleil & les étoiles fixes d'éclairer & d'échauffer: & secon-

Qu'il y a deux sortes d'Astres

dement ce qui fait que les planetes reflechiſſent la lumiere qu'elles empruntent du Soleil.

CHAPITRE I.

Du Soleil, & des Etoiles fixes.

Ce que c'eſt que le Soleil

IL ſemble que nous n'aurions plus rien à deſirer ſur cette matiere aprés ce que nous avons dit en parlant du débroüillement du cahos: car nous pouvons déja définir les Aſtres un amas de matiere tres-ſubtile, dont toutes les parties ſont fort agitées entr'elles.

Mais parce que peut-eſtre pluſieurs ne ſeront point perſuadez de cette preuve, je veux bien les conduire à la meſme choſe par une voye plus proportionnée à noſtre maniere de concevoir. Nous n'avons qu'à chercher icy bas ſur la terre les corps qui reſſemblent le plus au Soleil, & par la comparaiſon que nous en ferons, nous en porterons un meſme jugement. Je ne trouve que la flamme qui luy ressemble ; elle éclaire & échauffe comme luy, & elle fait toutes les mesmes choses, la proportion gardée.

Ce que c'est que la flamme.

Or la flamme n'est qu'une multitude de petites parties tres-delicates, dont chacune se meut d'une vitesse incroyable à l'entour de son propre centre. Je dis d'une vitesse incroyable, parce que nous voyons que la flamme dissipe en peu de temps une tres grande quantité de corps, & qu'elle ne sçauroit les reduire en cendres, que ses parties ne soient dans une tres grande agitation. Je dis à l'entour de leurs centres, parce que nous voyons bien des corps en mouvement, & leur parties n'ayant pas cette sorte d'agitation, ils ne font sentir aucune chaleur.

Et si l'on veut se fier plûtost au raport des sens qu'à la force du raisonnement, on n'a qu'à s'aprocher d'un flambeau, & l'on verra que les parcelles de cire qui sont prestes à s'enflammer, se meuvent avec une tres-grande viteſſe chacune à l'entour de ſoy-meſme. On remarque encore la meſme choſe dans du pain bruſlé, & dans la ſalive qu'on fait tomber ſur un fer chaud.

Que le Soleil doit étre rond & chaud.

Nous voila donc revenus à la meſme choſe, & de quelque maniere que nous nous y prenions, nous trouvons toûjours que le Soleil n'eſt qu'un globe de matiere ſubtile. Je ne m'amuſe point à en deduire toutes les proprietez : il eſt aſſez viſible qu'il doit eſtre rond, puiſque ſi quelques parties s'élevoient ſenſiblement au deſſus de la ſuperficie des autres, comme elles tournent toutes ſur un centre commun, ce qui les entoure les reduiroit en meſme temps au niveau des autres. Il eſt auſſi viſible qu'il doit eſtre chaud, puiſque la chaleur ne conſiſte que dans le mouvement des parties autour de leurs centres, & que les parties du Soleil ont cette agitation.

Mais je viens à la principale de ſes proprietez qui eſt d'éclairer; & comme on a toûjours eſtimé cette matiere tres-difficile, je veux bien en tanter l'explication dans une section particuliere.

SECTION I.

De la lumiere.

LE mot de lumiere est fort équivoque, il se prend premierement pour ce qui est de nostre part, secondement pour ce qui est de la part des corps lumineux, & troisiémement pour ce qui est de la part du milieu.

Que ce mot se prend en trois manieres.

Pour le pouvoir que nous avons de sentir la lumiere, il ne consiste que dans l'ébranlement des filemmens du nerf optique : plusieurs experiences nous en convainquent: si par hazard l'on nous donne un coup dans l'œil, en sorte que ce nerf soit ébranlé, nous voyons mille éteincelles : & mesme nous remarquons qu'ayant esté long-temps à un grand jour, si nous entrons ensuite dans un lieu sombre, nous voyons encore quelques rayons de lumiere

Ce que c'est que la lumiere dans nous.

parce que l'ébranlement du nerf optique continuë.

Ce que c'est que la lumiere dans le Soleil & dans l'air.

Or pour ébranler ce nerf, il faut que le corps lumineux soit en mouvement ; aussi avons nous defини le Soleil un amas de matiere subtile, dont toutes les parties sont fort agitées : mais comme le Soleil ne s'applique pas immediatement à nos yeux, qu'il ne s'y applique que par le moyen d'un milieu, qui sont les petites boules, il faut qu'il presse ces boules, pour pouvoir ébranler le fond de nostre œil.

Ainsi la lumiere de la part du corps lumineux consistera dans le mouvement de ses parties: & la lumiere de la part du milieu dans le pressement des boules du second Element: & c'est de celle-là dont j'etend parler dans la suite.

Que nous deverions voir un Soleil à l'édroit où nous

Quand j'ay tantost traitté des tourbillons, j'ay fait voir que les petites boules qui les composoient, tendoient continuelement à s'écarter du Soleil : c'est pourquoy sans faire de paradoxe nous pouvons dire, que quand

quand mesme il n'y auroit point de Soleil où nous en voyons, il nous devroit paroistre comme s'il y en avoit: puisque tournant nos yeux vers l'endroit d'où les boules tendent à s'écarter, nos yeux en seroiēt ébranlez.

en voyons, quand mesme il n'y en auroit point.

Mais pour montrer comment le Soleil contribuë encore à cette action, il y a deux choses qu'il faut considerer : la premiere que chaque partie de la matiere qui compose le Soleil, tourne tres viste chacune sur son propre centre : & la seconde que ces mesmes parties tournent toutes ensemble autour d'un centre commun, & ces deux actions augmentent encore l'effort des petites boules : car de ce qu'elles tournent chacune sur son propre centre, elles poussent ce qui les environne ; puisque la flamme dont les parties n'ont que ce mouvement, ne laisse pas d'étendre son action bien loin autour d'elle : & de ce qu'elles tournent toutes ensemble autour d'un centre commun, elles font effort pour s'écarter du centre & pressent par consequent

Que le Soleil pousse les petites boules.

les petites boules qui les entourent.

Cõment le soleil éclaire en un momẽt toute une hemisphere.

Et cela suffit pour faire entendre la maniere dont le Soleil repand sa lumiere en un moment à des distances presqu'infinies : car estant au centre, & le second Element estant repandu par tout le tourbillon, il ne sçauroit presser la matiere qui luy est contiguë, que celle qui est vers la circonference n'en ressente en mesme temps l'impression.

Et on n'aura pas de peine à se persuader la possibilité de ce que je dis, si l'on considere que tout estant plein, la masse de matiere que nous appellons nostre tourbillon, peut estre regardée comme un corps dur: c'est à dire que de mesme qu'un baston avance par un bout dans le temps qu'on le pousse de l'autre, la matiere du second Element qui nous touche, est agitée au mesme temps que le corps lumineux pousse celle qui luy est proche.

Il en doit estre de mesme que de l'eau contenuë dans un tuyau; si l'on la pousse d'un pied par un bout, elle avance de l'autre d'une pareille quantité : & en effet si le tuyau est plein, où iront se placer les parties de l'eau qu'on pousse ? comme elles ne peuvent s'échapper par aucun costé, elles doivent faire avancer de la quantité qu'elles sont poussées, les parties qui se trouvent derriere elles ; & celles-cy d'autres encore jusqu'aux dernieres.

Que la lumiere ne s'affoiblit point en s'éloignant du soleil.

Si ce que je dis est veritable, il faut avoüer qu'on a esté jusques icy dans l'erreur, en croyant que la lumiere s'affoiblissoit à mesure qu'elle s'éloignoit du Soleil ; au contraire sa force s'augmente, & cela jusqu'à ce qu'elle soit parvenuë à la superficie de son tourbillon : car premieremẽt comme la lumiere n'est que dans l'effort des petites boules pour s'écarter du centre, toutes ces boules, dis-je, tendent également à s'en écarter ; & mesme celles qui en sont plus éloignées estant plus grosses doivent tendre aussi avec plus de force. Secondement les boules qui sont au dessus, outre leur effort particulier, reçoivent encore celuy des boules qui sont entr'elles & le Soleil : & enfin comme il ne s'agit icy que de pression, la matiere du second Element doit estre pressée autant vers la circonference, que le Soleil la presse vers le centre.

Comment on prouve que la lumiere s'affoiblit.

On se sert d'ordinaire de cet exemple pour prouver ce que je refute: car on dit supposant dans ce vase le diametre B C six fois plus grand que F G, s'il arrive qu'en remplis-

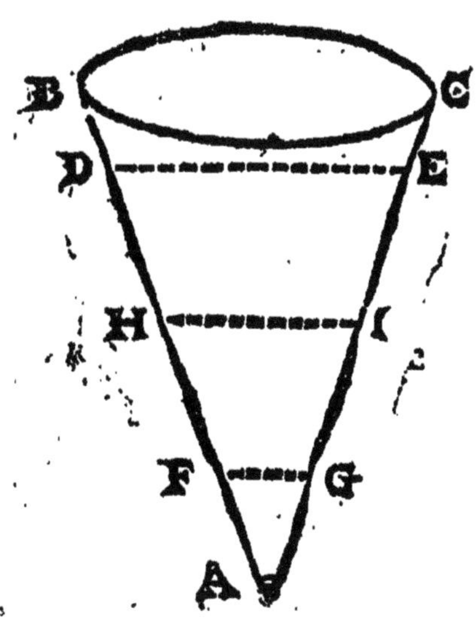

ſant ce vaiſſeau de quelque liqueur, l'on la faſſe avancer par A de la quantité d'une ligne, elle n'avancera vers B C que de la ſixiéme partie, puis qu'on ſuppoſe cet endroit ſix fois plus large.

Je ne dis pas que cela ne ſoit point: mais il ne s'agit pas icy de mouvement local; il s'agit de preſſion, puis que dans cette opinion on ne fait conſiſter la lumiere que dans la preſſion. C'eſt pourquoy je retourne cet exemple d'une autre maniere, je ſuppoſe que vers B C il y ait un fond qui bouche exactement cette ouverture; l'experiẽce fait voir que preſſant en A comme une livre, on preſſe tous les endroits de ce fond égaux à A, comme une livre auſſi: c'eſt à dire que comme nous ſuppoſons que le fond B C ſoit ſix fois plus grand que l'ouverture A; ce fond eſt preſſé comme ſix livres, pendant que A eſt preſſé comme une. C'eſt ce qu'on a experimenté pluſieurs fois, & il ſeroit hors de propos d'en apporter les preuves.

Que cet exemple peut prouver le contraire.

Qu'on peut entendre cecy du soleil.

En considerant donc le Soleil au centre de son tourbillon, on le peut comparer à la force qui est vers A & tous les autres tourbillons qui environnent le sien, au fond que nous avons mis en B C : c'est pourquoy si nous supposons qu'il presse d'une certaine force vers le centre, nous devons conclure suivant la nature du liquide, qu'il doit presser de la mesme quantité vers la circonference; & qu'ainsi sa lumiere ne doit en aucune façon s'affoiblir, si loin qu'elle s'en éloigne.

Qu'il ne faut pas raisonner de mesme de la lumiere d'une chandelle.

Mais il n'en est pas de mesme d'une chandelle allumée : car sa lumiere s'affoiblit en s'éloignant; d'où vient que les objets qui en sont proches sont beaucoup plus éclairez que ceux qui en sont plus loin; Aussi comme elle n'est pas dans le centre, souvent elle presse de la matiere qui a un mouvement tout contraire, & qui passant & repassant altere la determination des petites boules, & leur fait perdre la force qu'elles avoient à tendre de ce costé-là : au lieu que le Soleil estant au centre, pousse vers un mesme endroit tout ce qui l'environne : & les petites boules ayant toutes une mesme determination, loin de se nuire, s'aident encore l'une l'autre à se pousser.

Je ne sçay pas quelle preuve on pourroit apporter de l'affoiblissement de la lumiere du Soleil; si l'on dit que les planetes qui sont plus éloignées du Soleil paroissent plus pâles que celles qui en sont plus proches, ne peut-on pas rapporter ces apparences à la diversité de leurs superficies? car differens corps exposez à une mesme lumiere, les uns paroissent plus éclatans que les autres: ou bien si l'on dit qu'une même Comete paroist plus claire dans son perigée que dans son apogée, ne peut-on pas répondre qu'elle nous reflechit dans son perigée plus de rayons; Au contraire la grande lumiere qu'ont les Cometes, veu leur grand éloignement, est une preuve de ce que j'avance; elles ne devroient pas dis-je, s'il estoit vray que la lumie-

Qu'on ne peut apporter aucune preuve de l'affoiblissement de la lumiere du soleil.

re s'affoiblît, paroistre si éclairées que Saturne.

Et qu'on ne me dise point encore qu'il ne peut y avoir de pression sans mouvement local : car, dit-on, si peu qu'on presse une partie, il est vray qu'elle avance. Je ne dispute point presentemenr de cela, mais quoy qu'il en soit, il sera toujours vray de dire comme l'experience le confirme, que la force qui presse en A dans nostre exemple, se multiplie à proportion en B C.

Que dans la lumiere il y a du mouvement local.

Neanmoins sans vouloir determiner si dans toute pression il y a du mouuement local, je puis dire qu'il y en a icy. Qui empesche que les autres tourbillons ne cedent au nostre, & que le nostre reciproquement n'obeïsse à ceux qui l'entourent ? & mesme sans cela nous ne pouvons pas expliquer comment nous voyons d'icy la lumiere des étoiles fixes.

Il faut croire que comme il n'y a point de vuide, au mesme temps qu'un de ces deux tourbillons pousse

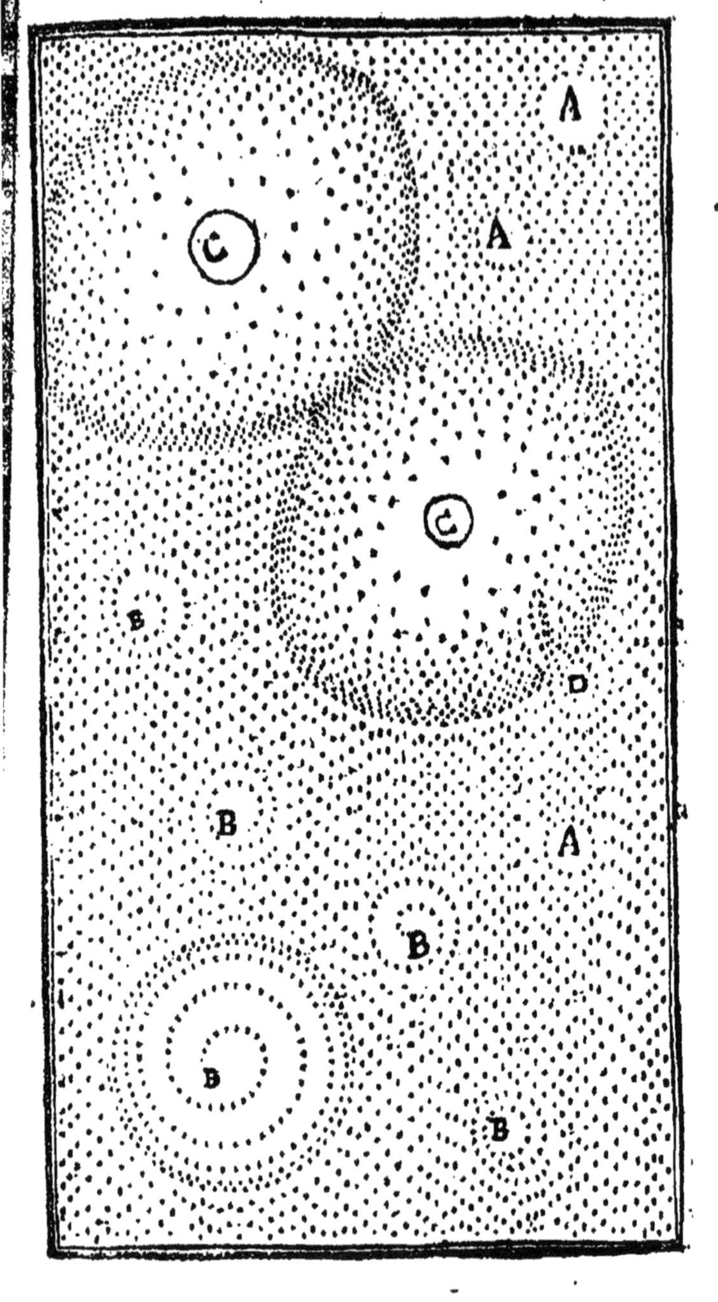
A
C
A
C
B
D
B
A
B
B
B

contre la circonference de l'autre, il en fait avancer les petites boules jusques vers le centre, & diminuant l'espace C qui est au centre, il contraint la matiere subtile qui y est, de s'imbiber entre les boules & de venir se joindre à luy pour agrandir son espace : mais au mesme moment cet autre tourbillon le repousse, & le recongnant de mesme jusques dans son centre, il se grossit de la matiere qu'il luy oste.

En quoy consiste la lumiere des Etoiles fixes.

C'est dans l'effort que les tourbillons d'alentour font pour recongner le nostre, que je fais consister la lumiere des étoiles fixes ; & comme les reciprocations sont frequentes, il ne faut pas s'étonner si leur lumiere paroist si étincelante, parce qu'elle frappe le fond de nos yeux par secousse : & de là nous pouvons voir la raison pour laquelle la lumiere du Soleil est plus grande & plus étincelante que celle de toutes les étoiles fixes ensemble : car le tourbillon du Soleil estant d'égale force avec tous ceux qui l'entourent, autrement il ſeroit en peu de temps détruit, les efforts qu'ils font les uns contre les autres ſont égaux. Mais renfermant le petit tourbillon de la terre, & les globules qui le compoſent ne faiſant que de foibles efforts pour s'écarter; puis qu'il n'y a point d'aſtre au centre qui les aide; le Soleil dis-je, pouſſe ſes rayons avec toute ſa force vers la terre, & recongnant les petits globules qui compoſent ſon tourbillon, ne laiſſe aucun endroit de la partie de la terre qui le regarde, ſans eſtre preſſé, c'eſt à dire ſans eſtre éclairé.

Il en eſt de meſme des autres planetes: mais parce que les unes tournent plus fort ſur leur centre que les autres, & qu'elles ont par conſequent plus de force pour repouſſer à leur tour les rayons que leur envoye le Soleil, c'eſt ce qui fait que quelques planetes étincelent, quoy que beaucoup moins fort que les étoiles fixes. Jupiter par exemple, qui tourne en neuf heures quarante cinq minutes, eſt auſſi aſſez éclatant;

& comme il est à presumer que Mercure & Venus tournent encore plus viste ; parce qu'estant proches du Soleil la matiere celeste s'y meut avec plus de vitesse ; & que nous n'avons aucun lieu de penser que leurs corps soient plus massifs par un costé que par l'autre (ce qui est un obstacle au mouvement circulaire) c'est peut-estre là la principale raison pourquoy ces deux planetes sont plus brillantes que les autres.

Pourquoy la lumiere du soleil est plus grande que celle des Etoiles fixes.

Mais pour revenir à l'objection qu'on nous avoit fait, ce mouvement local n'empesche pas que la lumiere ne soit, comme j'ay dit, aussi forte vers la circonference que vers le centre : car quoy que nous supposions le fond de ce vase un peu mobile, comme on l'a fait dans les dernieres experiences, il ne laisse pas d'estre pressé presque de mesme que s'il estoit tres ferme.

Que cette pression se fait dans la

Quant à ce qui est des lignes suivant lesquelles se communique l'action de la lumiere, quoy que ce soit par l'entremise des boules du

ſecond element, elles en ſont nean- *lign.*
moins bien differentes : car ce n'eſt *droite.*
rien de materiel dans le milieu par
où elles paſſent, & elles deſignent
ſeulement en quel ſens le corps lumineux agit contre nos yeux : c'eſt
pourquoy encore que les parties du
ſecond element, qui ſervent à tranſmettre la lumiere, ne ſoient point ſi
directement poſées l'une ſur l'autre
qu'elles compoſent des lignes toutes droites, on ne doit pas laiſſer de
concevoir les lignes, ſuivant leſ-
quelles elle ſe communique, exactement droites. En effet ce que nous
appellons un rayon nous paroiſt toûjours droit : mais tout de meſme
que l'on conçoit qu'on peut pouſſer un corps ſuivant une ligne droite avec un baſton tortu : ainſi parce que tout eſt plein, il
faut concevoir que les boules ſe
pouſſent l'une l'autre de la meſme
maniere.

Et il ſuffit d'expliquer comment
l'action de la boule A peut paſſer
toute entiere dans la boule B quoy

qu'entr'elles il y en ait un grand nõbre d'autres arrangées assez bizarrement : car supposant que la boule

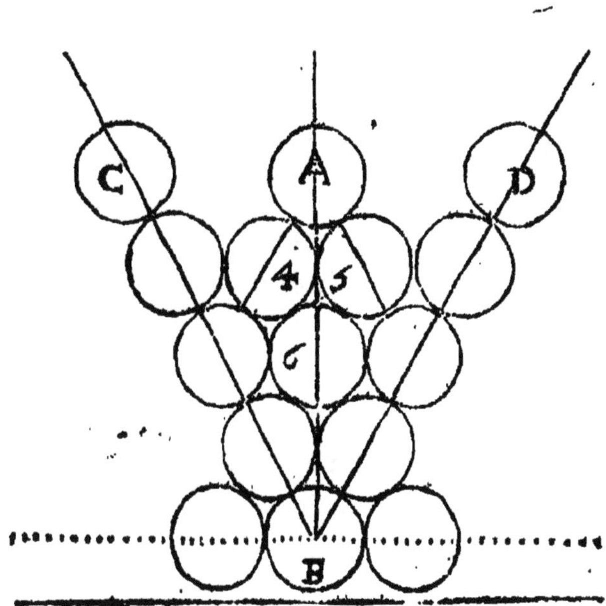

A n'appuye que sur l'extremité des diametres des boules 4. & 5. elle ne sçauroit si peu les presser, qu'elle ne fasse effort pour les faire tourner en dedans chacune sur leur centre : de sorte que toute sa force tombe sur 6 ; & 6 agissant de mesme sur celles qu'il a au dessous, on peut dire que toute la force d'A se transmet en B par une ligne droite.

Cecy nous montre en mesme temps trois autres proprietez de la lumiere ; La premiere est la maniere dont les rayons venant de divers points, s'assemblent en un mesme, ou venant d'un mesme se vont rendre en divers. La seconde est la façon dont ils peuvent passer par un mesme point, venant de differens endroits, & s'en allant dans d'autres tout opposez. Et la troisiéme est la reflexion que souffrent les mesmes rayons à la rencontre des corps qui leur font obstacle.

Pour la premiere, c'est à dire la maniere dont plusieurs rayons s'assemblent en un, où vn se divise en plusieurs, on n'a qu'à considerer comment les boules 4. 5. 6. agis- *Comment plusieurs rayons peuvent s'assembler en un.* sent l'une contre l'autre : car concevant au dessus de 4. & de 5. qui appuyent sur 6. encore d'autres boules, & pensant que ces boules poussent la boule 6. se seront plusieurs rayons qui se reünissent en un : ou si nous concevons que la boule 6. pousse les boules 4. & 5. ce sera un rayon qui se divisera en deux.

Comment plusieurs rayons peuvent passer par un mesme point. Pour la seconde, c'est à dire la façon dont plusieurs rayons venant de divers points, peuvent passer par un mesme pour aller en d'autres opposez, il est aisé de comprendre qu'une mesme boule peut transmettre beaucoup de ces sortes d'actions toutes diverses : par exemple si on suppose que toutes les baguetes qui se croisent appuyent sur une boule, qu'il faut concevoir en E, il est visible que poussant en A, d'une certaine force, l'impression s'en fera ressentir en B, & si en mesme temps l'on pousse en F & en D, l'impression ne laissera pas de se faire ressentir

tir en G & en G, & cela par le moyen de la mesme boule.

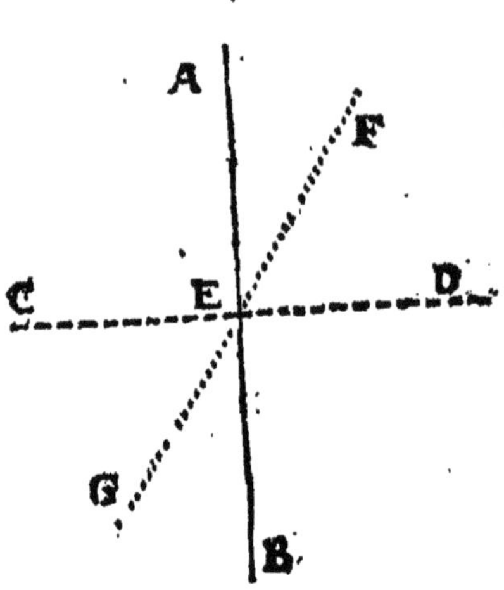

Ce n'est pas une chose si difficile à comprendre qu'on nous le persuade, principalement comme il s'agit icy plus de pression que de mouvement local. Et quand la lumiere consisteroit toute entiere dans ce mouvement, cela n'empescheroit pas que plusieurs rayons allant vers

V.

differens endroits, ne se transmissent par un mesme sans s'empescher l'un l'autre. C'est ce que nous entendrons, si nous considerons qu'on peut pousser l'air en mesme temps par deux tuyaux qui se croisent : car le mesme air qui est dans l'endroit où les quatre ouvertures de ces deux tuyaux se regardent, sert à pousser l'air qui est dans les deux tuyaux. Et si l'on me dit que c'est par le moyen de differentes parties que se font ces diverses impressions, ne puis je pas icy répondre de mesme, y ayant dans si petit endroit que nous imaginions plusieurs de ces petites boules.

Cette comparaison nous fait entendre en mesme temps comment une forte lumiere peut empescher l'effet d'une plus foible : nous ne voyons presque point en plein midy la lumiere d'une chandelle, & les Etoiles fixes ne se font point remarquer pendant le jour : car de mesme que si l'on soufle beaucoup plus fort par un bout d'un de ces tuyaux, qu'on ne soufle par l'autre, l'air qui est au milieu de ces quatre ouvertures, tend avec toute la force dont on le pousse à l'autre extremité du mesme tuyau, sans presque pousser celuy qui est dans l'autre, nous pouvons aussi penser que les petites boules suivent l'impression la plus forte, & que le Soleil estant de tous les corps lumineux le plus fort, doit effacer toutes les autres lumieres.

De la reflexion des rayons.

Pour la troisiéme qui est la reflexion, elle n'est pas plus difficile à comprendre que les deux autres : & il est déja visible que la force d'A, estant receuë toute en B, comme nous avons expliqué auparavant dans la page 230. la force de B sera aussi receuë toute en A, c'est à dire qu'un rayon tombant perpendiculairement, doit necessairement reflechir dans la mesme ligne.

Il n'en est pas de mesme si la boule C estoit poussée vers B, toute sa force seroit bien receuë en B, comme je viens de prouver : mais cette mesme force rejalliroit en D: car si la boule C, estoit meüe dans la ligne

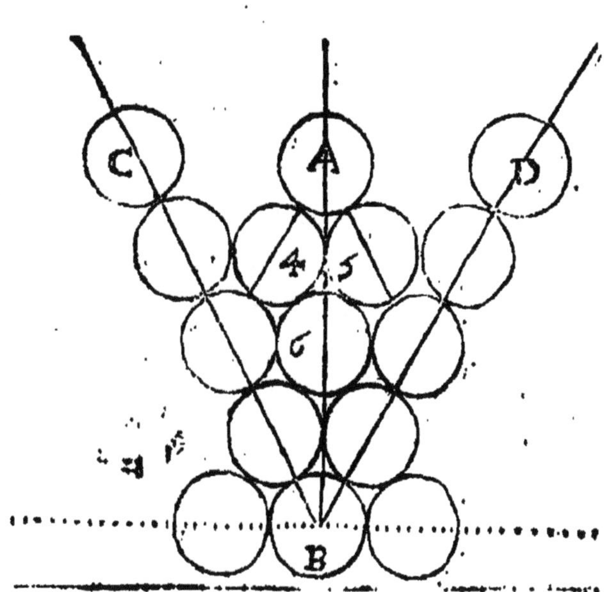

CB, elle rejalliroit vers D: c'est pourquoy comme tout son effort tend vers ce costé-là, elle doit presser les boules qui sont dans cette ligne. En un mot un rayon tombant obliquement doit faire l'angle de reflexion égal à l'angle d'incidence.

Quoy que cette explication soit, ce semble, sans difficulté, on oppose neanmoins une chose : car posé ce que nous venons de dire, on pretend que les angles d'incidence & de reflexion ne peuvent pas estre plus grands que de soixante degrez ; & l'experience nous montre que la lumiere se reflechit à toute sorte d'angles. Voila donc comme on prouve ce qu'on nous objecte. La force du centre de la boule A estant arrivée en C doit necessairement, pour faire l'angle de reflexion égal à l'angle d'incidence, rejallir en B : de sorte que comme A fait impression en C par le point *q*, C fera impression en B par le point *p* : mais ces deux points *q* & *p* ne sçauroient estre plus proches l'un de l'autre, autrement il y auroit penetration des deux boules A & B : c'est pourquoy l'angle

Qu'il semble que l'ãgle de reflexiõ ne peut pas estre plus grand que de 60. degrez.

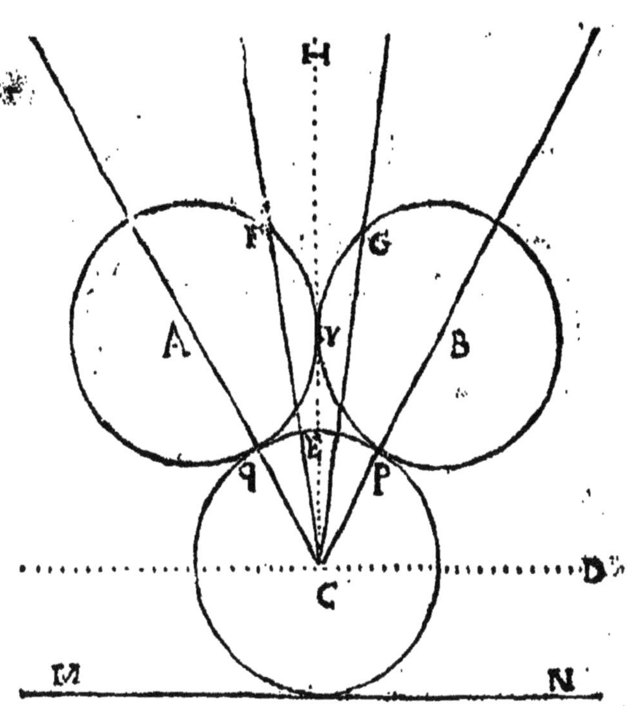

ACB ne pouvant estre moindre, l'angle BCD ne peut pas estre plus grand : & il est visible qu'ils sont chacun de 60.

Cette objection est d'autant plus considerable qu'elle a fait quitter à plusieurs le party du pressement des globules pour la lumiere : il est vray qu'elle est specieuse, mais elle n'est pas sans réponse, & elle plus metaphisique que phisique.

Car premierement on ne suppose point icy que les globules, par le moyen desquels se transmet l'action de la lumiere, soient entr'eux d'égale grosseur ; & comme toute la force de cette objection consiste dans cette égalité, cette remarque suffit déja pour luy en faire perdre une bonne partie. *Qu'on suppose faux en 3. choses.*

Secondement on suppose les globules dans une agitation continuelle changeant sans cesse d'assiete & de scituation : & ainsi c'est en vain qu'on leur en donne une qu'ils doivent perdre un moment aprés.

Troisiémement quand il seroit vray que la scituation & l'arrangement que suppose l'objection dans ces boules, seroit nuisible à toute autre inclination d'un rayon de lumiere, qu'à celle de soixante degrez, l'Equilibre qui est dans la nature & qui fait que la moindre force a ſon effet, obligeroit ces boules à changer de ſcituation pour prendre celle qui ſeroit commode pour tranſmettre l'effort d'un rayon incliné de plus de ſoixante degrez : car cet effort n'y trouvant point de reſiſtance à cauſe de l'Equilibre, produiroit neceſſairement ſon effet.

Quatriémement il ne faut icy conſiderer, comme auſſi Monſieur Deſcartes en avertit, ni la groſſeur des globules, ni la figure, ni la ſcituation : parce que quelles que puiſſent eſtre ces choſes, la lumiere ſe tranſmet toujours en ligne droite, & le rayon n'a aucune largeur, du moins le rayon formel : & partant la groſſeur qu'on donne aux boules, & ſur laquelle eſt fondée toute l'objection, n'eſt qu'un phantoſme & une cavillation. Et de fait quel obſtacle peut faire la groſſeur à la tranſfuſion de la lumiere dans deux boules dont la petiteſſe eſt incomprehenſible : car il n'y a point d'eſpace pour petit qu'il ſoit, quand meſme il ne ſeroit pas plus grand qu'un

grain

grain de ſablon, qui n'en reflechiſſe à la fois pluſieurs centaines.

Cinquiémement comme on ne doute point qu'une de ces boules eſtant dirigée ſeule vers un plan, garderoit en rejalliſſant la meſme inclinaiſon qu'elle auroit eüe en deſcendant; de meſme eſt-il certain que l'inclination à ſe mouvoir d'un rayon entier de lumiere ſuit en cecy toutes les meſmes reigles: car il n'eſt pas poſſible qu'il y ait quelque choſe en l'acte, c'eſt à dire dans le mouvement, qui n'ait pas eſté en la puiſſance, c'eſt à dire dans la force ou l'inclination à ce mouvement.

Ainſi quelque diſpoſition que puiſſent avoir ces petites boules, comme cela n'empeſche pas que le rayon formel ne ſoit droit, & ne conſerve en deſcendant la direction & l'inclinaiſon de ſon incidence; cela n'empeſchera pas auſſi que le meſme rayon formel ne conſerve en remontant la meſme inclinaiſon qu'il avoit eüe en deſcendant: & la comparaiſon qu'apporte M. Deſc. dans ſa Dioptrique, ſçavoir celle du baſton d'un aveugle & celle d'une cuve de vin, fait comprendre toutes ces choſes fort nettement.

Qu'il faut ſuppoſer la plenitude du monde.

Je n'aurois donc pas beſoin de faire une réponſe plus ample : mais voulant bien conſiderer l'objection dans toute la precision metaphiſique qu'on me la propoſe, je dis que le

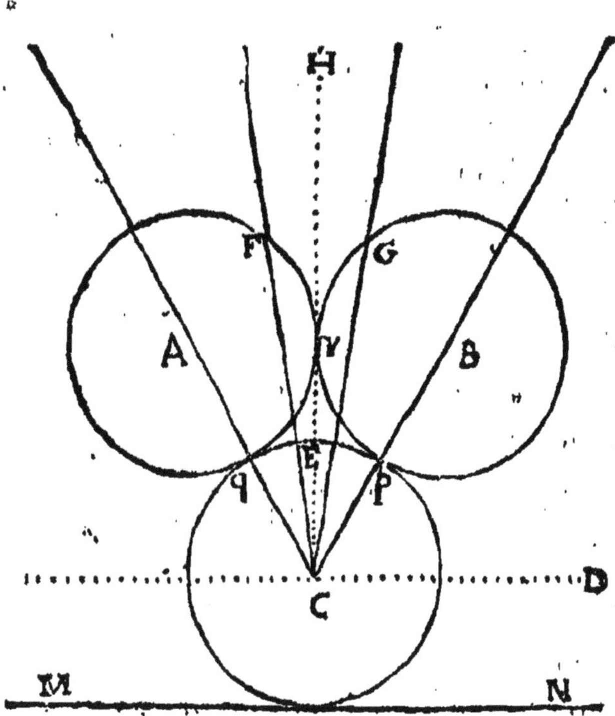

potit eſpace triangulaire qui eſt entre ces trois boules eſtant plein d'une matiere tres-ſubtile, les impreſſions de ces boules ſe peuvent faire non ſeulement par les points d'atouchemens *p*, *q*, mais encore par tous ceux qui ſont entre ces deux: & la raiſon de cela eſt que pouſſant la boule A par le point F, on la force à tourner en dedans: & en preſſant la matiere qui eſt dans ce triangle curviligne, on la rend propre à porter l'impreſſion de l'arc *q r*, ſur l'arc *q* E, & de l'arc *p* E, ſur l'arc *p r*.

Qu'un corps peut agir ſur un autre par l'entremiſe de la matiere ſubtile.

Je ne croy pas qu'on me nie que la matiere ſubtile ſoit capable de porter une impreſſion; à cauſe que tous les paſſages luy ſont ouverts. Nous avons des exemples où elle ſert à tranſmettre des actions, quoy qu'elle ne ſoit en aucune façon enfermée, & qu'elle puiſſe s'écouler de toutes parts. Prenons ſi vous voulez celle d'un tambour; la matiere dont il eſt fait eſtant fort poreuſe, on ne ſoubçonnera point que la matiere ſubtile ſoit enfermée dans ſa concavité. Cependant si l'on frappe sur ce tambour (le trou qui est à costé estant bouché) l'on sent dessous l'impression aussi fort que si l'on nous avoit donné le coup sur la main. On me dira que c'est la colomne d'air qui la porte, je ne le nie pas : mais on doit considerer que cette colomne n'est pas seulement composée de parties d'air, qu'elle est encore composée de matiere subtile : car l'air qui est dans le tambour pouvant estre reduit sous un volume cent fois plus petit, il faut que pour occuper l'espace du tambour, toutes ses parties soient écartées l'une de l'autre ; & que les intervalles estant remplis d'une matiere plus subtile, une partie d'air ne communique sa pression à une autre partie, que par le moyen de la matiere subtile qui est entre deux. Et on n'a nulle raison de dire, pour éviter la force de ce raisonnement, que toutes les parties d'air s'arrengent alors les unes sur les autres pour se toucher. Outre que nous ne voyons point de cauſe de cela, je n'ay qu'à ſuppoſer le baſton auſſi large que le tambour, & l'impreſſion ſe faiſant ſentir dans toute la largeur de deſſous, comme il n'y a pas aſſez de parties d'air pour remplir tout cet eſpace, il faut avoüer que c'eſt la matiere ſubtile avec l'air qui tranſmet cette impreſſion.

Et pour me ſervir d'un exemple encore plus ſenſible, ſi je ſuppoſois dans un cuvier de l'eau, des pierres, & de la paille, ſeroit-on receu à dire qu'en preſſant cette eau par le haut, l'on ne feroit point d'impreſſion ſur le fond de la cuve : on répondroit qu'il ne faut pas conſiderer ſeparement les pierres, ny la paille, qu'il faut regarder le tout enſemble, & que l'eau rempliſſant tous les intervales, c'eſt comme ſi ce n'eſtoit qu'un liquide homogene.

Qu'un rayon formel n'eſt pas ſeulement

Il ne faut donc pas conſiderer un rayon de lumiere comme une enfilade de boules ſeules, il faut le regarder comme une trainée de boules & de matiere ſubtile : & l'exem-

composé de boules. ple que nous avons apporté du tambour, nous ayant fait voir que la colomne d'air & de matiere ſubtile ne laiſſoit pas de porter une forte impreſſion, les rayons quoy que de matiere ſubtile & de boules, ne laiſſeront pas auſſi de preſſer, & d'eſtre roides comme des baguetes, ainſi que je les ay repreſentez.

Mais pour determiner en quel point de la boule C doit ſe faire l'impreſſion, ſuppoſant que la boule A ſoit pouſſée par le point F, il faut conſiderer que ſi ce point eſtoit ſeparé de la boule A, & qu'il ſe meut localement, tombant en C il rejalliroit en G. Or quoy qu'il ſoit joint avec d'autres, il ne laiſſe pas de preſſer ceux qui ſont au deſſous de luy, c'eſt à dire ceux qui ſont dans le chemin qu'il feroit, d'avantage que ceux qui ſont à coſté, & ainſi faiſant plus d'impreſſion vers le point E qu'il n'en fait au point *q*, preſque toute ſa force doit ſe communiquer à la boule C plutoſt par un point vers E, que par le point *q*.

Au reste cette explication n'est pas si éloignée du sens commun qu'-on ne la puisse soutenir par bien des exemples, puis que c'est l'explication des contre-coups : Je voudrois bien qu'on me voulust les expliquer d'une autre maniere, car il est certain que frapant sur un corps dur, le contre-coup est toûjours à l'extremité de la ligne, dont le point frapé est l'autre extremité. Et que dire sur ce fait, sinon que l'impression d'une partie se communique plutost aux parties qui sont au dessous de celles là, qu'à celles qui sont à costé.

Que cette explicatiō rēdrai-son des contre-coups.

Ainsi comme l'impression de la partie F passe en C par le point E, puis que si cette partie estoit seule elle rejalliroit en G, toute sa force estant presentement dans la boule C, doit contraindre cette boule à faire ce qu'elle feroit elle mesme, c'est à dire que tout l'effort de la boule C doit estre presentement dans la ligne C G.

L'exemple dont se sert Monsieur

Let.56. T. 1 Descartes en quelques-unes de ses Lettres montre bien qu'il n'auroit point icy fait d'autre réponse que celle que je viens de faire. On luy demande comment il se peut faire que les boules qui sont vers l'épaule gauche du signe d'Orion, laquelle nous paroist d'une couleur rougeastre, peuvent conserver dans un si long trajet le tournoyement qui est necessaire pour nous la faire voir de cette couleur, & voila comme il répond.

„ Il ne faut pas s'imaginer, dit-„ il, lors que quelqu'un de ces pe-„ tits globes est poussé vers quelque „ costé, que celuy sur lequel il est „ apuyé, soit disposé par luy à tour-„ ner de l'autre, ainsi qu'il arrive „ aux roues des horloges: mais com-„ me si au lieu de ces petits globes „ il y avoit de petits quadres, qui „ fussent posez les uns sur les au-„ tres, il faut penser que lors que „ quelqu'un d'eux panche vers quel-„ que costé, il pousse vers le mesme „ costé tous ceux qui sont au dessous de ſuy juſques à l'œil. Et cela eſt ſi vray que les principes de la mechanique, & la nature meſme de cette matiere celeſte, dont je ſuis perſuadé par une infinité de raiſons, le font voir tres-clairement. Or ſi nous ſuppoſons qu'il y ait un ſi grand nombre de ces petits quadres les uns ſur les autres, que le plus haut marqué 1. 2. aille juſqu'à l'épaule gauche du ſigne d'Orion, & que le plus bas marqué 4. 3. parvienne juſqu'à l'œil, & que celuy d'enhaut ſoit pouſſé directement de 1. 2. vers 4. 3. mais qu'avec cela il ſoit plus preſſé en ſa partie marquée 2. qu'en celle marquée 1. vous comprendrez aiſement que cette double impreſſion, ou preſſion ſe peut tellement communiquer à tous ces quadres, qu'elle faſſe que le dernier marqué 4. 3. ſoit contraint de tourner ſuivant l'ordre des chiffres 1. 2. 3. 4.

Ay-je dit autre chose que ce que dit icy Monsieur Descartes, & quand j'ay consideray le plain, ne le considere-t'il pas ? Ces boules au dessus les unes des autres ne peuvent pas estre comparées à des cubes, à moins qu'on ne considere la matiere subtile qui les environne, par le moyen de laquelle elles se touchent dans toute une moitié ; & disant comme il fait, que le cube d'enhaut estant plus pressé par sa partie 2. que par sa partie 1. l'impression se fera ressentir en 3. N'entend-il pas que c'est la matiere subtile, laquelle remplit les espaces que ces boules laissent entr'elles, qui porte cette impression.

Que cette objection est insoluble dans les principes du vuide.

Aprés tout je ne voy pas quel autre party il y auroit à prendre pour la lumiere, & je peux mesme me servir de cette objection avec beaucoup plus d'avantage qu'on ne s'en est servy contre moy. Car si l'on ne veut admettre les especes intentionnelles, qui sont aujourd'huy l'horreur du monde raisonnable, où l'on pense que la lumiere est une inclination au mouvement de certains petits corps, entre lesquels il y a du vuide; ou que c'est un mouvement actuel de ces mesmes petits corps.

Pour la premiere opinion elle se renverse d'elle mesme, puis que ces boules ne se touchant que par les points p & q, les impressions de l'une sur l'autre ne se peuvent faire que par ces points; & pour la seconde il est facile à la refuter restant la mesme chose. Car en regardant dans un miroir, comme il n'y a point d'instant où il ne tombe de ces corps lumineux, & où il ne nous en reflechisse, puis que nous ne cessons point de voir l'objet qui est devant le miroir: ces petits corps, dis-je, doivent necessairement se rencontrer sur la superficie du miroir, comme ces boules sont disposées sur le plan

M N, & par conſequent ils ne peuvent reflechir que ſous un angle au plus de 60.

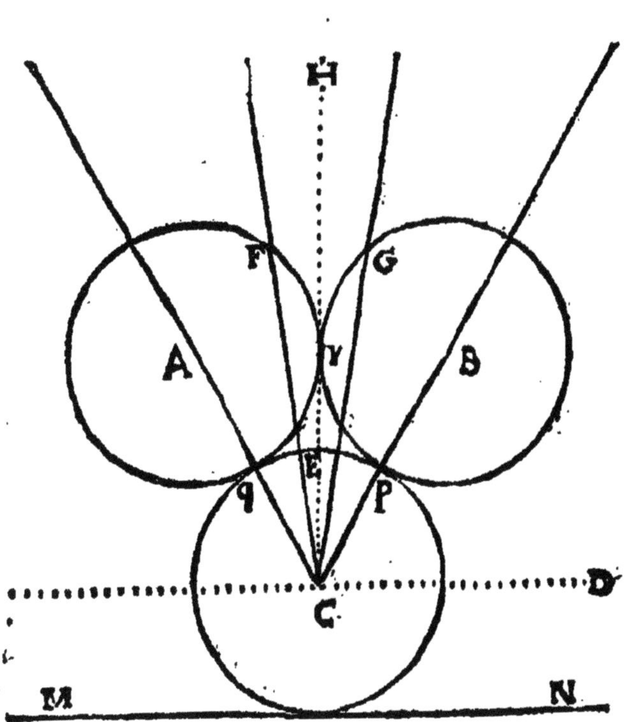

Et il n'importe que ces corps lumineux ayent d'autres figures que la ronde : il ſera toûjours vray de dire qu'à cause que ces corps sont impenetrables, le plus petit angle que leurs centres peuvent laisser entr'eux, est celuy qui ayant pour costez deux demy diametres de ces petits corps, aura pour baze deux de ces mesmes demy diametres, comme icy l'angle A C B, & qu'ainsi l'angle B C D ne peut de guere estre plus grand que de 60. ce qui est contre l'experience.

De la refraction des rayons.

Il nous reste presentement à parler de la refraction, mais je ne sçache point qu'on l'ait encore bien expliquée. Monsieur Descartes a ses difficultez, & voila ce qu'il dit. Il se sert de l'exemple d'une bale, qui passe d'un milieu dans un autre, c'est à dire de l'air dans l'eau.

Qu'il y a deux sortes de refractions.

Mais auparavant il faut remarquer qu'il y a deux sortes de refractions, l'une en s'approchant de la perpendiculaire, l'autre en s'en éloignant. Par exemple tirant la perpendiculaire H I au point B sur la superficie du milieu C D, lors que la bale A eſt venuë en B, elle ne ſuit pas la meſme ligne B E, elle ſe detourne en G ou en F. Or

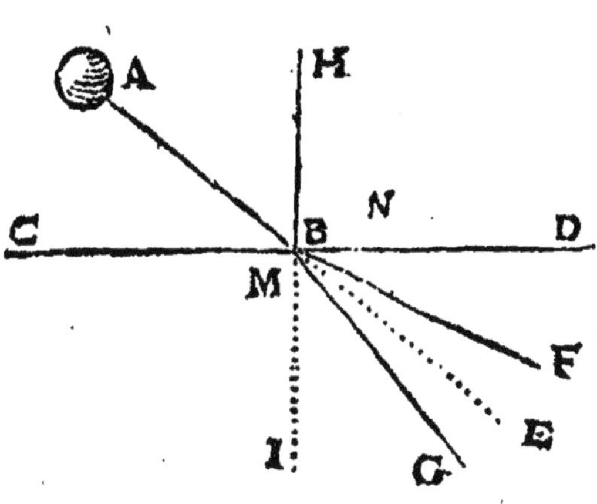

venant en G elle s'approche de la perpendiculaire H I, & venant en F elle s'en éloigne.

Il faut remarquer encore qu'un rayon paſſant de l'air dans l'eau s'approche de la perpendiculaire, & que ſortant de l'eau dans l'air, il s'en éloigne : car si l'on prend la boëte A B C D, dont le fond B C est une glace de cristal, & dont le couvercle A D est percé en E, si, dis-je, l'on l'expose aux rayons du Soleil, on

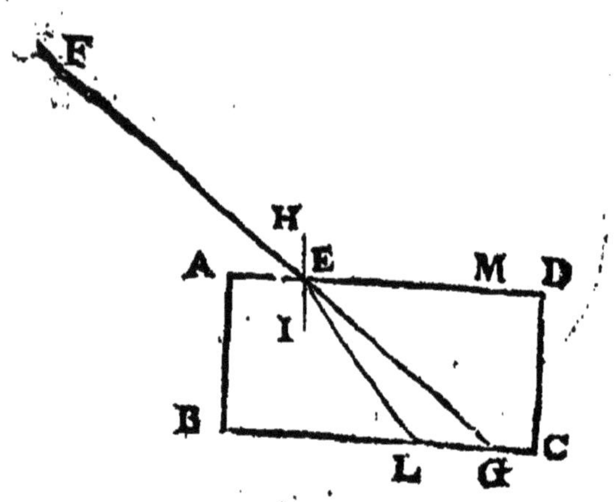

remarque que le rayon F E qui vient en G quand il n'y a que de l'air dans la Boëte, vient en L quand il y a de l'eau, & cela sans avoir changé la scituation de la Boëte : desorte que ce rayon s'approche de la perpendiculaire H I.

Au contraire si l'on prend une tasse assez creuse avec un écu d'or au fond, & qu'on recule l'œil B jusqu'à ce que le bord du vaisseau cache cet écu qui est en A, si, dis-je, l'on emplit d'eau la tasse, l'œil B commence à le voir, & cela sans

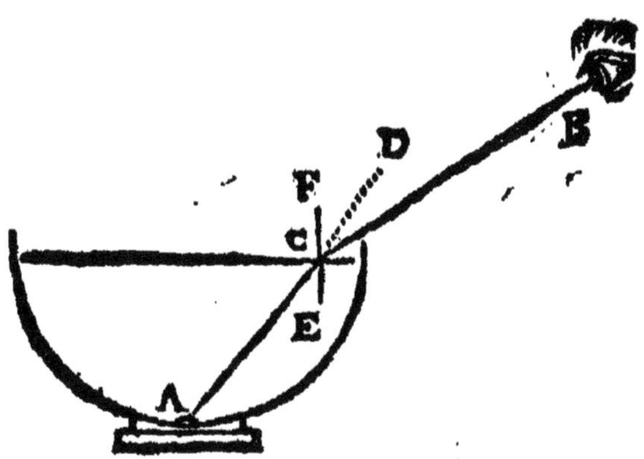

que ni l'objet ni l'œil ayent changé de place : desorte que le rayon A C au lieu d'aller en D allant en B, s'éloigne de la perpendiculaire F E.

On peut donc conclure generalement qu'un corps passant d'un milieu plus difficile dans un plus facile, s'approche de la perpendiculaire, & que passant d'un plus facile dans un plus difficile, il s'en éloigne. Et il ne faut pas s'imaginer qu'à cause que l'air donne plus aisément aux corps

corps grossiers le passage, il le doive donner de mesme aux rayons de lumiere : car les passages de la lumiere estant déja tout tracez à travers les corps transparens, la lumiere se mouvera d'autant plus facilement que les parties du corps à travers duquel elle passe, resisteront plus à leur déplacement; parce qu'en passant elle perdra moins de son mouvement. Et ainsi comme l'eau a plus de dureté que l'air, le verre que l'eau, le cristal que le verre, les rayons passent plus facilement dans l'eau que dans l'air, dans le verre que dans l'eau, & dans le cristal que dans le verre.

Je demeure bien d'accord que l'air admet en soy davantage de rayons que l'eau : car il en rejallit beaucoup plus de la superficie de l'eau, & estant encore mêlangée de plusieurs corps terrestres, la plus-part des rayons rejallissent à leur rencontre avant qu'ils l'ayent penetré fort avant. Mais cela n'empesche pas que le mesme rayon qui passe à travers de l'air & de l'eau, ne passe plus facilement par l'eau que par l'air.

Reprenant donc maintenant la bale que suppose Monsieur Descartes, & supposant avec luy qu'à la rencontre de l'eau qu'elle trouve, elle perde la moitié de son mouvement. Afin de nous montrer de combien elle se détournera, il décrit un cercle du centre B & de l'intervalle A B; il mene en suite les lignes A F, P B, E L, en sorte qu'il y ait deux fois autant de distance entre P E qu'il y en a entre A P.

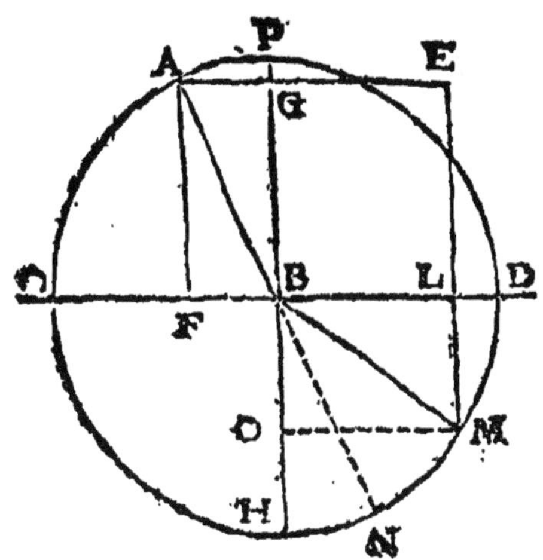

Il fait aussi considerer que la determination de cette bale estant composée des determinations de A en F & de A en P, il n'y a que celle de A en F qui soit changée : puisque l'eau s'oppose au mouvement de haut en bas, & que celle de A en P doit demeurer toujours la mesme; puisque l'eau ne luy est point opposée en ce sens-là.

Aprés quoy comme il suppose que cette bale ait perdu la moitié de son mouvement, si elle est venuë en une minute de la circonference au centre, elle en emploira maintenant deux pour retourner du centre à la circonference : mais puis qu'elle ne perd rien de sa determination de A en P, elle doit faire en deux minutes deux fois autant de chemin de ce costé-là : c'est à dire qu'au mesme temps qu'elle arrive à un point de la circonference, elle doit arriver à un point de la ligne E M, qui ne peut estre autre que le point M, où le cercle & cette ligne s'entrecoupent.

Que le rayon estant trop oblique doit rejallir.

Et il fait remarquer qu'elle est d'autant plus détournée par la surface de l'eau, qu'elle la rencontre plus obliquement. Mais si la ligne A B estoit si fort inclinée sur la surface de l'eau, que la ligne E M estant

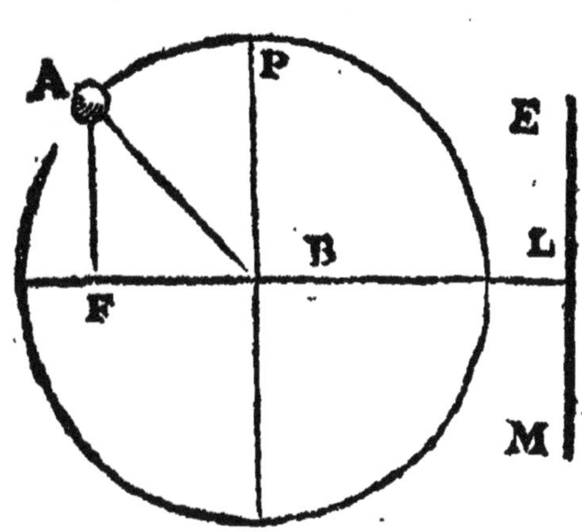

tirée comme tantost ne coupast point le cercle, bien loin que cette boule penetrast l'eau, elle rejalliroit dans la partie opposée ; C'est ce qu'on experimente en faisant ce qu'on appelle des ricochets.

Il n'est pas besoin de prouver maintenant que le milieu estant plus aisé à penetrer, la refraction se fait en s'approchant de la perpendiculaire: car il eſt facile de le conclure de ce que je viens de dire.

Je demeure bien d'accord de tout cela à l'égard de la bale : mais j'ay de la peine à faire le meſme à l'égard de la lumiere ; & quoy que ce que dit Monſieur Deſcartes, que « l'action ou l'inclination à ſe mou- « voir qui eſt tranſmiſe d'un lieu « en un autre par le moyen de plu- « ſieurs corps qui s'entretouchent « & ſe trouvent ſans interruption « en tout l'eſpace qui eſt entre deux, « ſuit exactement la meſme voye « par où elle pourroit faire mouvoir « le premier de ces corps, ſi ces au- « tres n'eſtoient point en ſon che- « min, me paroiſſe vrai quand les « corps ſont dans un liquide, il n'en eſt pas de meſme quand ils ſont dans un corps dur : car leur chemin y eſt tracé ſans qu'ils s'en puiſſent détourner, y ayant des murailles, pour ainſi dire, de part & d'autre qui les en empeſchent.

Que cette preuve ne ſe peut entendre à la refraction des rayons. Au tr. de la lum. p. 226.

Et en effet comment pouvons-nous penser que les rayons qui passent de l'air dans le verre ne puissent rien perdre de leur determination de gauche à droit ou de droit à gauche; puis qu'il y a de part & d'autre des murailles, comme je viens de dire, qui les resserrent. Il faut concevoir, ce me semble, tous les corps transparens comme percez en droite ligne, ou plûtost entre leurs parties solides imaginer une infinité de petits tuyaux remplis de ces petites boules: c'est pourquoy quand celle qui est à l'ouverture d'un de ces petits tuyaux est poussée, nous concevons qu'il n'y a que celles qui sont dans les mesmes tuyaux qui soient pressées, sans que cette action se communique à gauche ou à droit.

Il faut donc chercher une autre cause qui fasse que la lumiere passant de l'air dans l'eau, de l'eau dans le verre, du verre dans le diamant, s'approche de plus en plus de la perpendiculaire: & tout au contraire passant du diamant dans le verre, du verre dans l'eau, & de l'eau dans l'air, elle s'en éloigne. Voila ce que je m'imagine.

Mais auparavant il faut considerer que frapant un baston, ou une boule, ce qui est la mesme chose, de droit à gauche par l'extremité d'un de ces diametres, l'autre extremité de ce mesme diametre avancera de gauche à droit.

Autre preuve de la refraction des rayons.

Il faut encore considerer que la mesme boule tombant selon la ligne A C, & rencontrant par son point B le corps P, que je suppose immo-

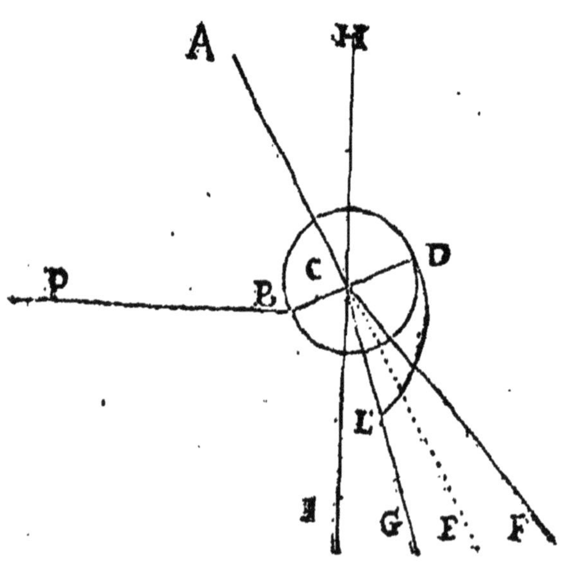

bile, cette boule, dis-je, n'avancera pas en E, elle se détournera vers F: & au contraire supposant que le corps P panche quelque peu par son extremité B, pendant que cette boule le frappe, il est visible que la boule n'ira ni vers E ni vers F, qu'elle viendra vers G.

Il n'en est pas de mesme si au lieu de faire mouvoir actuellement cette boule, nous la laissions là comme immobile, luy donnant seulement la liberté de tourner sur son centre: & qu'au dessous nous missions plusieurs autres boules disposées selon les mesmes lignes C G, C E, C F: car supposant le corps P immobile, cette bale pressera les boules qui sont dans la ligne C G: & le supposant mobile, ce seront celles qui sont en C F.

La raison de cela est que l'extremiré du corps P estant ferme, la partie A de cette boule que je suppose estre pressée par d'autres corps qui sont au dessus dans la ligne A C; cette partie A, dis-je, qui est l'extremité

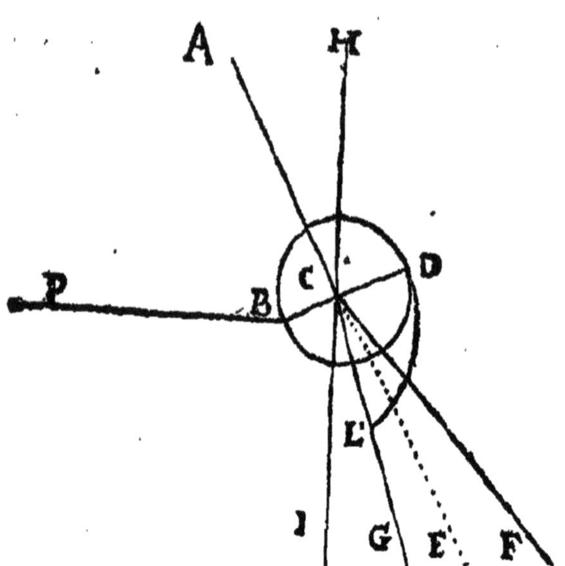

tremité du diametre dont l'autre extremité touche le point B, est contrainte de décrire l'arc D L : de sorte que toute la force de la partie D venant se terminer au bout de l'arc qu'elle décrit, ce seront les boules qui sont vers là, qui doivent estre pressées ; à sçavoir celles qui sont dans la ligne L G : & plus nous supposerons l'extremité B ferme, plûtost la partie de la boule qui la touche sera arrestée, & plus la partie D décrira un grand arc, c'est à dire que toute sa force se terminera sur des boules qui approcheront plus de la perpendiculaire.

Mais supposant l'extremité B du corps P pliable & cedant quelque peu à la pression de la partie B de la boule B D, alors la partie D de cette boule ne décrivant plus un si grand arc, à cause que la force dont la boule est pressée, se répand en toutes les parties de la boule, & que par consequent il luy en reste moins, elle pressera les boules qui seront plus éloignées de la perpendiculaire, comme celles qui sont dans la ligne C F : & cela d'autant plus que l'extremité B cedera.

Il reste neanmoins toûjours une difficulté : car on diroit d'abord que l'extremité D, de ce diametre allant presser les boules qui sont en L G, doit en passant presser celles qui sont en C F & C E ; il est vray, mais cette pression n'est pasassez considerable pour se faire sentir en F & en E : parce que cette boule ne fait que glisser par dessus, au lieu

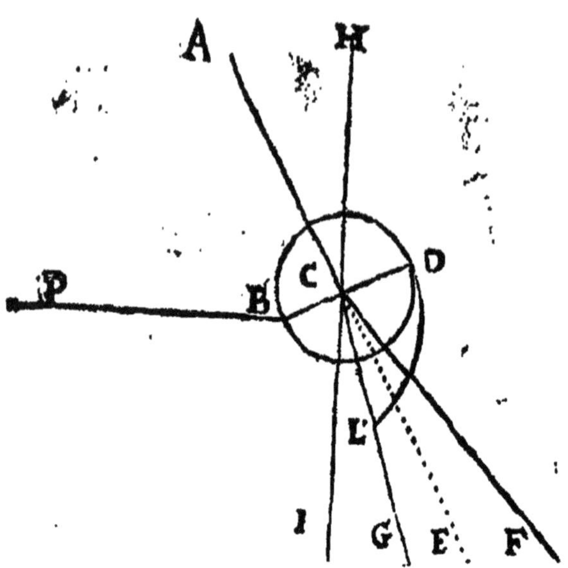

qu'elle appuye ſur L G, de toute ſa peſanteur & de toute la force des boules qu'elle a au deſſus: car il faut conſiderer que ſi cette boule n'en avoit aucune au deſſous d'elle, les boules de deſſus continuant de preſſer, ce ſeroit aprés avoir décrit l'arc D L, qu'elle s'écarteroit en ligne droite: c'eſt pourquoy tout ſon effort & de celles de deſſus eſtant dans la ligne L G, comme il y a des boules au deſſous, ce ne doivent eſtre que celles qui sont dans cette ligne L G, qui doivent estre pressées assez fort pour faire leur impression en G. Ajoutez encore si vous voulez qu'y ayant, comme nous avons dit, dans cette pression quelque sorte de mouvement local, ce n'est que dans la ligne L G que cette boule le continuë: c'est à dire en un mot, dans la ligne qui est au bout de l'arc que D décrit.

Cela s'accorde parfaitement avec ce que nous remarquons dans les rayons de lumiere : car en passant de l'air dans l'eau, de l'eau dans le verre, du verre dans le diamant où les parties sont plus fermes, ils s'approchent de plus en plus de la perpendiculaire; & passant du diamant dans le verre, du verre dans l'eau. & de l'eau dans l'air, où les parties sont moins fermes, ils s'en éloignent aussi de plus en plus.

Que les rayons qui tõbent perpendiculairement

Et il est visible que les rayons tombant perpendiculairement, ne doivent point souffrir de refraction, mais doivent entrer dans la mesme ligne : car une extremité de la bouse ne rencontrant pas la surface de l'autre milieu plûtost que l'autre extremité, toute la force de la pression se communique selon la ligne du centre.

ne souffrent point de refraction.

Et tout au contraire les rayons tombant fort obliquement doivent rejallir sans penetrer. Les boules qui les composent ne pouvant de cette maniere que rouler sur une des parties du corps sur lequel elles tombent, ce roulement ne tend en aucune façon à les faire penetrer ce corps; bien au contraire si l'on y prend garde de prez il tend à les faire aller en haut. Et il n'importe que ce soit un liquide; car les parties de la surface estant soutenuës de toutes celles qui sont au dessous, tiennent lieu d'un corps dur.

Qu'un rayon qui tombe trop obliquement, doit rejallir.

Je ne crois pas qu'il soit necessaire de pousser plus loin cette matiere: je diray seulement comment ce mesme effort des petites boules excite dans les corps terrestes la chaleur qu'on attribuë au Soleil: je considere donc que les parties tant de l'air

Que le Soleil doit exciter la chaleur dans les corps terrestres.

que des autres corps, estant de differentes figures, les petites boules ne les sçauroient toucher plus fort par un bout que par l'autre, qu'elles n'en contraignent plusieurs à tourner sur leurs centres; & c'est dans ce mouvement circulaire des parties que consiste la chaleur.

Section II.

Du mouvement de la matiere du Soleil.

Que le premier Elemēt passe d'un tourbillon dans un autre.

LA matiere qui compose le Soleil tournant autour d'un centre commun, on peut dire qu'elle ne fait pas seulement effort pour s'écarter du centre, comme fait le second Element; mais qu'elle s'en écarte en effet. Car ce qui empesche les parties du second Element de s'écarter, c'est qu'elles sont retenuës dans leur tourbillon par la circonference des autres qui l'entourent: & il en est tout le contraire du premier Element; il trouve par tout des passages entre les parties du second, & passant d'un tourbillon dans un autre, il ne perd presque rien de sa vitesse.

De sorte qu'on peut dire que le Soleil ne rayonne pas seulement dans son tourbillon, qu'il s'étend encore dans les autres, & que reciproquement les étoiles fixes, que nous devons considerer comme autant de Soleils, ont de mesme communication avec le nostre. C'est ainsi qu'il y a de la liaison entre tous les tourbillons qui composent ce vaste Univers, & par un commerce reciproque ils s'entretiennent les uns les autres.

Qu'il en entre en plus grande abondãce par les poles.

Mais il y a des endroits par où cette matiere entre en plus grande abondance que par d'autres, & cela arrive quand deux tourbillõs sont tellemẽt scituez, que l'Ecliptique de l'un correspond aux poles de l'autre : car comme la matiere qui s'échape d'un Astre ne s'échape que dans des lignes paralleles à l'Ecliptique, & qu'il n'y a aucune partie qui tende à s'échaper par les poles, la matiere, dis-je, du tourbillon qui sort par l'Ecliptique ne trouvant point d'obstacle entre les parties du ſecond Element qui ſont aux poles d'un autre, puis qu'elle n'y trouve que de la matiere du premier qui eſt toute diſpoſée à luy ceder la place, elle entre par ces endroits en plus grande abondance que par d'autres.

Pourquoy le Soleil ne diminuë point, quoy qu'il perde continuellement de sa matiere.

C'eſt pourquoy ſi le Soleil pouſſe continuellement hors de luy de la matiere, il en reçoit auſſi d'un autre coſté; & s'il en ſort beaucoup par l'Ecliptique, il en rentre autant par les poles; c'eſt ce qui eſt cauſe qu'il ne diminuë point à nos yeux : car de meſme qu'on diroit que la flamme d'une chandelle eſt toûjours la meſme, quoy qu'on ſoit aſſuré qu'elle eſt continuellement entretenuë de nouvelle nourriture; ainſi quoy que le Soleil change ſans ceſſe de matiere qui l'entretienne, on ne doit pas s'étonner s'il paroiſt toûjours le meſme à nos yeux.

Pourquoy le Soleil n'eſt pas juſtement au centre.

Or ſi la matiere qui vient d'un autre tourbillon entre plus facilement par un pole, que celle qui entre par le pole oppoſé, tout le globe de matiere qui compose le Soleil doit s'approprocher du pole par où la matiere entre plus difficilement, parce qu'il y est poussé par la matiere qui entre par l'autre pole. Et si au lieu de venir le lõg de l'axe, elle va de costé en s'en écartant quelque peu, tout le corps du Soleil s'écoulera en cet endroit, puis qu'il y trouve pour ainsi dire quelque pente : & c'est ce qui nous rend raison de toutes les inegalitez que nous avons observées dans la scituation du Soleil.

Que la matiere qui entre par les poles est cause de la rondeur du Soleil.

Mais il est bon de remarquer que la matiere qui entre par les poles du Soleil est une autre cause de sa rondeur: car je considere les deux tourbillons qui poussent de la matiere dans les deux poles du nostre, comme deux hommes qui souffleroient aux deux bouts d'un mesme tuyau de verre: dans l'endroit où leurs vents se rencontreroient il se formeroit une boule, parce que le verre estant supposé chaud, ils l'étenderoient également de tous costez.

Et c'est ce qui augmente encore

Que cela mesme augmente la lumiere.

la lumiere tant vers l'Ecliptique que vers les poles : je dis vers l'Ecliptique, puisque cette matiere ne sçauroit enfler le corps du Soleil, qu'elle ne repousse ce qui l'environne, c'est à dire les boules du second Element: & vers les poles, puisque les deux matieres qui y entrent, l'une par un costé, l'autre par l'autre, se rencontrant dans l'endroit où leurs forces sont égales, elles ne peuvent que se presser l'une l'autre en faisant retouner leur effort chacune vers l'endroit d'où elles viennent.

Qu'il y a quatre causes vers l'Ecliptique & 2. vers les poles qui produisent la lumiere.

Ainsi nous pouvons remarquer encore au sujet de la lumiere, que vers l'Ecliptique il y a quatre actions qui contribuent toutes ensemble à la produire. Premierement l'effort que font les petites boules; secondement le mouvement des parties du Soleil alentour de leurs centres, troisiémement le mouvement de toute la matiere alentour d'un centre commun, & quatriémement la matiere qui entre par les poles : mais vers les poles il n'y a que la seconde & la quatriéme cause qui agissent, c'est à dire le mouvement des parties du Soleil autour de leurs centres, & la matiere qui entre par les poles, les deux autres n'y contribuant en rien.

Que la lumiere est plus foible vers les poles.

Et par là l'on répond à ceux qui disent que suivant ce Sisteme il n'y auroit point de lumiere vers les poles, à cause que les petites boules ne tendent à s'écarter du Soleil que selon des lignes paralleles à l'Ecliptique. Tout ce qu'on en peut conclure c'est que la lumiere n'y est pas si forte que vers l'Ecliptique; & nous pouvons nous assurer de cecy par l'experience, à sçavoir lors qu'il arrive qu'une Comette passe par une si grande partie de nostre Ciel, qu'elle y est veuë premierement vers l'Ecliptique, puis vers l'un des poles: car alors on peut connoistre si la lumiere qui luy vient du Soleil est plus forte à proportion vers l'Ecliptique que vers les poles.

Que la matiere qui en-

Mais pour suivre le discours que nous avions entammé de la matiere qui entre par les poles, il y a quel-

tre par les poles a la figure de vis.

que chose à remarquer touchant la figure de ses parties : car elles doivent avoir la figure de vis à trois canneleures, c'est à dire qu'elles doivent estre tournées en coquille de limaçon. Premierement elles doivent avoir la figure d'un triangle curviligne en largeur & en profondeur : parce qu'elles passent par les petits espaces triangulaires qui sont entre trois parties du second Element ; & secondement elles doivent estre tournées à vis ; parce que passant en ligne droite le long de l'axe, pendant que les petites boules tournent autour ; comme elles deviennent assez longues, puisque de cette maniere elles passent par une espece de filiere, & que pour cela une de leurs extremitez se trouve engagée entre trois boules, & l'autre entre trois autres de dessus qui tournent moins viste, il est visible, dis-je, qu'elles doivent estre tournées à vis.

Comment ces

Ce n'est pas sans raison que je dis que les boules de dessus tournent moins viste que celles de dessous; N'avons nous pas dit en quelque endroit que les boules vers le Soleil alloient plus viste que celles qui s'en éloignent davantage? Et ainsi distinguant en plusieurs couches les petites boules qui s'étendent du centre à la circonference, il est vray de dire que celle de dessus va moins viste que celle de dessous, & que par consequent celle de dessus retenant une extremité de ces petites parties, sert comme d'étaut qui les serre par un bout, pendant que la couche de dessous qui tient l'autre extremité, les contourne.

petites boules peuvent estre contournées.

Mais comme il vient de ces parties des deux costez du Ciel, pendant que le tourbillon tourne vers le mesme endroit, il est manifeste qu'elles doivent estre tournées en differens sens.

Que les vis qui viennet des 2. poles doivent estre tournées à contre sens.

SECTION III.

Des Taches du Soleil.

De la matiere des taches. LEs petites vis dont nous venons de parler, servent de matiere aux taches qu'on remarque sur le Soleil : car lors que ces parties viennent au milieu de cet Astre, comme elles ne peuvent d'ordinaire suivre le mouvement des plus subtiles, elles sont repoussées hors du corps du Soleil : desorte que flottant sur sa superficie, il arrive quelquefois qu'à cause de leurs figures elles s'accrochent les unes aux autres & s'unissent ensemble de telle sorte qu'elles deviennent enfin des corps opaques & fort épais, qu'on appelle des taches.

Comment quelques Etoiles paroissent plus petites Et afin qu'on ne croye pas que j'assure ceci sans raison, on n'a qu'à considerer ce qui se passe dans une liqueur lors qu'elle boût sur le feu; l'on y voit la mesme chose, & tout ce qu'il y a d'impur vient en forme d'écume au dessus : mais comme cette liqueur continuant de boüillir dissipe quelquefois son écume, quelquefois aussi l'augmente davantage, Nous pouvons penser de mesme que les Astres dissipent le plus souvent ces taches : mais que quelquefois elles s'endurcissent tellement, qu'elles sont long-temps sans pouvoir estre dissipées : & c'est de là que vient comme je croy, que quelques Etoiles nous paroissent plus petites aujourd'huy, qu'elles n'ont paru autrefois, parce que souvent ces taches ne couvrent qu'une partie d'une Etoile. *qu'autrefois.*

Mais si ces taches s'amassent en quantité sur la superficie de quelque Etoile, nous pouvons prevoir, que comme les surfaces des liqueurs impures se couvrent quelquefois toutes d'écumes ; de mesme une Etoile peut se couvrir entierement de taches, que leurs figures irregulieres auront embarrassées. *Comment ces taches peuvent s'amasser.*

Je sçay que le Soleil n'a jamais esté entierement offusqué par de semblables taches : il a bien paru plus pas- *Pourquoy le Soleil a* le, parce que peut-estre elles estoient tres-minces : mais il est bien vray que quelques Etoiles en ont esté tout à fait obscurcies, & que c'est sans doute la cause pourquoy quelques-unes ont disparu, comme celle dont j'ay parlé des sept Pleïades, & de ces autres des constellations d'Andromede & de la petite Ourse.

paru plus pâle, & que quelques Etoiles ont disparu.

Tout cela s'accorde avec ce que nous remarquons, car de la nature que sont ces taches, les unes peuvent se rompre, les autres s'assembler, quelques-unes s'apaissir, quelques autres se diminuer, & toutes peuvent quelquefois se resoudre. Et c'est par là que j'expliquerois comment certaines taches paroissent toutes noires, à sçavoir quand elles sont fort épaisses : comment d'autres paroissent blanchastres & colorées sur leurs bords, à sçavoir quand elles sont fort minces, & que les rayons en passant souffrent refraction. Enfin c'est par là que j'expliquerois comment il nous peut paroistre tout d'un coup de nouvelles Etoiles,

De la cause de la diversité des taches, & cõment on peut voir de nouvelles Etoiles.

Etoiles, à sçavoir quand ces taches qui couvroient la superficie d'une Etoile, se brisent & se resoudent toutes.

Nous avons fait remarquer dans les observations que l'endroit où une tache disparoissoit, estoit quelquefois plus brillant que tout le reste du corps; & la cause de cette apparence est, ce me semble, que cette tache s'estant enfoncée dans le corps du Soleil, la matiere subtile qui vient par dessus trouvant moins de profondeur s'y meut plus viste, & pousse avec plus de force le second Element qu'elle touche. Si on a jamais pris garde au courant des rivieres, on aura vû que l'eau va bien plus viste aux endroits où il y a moins de profondeur, & que les cailloux qui sont là, luy font faire plusieurs petits bonds. Il en faut penser de mesme des taches: car estant raboteuses, elles peuvent causer les mesmes inegalitez dans le mouvement de la matiere celeste que ces cailloux causent dans les eaux.

Pourquoy l'édroit où une tache disparoist, est d'ordinaire plus brillãt.

Comment une mesme Etoile peut paroistre plusieurs fois.

Je dirois que ce seroit quelque chose de semblable qui feroit paroistre les nouvelles Etoiles & principalement celles qui se montrent plusieurs fois, plus brillantes que les autres : car il est bien difficile que ces taches se produisent & se dissipent en si peu de temps. Lors donc qu'une Etoile toute couverte de taches vient par quelque cause que ce soit à se mouvoir plus viste sur son centre, elle pousse plus fort le second Element qui la touche, & en l'écartant elle fait place à la matiere subtile qui vient l'environner : de sorte que cette matiere se mouvant sur cette écorce, comme j'ay dit qu'elle se mouvoit sur une tache, elle doit faire paroistre cet Astre beaucoup plus brillant que les autres: mais cette cause cessant la matiere subtile s'imbibe, le second Element reprend sa place, & cet Astre disparoist. Et comme cela peut recommencer plusieurs fois, un mesme Astre peut paroistre & disparoistre plusieurs fois.

Enfin ces taches ne doivent guere se faire voir que fort éloignées des poles. Comme elles se meuvent en rond elles doivent suivre les regles du mouvement, c'est à dire qu'elles doivent tendre toûjours à décrire les plus grands cercles : mais comme on remarque qu'elles coupent l'Ecliptique & s'en éloignent de part & d'autre, disons qu'estant des corps fort grossiers, quand mesme elles naîtroient vers l'Ecliptique, elles en seroient aussi-tost rejettées; parce qu'elles ne peuvent pas suivre d'abord toute la rapidité de la matiere celeste, & qu'acquerant ensuite plus de mouvement, elles y doivent revenir : mais leur estant plus aisé de passer outre l'Ecliptique que de se détourner pour se mouvoir dans ce cercle, elles continuënt de mesme dans la suite.

Pourquoy les taches ne se font voir que vers l'Ecliptique.

CHAPITRE II.

Des Cometes.

Que les Cometes ne sont point des meteores.

EN traitant icy des cometes nous faisons voir que nous ne sommes pas du sentiment d'Aristote qui les prenant pour un meteore enflammé pense qu'elles sont engendrées des exhalaisons de la terre: car les Astronomes des derniers siecles ayant reconnu par leurs observations que ces corps estoient mesme au dessus de Saturne, son opinion est insoutenable.

Que l'opiniõ d'Aristote est fausse.

Quelle sorte d'apparence que des exhalaisons pussent s'élever si haut & pussent fournir à l'entretien d'un corps qu'on a souvent vû pendant plus de six mois occuper une grande partie du ciel : sur quoy un moderne dit assez bien, que la terre toute entiere n'est pas mesme suffisante pour un déjeusner d'une flamme si devorante.

Que ce qu'ad-

C'est pourquoy quelques autres plus prévoyans ont cherché de nouveaux hostes pour subvenir aux frais communs : car je me sovviens d'avoir un jour entendu dire que tout le sisteme Elementaire fournissoit des sueurs : c'est à dire que non seulement la terre, mais encore les autres planetes donnoient à leur tour des exhalaisons. C'est toûjours une réponse, mais je ne vois pas comment elles se pourroient donner le rendez-vous : & de la maniere que nous avons dit que le monde estoit disposé, c'est une réponse sans fondement.

joute ses Sectateurs n'est pas plus vraysemblable.

Plusieurs ont encore eû divers sentimens sur ce sujet. Les uns ont crû que c'estoit un air condensé ; d'autres que c'estoit un amas de petites étoiles qui se rencontroient par hazard ; & d'autres enfin ont soutenu que c'estoit des corps, qui demeurant toûjours vagabons dans les Cieux, revenoient se montrer de temps en temps.

Divers sentimens sur les Cometes.

Il est bien facile d'inventer sur des choses où à peine nous peut-on convaincre de fausseté. Il y a si haut d'icy aux Cometes, qu'elles sont hors de la portée des sens & qu'à peine le raisonnement peut y atteindre: mais il ne faut pas pour cela inventer suivant son caprice; il faut s'accommoder aux phenomenes, & prenant pour regle de nos raisonnemens tout ce que nous aurons pû observer, les hipotheses seront du moins vraisemblables, si elles ne sont veritables.

Qu'il n'est pas possible que les Cometés soiẽt un amas d'Etoiles.

Comment pourroit-on expliquer, en supposant cet amas d'étoiles qu'on dit venir de part & d'autre, le mouvement des cometes? Comment expliquer la chevelure, la barbe ou la queuë? Est-il croyable qu'estant vis à vis du Soleil, toutes ces petites étoiles se disposent de maniere qu'elles forment une chevelure autour d'un corps lumineux; ou que le Soleil estant oriental à son égard ou occidental, elles se disposent en queuë ou en barbe. Il faut bien que ceux qui deffendent cette opinion, le disent.

Qu'il

Et pour l'autre quelle sera la cause de la condensation de cet air jusques là qu'il devienne opaque ? & quelle action le dissipera quand la comete cessera de paroistre ? C'est donner à deviner, & il est encore bien plus étrange d'apporter pour cause de son mouvement la simpathie qu'a cet air avec quelqu'Astre qui en se mouvant l'attire aprés luy.

n'est pas possible non plus que ce soit un air condensé.

On a tant parlé de toutes ces opinions, que j'apprehenderois d'ennuyer si je les repetois plus au long: mais d'un autre costé j'aurois mauvaise grace de rejetter tout sans rien établir de nouveau. Et afin de ne rien dire qui n'ait de la liaison avec ce que nous avons dit ; je reprens une de ces étoiles que j'ay tantost dit estre couverte d'une écorce : car je croy en deduire toutes les proprietez que nous avons obserué des Cometes.

Que les Cometes ne sont que des Etoiles couvertes de taches.

Et premierement comme ces taches sont des corps opaques, il s'ensuit qu'une étoile qui en est enuironnée, n'envoye plus de lumiere vers nous.

Secondement que le tourbillon de cette étoile doit entierement se détruire : la raison est que comme elle est couverte de ces taches, elle ne peut plus communiquer assez de mouvement à la matiere du tourbillon dont elle occupe le centre: c'est pourquoy ce tourbillon ne sert plus qu'à augmenter les tourbillons voisins, qui s'accroissent à mesure que celui-cy se détruit.

Troisiémement que cette étoile doit suivre le mouvement de quelqu'autre tourbillon; c'est une consequence assez aisée à tirer : car puisque le sien se détruit, un de ceux qui l'entourent, l'envelope à la fin & luy fait suivre le mesme branle que luy. Il est vray que d'abord elle est repoussée vers le centre, n'ayant point encore de mouvement : mais à force d'estre poussée elle en acquiert, & elle commence à s'éloigner du centre duquel elle s'estoit au commencement approchée : desorte que si elle n'estoit pas plus solide que les parties de ce tourbillon, elle

elle y demeureroit, & tournant autour de l'Astre qui y est, ce seroit une planete : mais supposant qu'elle ait plus de solidité, lors qu'elle a acquis assez de mouvement, elle passe outre, & va de tourbillon en tourbillon. C'est ce que nous comprendrons en considerant que les les bateaux & les autres corps assez massifs & pesans qui sont emportez par le cours d'une riviere, passent facilement à travers de l'eau de la maistresse arche si rapide qu'elle soit: au lieu que les plus legers s'en écartent, & sont rejettez par la force de cette eau vers les lieux où elle est le moins rapide.

Du chemin des Cometes.

Mais pour marquer plus particulierement la route de ces corps, considerons que selon la disposition des tourbillons, une Comete peut entrer dans un tourbillon par toutes sortes d'endroits, & qu'aussi-tost qu'elle y est entrée, elle tend d'abord vers l'Equateur, comme estant le plus grand cercle: car il n'y a point de corps qui puisse s'exempter de cette regle,

Considerons, dis-je, la Comete N dãs le tourbillon S, lequel tourne de N par A vers E, comme je la suppose plus solide que le volume des petites boules qui la contrepese, elle a assez de force pour passer dans le tourbillon F en decrivant la ligne N A E : & F tournant selon les chifres 3. K, X elle decrit la ligne 3. K. & enfin passant dans le tourbillon Y, elle decrit la ligne K 6.

Et il est à remarquer qu'elle ne peut guere decrire dans un tourbillon plus d'un tiers d'un cercle, & si elle en decrivoit la moitié, elle n'auroit plus assez de force pour sortir hors de ce tourbillon. Elle decrit un arc plus ou moins grand qu'elle s'approche plus ou moins du centre, c'est à dire qu'elle est plus ou moins solide.

Pourquoy nous ne voyons pas la Comete aussitost

Que si donc cette Etoile obscurcie passe dans le tourbillon du Soleil, où la terre est enfermée, c'est ce que nous pourrons appeller une Comete. Mais nous ne la devons pas voir d'abord qu'elle est entrée, car pous-

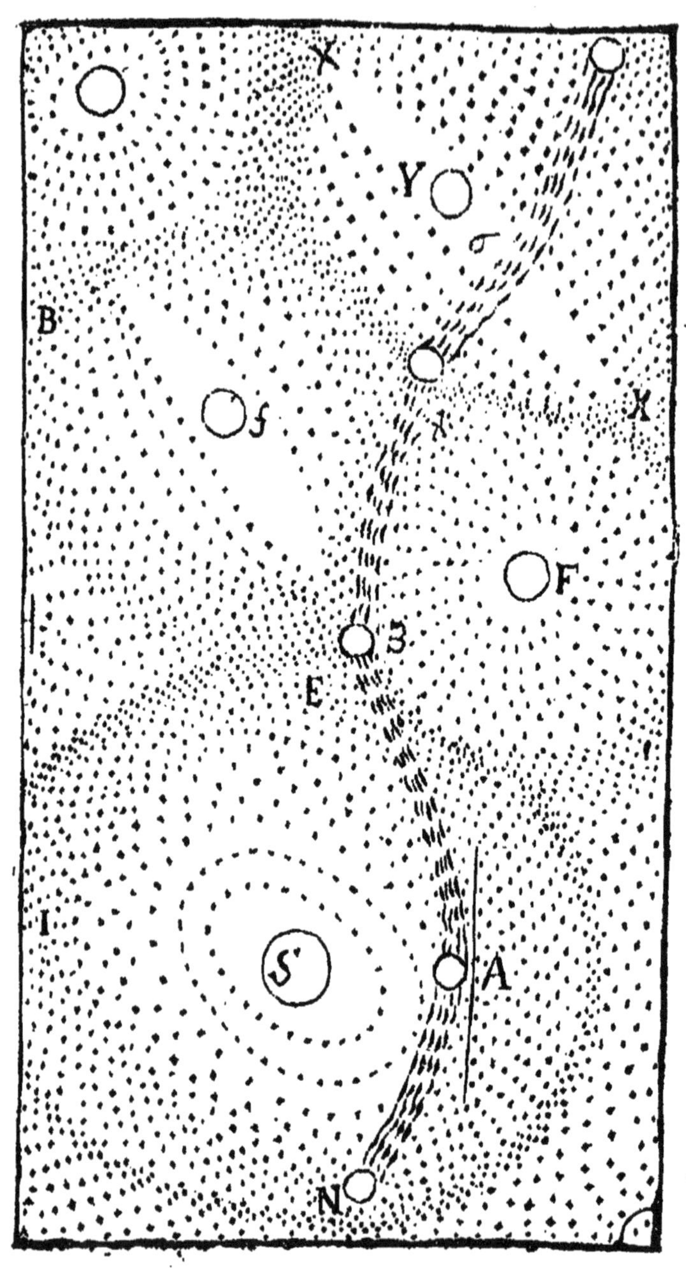

X
Y
B
f
X
F
3
E
I
S
A
N

qu'elle est dans nostre tourbillon.

sant devant elle des boules, & en trainant d'autres aprés soy, elle allonge le tourbillon d'où elle sort, & ces boules estant encore de ce tourbillon allongé, quoy que dans l'étenduë du nostre; parce qu'elles tournent encore autour de l'Astre qui est à son centre: il est visible que les boules de nostre tourbillon n'allant point encore frapper ce corps, ne nous le peuvent faire appercevoir. Nous ne commençons à l'appercevoir qu'aprés que la matiere de nostre tourbillon a coupé cette trainée, & que la prenant par derriere elle enveloppe entierement la Comete: car alors le Soleil agit sur elle de mesme qu'il agit sur une planete.

C'est pourquoy comme elle est fort avancée dans nostre tourbillon lors que nous commençons à la voir, elle nous doit paroistre & fort grande & aller fort viste; fort grande parce que la terre estant entre S & A, elle est le plus proche de nous qu'elle peut estre; aller plus viste, parce que décrivant alors la ligne A, elle

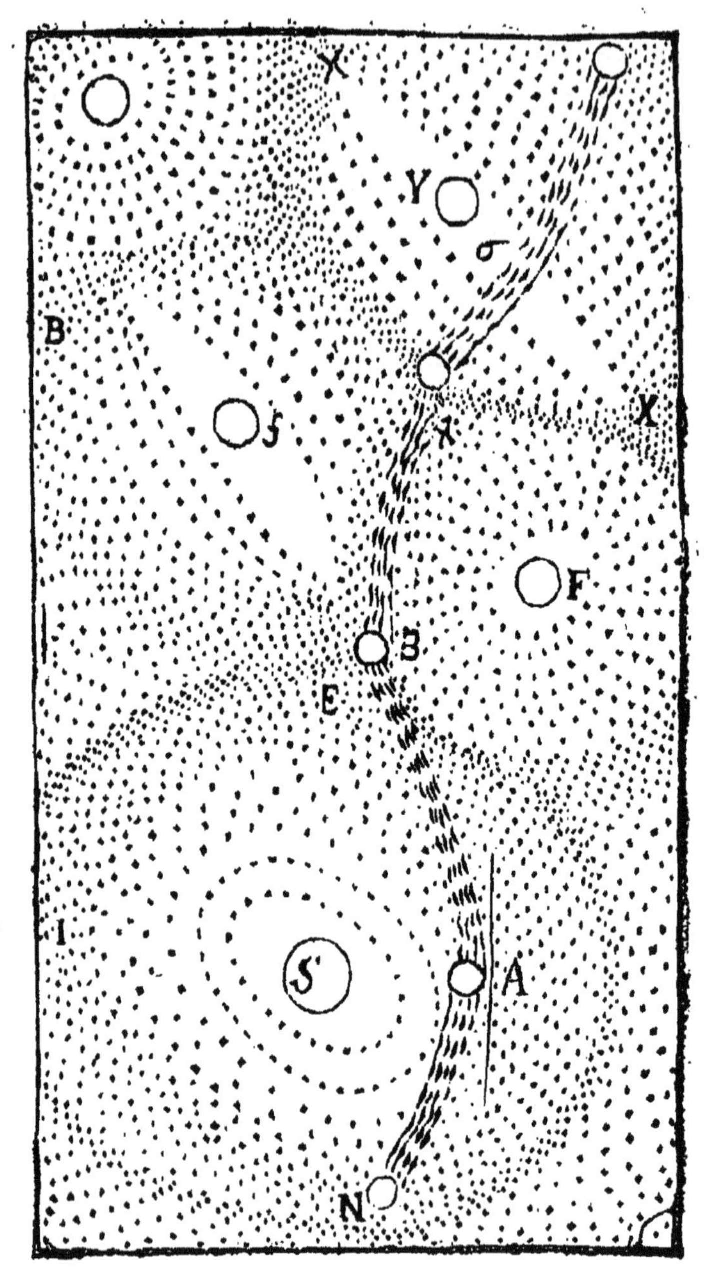
X
Y
B
X
F
E
I
S
A
N

passe par devant nous : mais sur la fin elle doit rallentir son mouvement & diminuer insensiblement à nos yeux. Ce n'est pas une chose difficile à prevoir ; comme elle s'écarte de noüs de plus en plus, la grosseur de son corps doit aussi diminuer petit à petit ; & comme elle s'approche des limites d'un autre tourbillon qui luy fait quelque resistance, & qu'allant de E en 3. elle marche pour ainsi dire devant nous, elle doit paroistre peu à peu retarder son mouvement.

De la barbe, de la queuë, & de la chevelure des Cometes.

Mais pour venir à ce qu'il y a de plus difficile, la pluspart de ceux qui tiennent que les cometes sont des corps durs & opaques, soutiennent en mesme temps que la queuë, la chevelure & la barbe se font par la reflexion des rayons du Soleil ; & il en est, disent-ils, de mesme que tenant au Soleil un miroir, si le Soleil est à l'Orient les rayons se reflechissent de dessus le miroir vers l'Occident ; & s'il est à l'Occident les mesmes rayons se reflechissent vers l'Orient : mais presentant le miroir devant le Soleil, ils se répandent tour au tour.

Et voila la barbe, la queuë, & la chevelure des cometes : car le Soleil estant à l'Orient de la comete, la lumiere qui est reflechie vers l'Occid. fait la queuë ; estant au contraire à son Occident, la lumiere qui est reflechie vers l'Orient fait sa barbe ; & enfin estant vis à vis, comme la lumiere se répand tout autour, elle fait sa chevelure.

Pour se contenter de cette explication il faut supposer que les corps des cometes soient polis comme la glace d'un miroir : c'est ce que j'ay bien de la peine à croire : estant formez, comme nous avons dit, de ces taches, qu'elle seroit la cause qui les auroit polis ? & puis de la figure qu'ils sont, s'ils estoient polis, ils ne reflechiroient pas leur lumiere bien loin : mais estant des corps raboteux, de quelque maniere que la lumiere tombe, elle rejallit de toutes parts, & se dissipant en beau-

Que cette explicatiō n'est pas vray-semblable.

coup d'endroits elle ne forme rien de visible qui puisse faire ou la queuë ou la barbe, ou la chevelure. C'est pourquoy il faut avoir recours à une sorte de refraction differente de celle que nous avons expliquée.

D'une refraction qui ne se trouve que dans les Cieux.

Nous avons dit en parlant de la fabrique du monde, que les petites boules qui composoient nos tourbillons estoient de differente grosseur, & que les plus grosses estoient les plus éloignées du centre. Comparant donc ces plus éloignées avec les plus proches, pensons que nous y trouvions la difference que nous trouvons entre celles-cy.

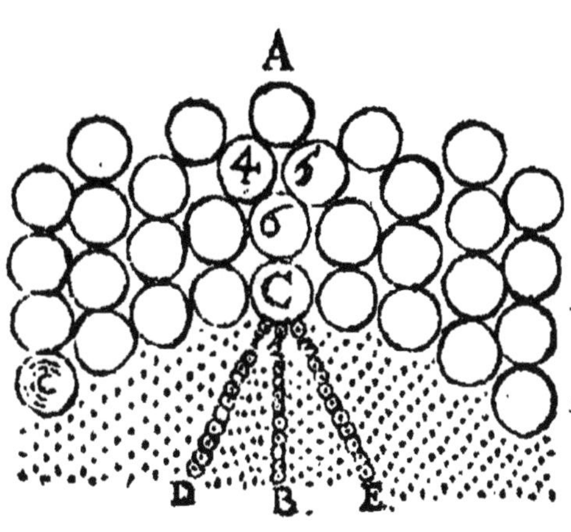

Or si nous prenons garde que ces grosses boules estant appuyées sur ces petites, on vienne à presser la boule A, nous verrons que toute l'action dont on pousse cette boule, sera receuë dans la boule C par l'entremise de celles qui sont entre deux : car les boules 4. & 5. recevant premierement toute l'action de A, ces boules, dis-je, qui s'appuyent toutes deux sur 6, luy communiquent plûtost leur mouvement, parce qu'elles agissent toutes deux ensemble sur elle, qu'elles ne la communiquent à celles qui les soutiennent de costé: parce qu'elles n'agissent sur celles-là que separément.

Et de plus nous avons déja dit que cóme A ne s'appuye que sur l'extremité des diametres des boules 4. & 5. il est visible qu'elle ne sçauroit si peu presser qu'elle ne contraigne ces boules à tourner en dedans chacune sur son centre; de sorte que toute leur force tombe sur 6 : c'est pourquoy l'on peut dire que les boules 4. & 5. communiquant cette mesme force à la boule de dessous, l'action de la boule A se transmet toute en C.

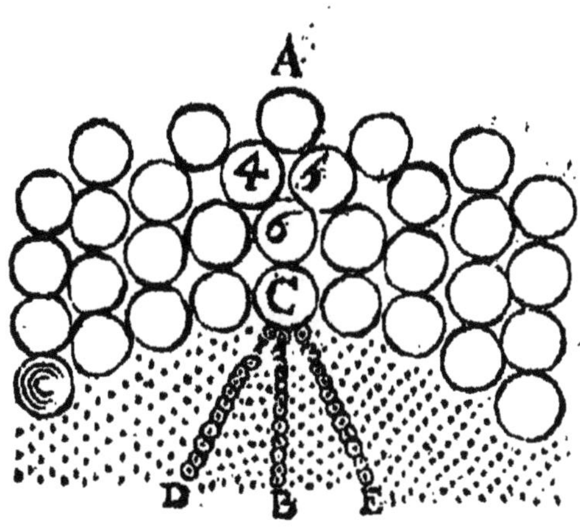

Mais il n'en est pas de mesme de G sur 3. & la raison est évidente: car C s'appuyant en mesme tẽps sur trois boules il les presse toutes aussi, & celles-là pressent celles qui sont sous elles; desorte que les boules qui sont dans le triangle C D E sont toutes pressées.

Ce n'eſt pas que la boule 2. ne ſoit plus preſſée que les boules 1. & 3. elle touche la boule C par l'extremité du diametre ſelon lequel ſe fait la preſſion : ainſi y ayant plus de force, le principal rayon eſt celuy qui paſſe en ligne droite de C juſqu'en B, & les rayons qui s'écartent de part & d'autre de celuy là ſont plus foibles.

En accommodant à la matiere du Ciel les raiſons que nous venons d'apporter, nous trouvons l'explication de la barbe, de la queuë, & de la chevelure des Cometes. Suppoſons donc le Soleil en S, la terre dans le cercle 2. 3. 4. 5. & la comete au deſſus de Saturne en C, & penſons que les plus petites boules commencent dans le cercle H G F E D : car quoy que dans la fabrique du monde nous ne l'ayons pas trouvé de la ſorte, c'eſt neanmoins la meſme choſe pour cecy ; Et pourveu que cette refraction ne ſoit pas plus grande d'une façon que d'une autre, il vaut autant ſuppoſer qu'elle ſe faſſe tout d'un coup, que de ſuppoſer qu'elle ſe faſſe petit à petit.

C'eſt pourquoy lorſque la lumiere viendra à tomber ſur le corps de la comete, &que de là elle ſe reflechiſſe vers la terre, les rayons qui tomberont perpendiculairement au point F, paſſeront en ligne droite vers 3. & les autres ſe détourneront tout autour, c'eſt à dire vers 4. & les rayons, qui tomberont au point G, paſſeront en ligne droite vers 4. & les autres ſe détourneront beaucoup plus vers 3. que de l'autre coſté, à cauſe que cet endroit approchant plus du centre, les boules y ſont plus petites; & il en ſera de meſme de ceux qui tomberont en H. Au contraire de ceux qui tomberont en E: les directs tomberont bien en 2. mais les autres ſe détourneront vers 3. & il en eſt de meſme de ceux qui tomberont en D.

De ſorte que ſi nous ſuppoſons maintenant la terre en 3. les rayons F 3. qui ſont les plus forts nous repreſenteront le corps de la comete,

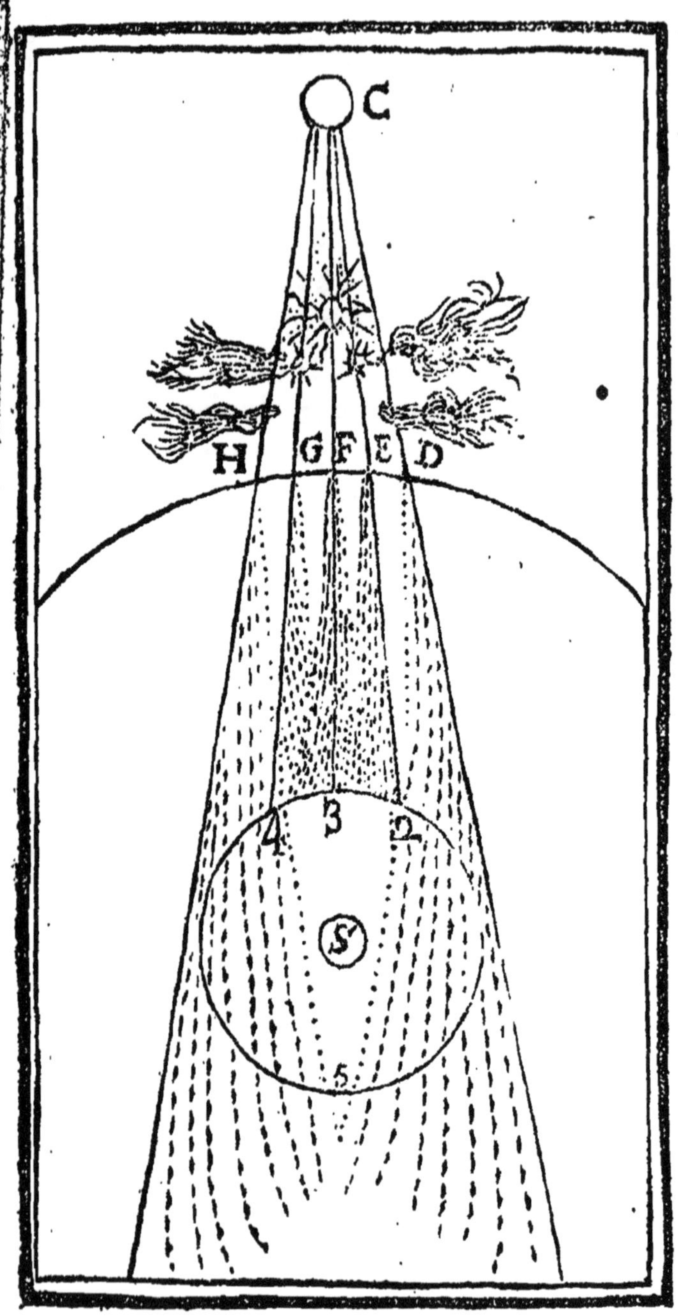
C
H
G
F
E
D
4
3
2
S
5

& comme tous les autres ſont répandus autour, nous devons auſſi voir une chevelure, & c'eſt cette ſorte de comete qu'on appelle roze; & ſi la terre eſt vers 4. les rayons directs G 4. luy en repreſenteront le corps, & tous les autres la queuë; de meſme ſi elle eſt en 2. les rayons E 2. luy en repreſenteront le corps & les autres la barbe: & toute la difference qu'il y a, c'eſt que la terre eſtant vers 2. la Comete paroiſtra le matin avec une longue trainée qui la precedera, & la terre eſtant vers 4. la Comete paroiſtra le ſoir avec cette trainée qui la ſuivra.

Mais ſi nous ſuppoſons la terre en 5. comme alors le corps du Soleil cache celuy de la planete, nous ne devons voir que cette longue trainée, & c'eſt ce qu'on appelle des chevrons de feu, dont on voit l'un le matin & l'autre le ſoir.

Qu'il ne s'en-ſuit pas Que ſi l'on m'objecte que les planetes, ſuivant ce que je viens de dire, devroient paroiſtre avec des

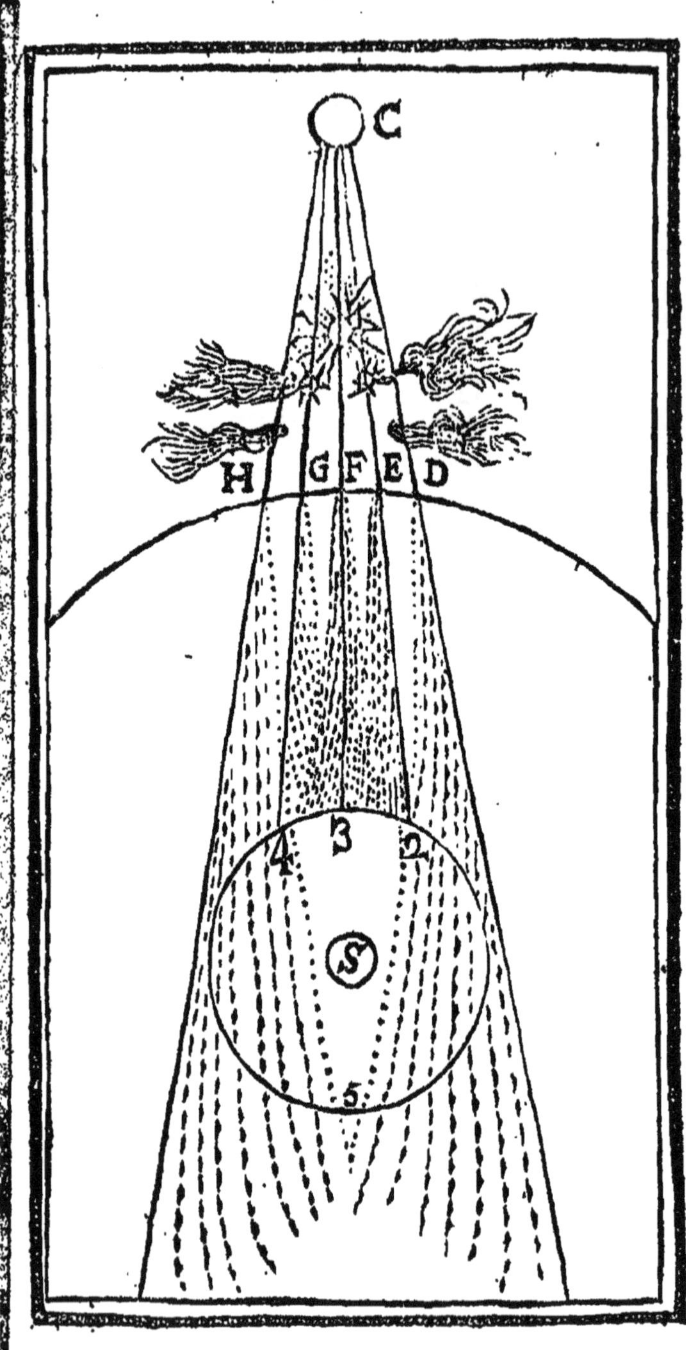
C
H
G
F
E
D
4
3
2
S
5

que les planetes deussent paroistre de mesme. queuës, des barbes ou des chevelures, je répond que bien au contraire : premierement elles ne sont pas assez éloignées de la terre pour causer une refraction sensible ; & de plus elles sont trop petites : car lors que les cometes ne sont pas en apparence plus grandes que les planetes nous paroissent, elles n'en ont aucunement, puisque la force des rayons est trop foible.

Qu'une mesme Comete peut revenir plusieurs fois dãs nostre tourbillon. Je ne serois pas de cette maniere fort éloigné de ce sentiment que les cometes sont des corps vagabonds qui aprés avoir long-temps erré dans les Cieux, viennent encore se faire voir. Il n'y a rien qui empesche que ces corps ne rentrent plusieurs fois dans nostre tourbillon, & ce hazard ne dépend que de l'endroit par où ils en sortent : car la disposition des tourbillons peut estre telle de ce costé-là qu'aprés avoir esté long-temps agitez de costé & d'autre, ils soient rejettez enfin dans le nostre. Ce n'est pas qu'il ne se fasse plus de nouvelles Cometes. Les taches qui

qui se forment de temps en temps sur le corps du Soleil, sont des marques qu'il y a toûjours dans les cieux de la corruption, & nous avons tout sujet de croire que les étoiles que nous avons perduës, ont esté converties en cometes.

CHAPITRE III.

Des Planetes.

Que les planetes sont des corps durs & opaques

DAns le Sisteme que nous avons établi, j'ay regardé les planetes comme des corps durs & solides: mais pour rechercher si cette supposition est veritable, je considere que les planetes ne luisent que par la lumiere qu'elles empruntent du Soleil, & que la reflechissant de tous costez, elles sont en cela semblables à la terre, c'est à dire qu'elles sont des corps dûrs, opaques, & raboteux.

Que la terre est une lu-

Et de plus comme la terre estant éclairée des rayons du Soleil, nous paroist en quelques endroits plus *ne à l'égard de là lune.* lumineuse que la Lune, nous nous persuadons aisément que si nous estions placez dans quelqu'Astre, & que de là nous la regardassions, elle nous pourroit servir de Lune. Et en effet la foible lumiere qui paroist sur la Lune lors qu'elle commence ou cesse d'estre nouvelle, ne luy peut estre envoyée que de la terre; parce qu'à mesure que la partie éclairée de la terre se détourne de son corps, cette lumiere se dissipe insensiblement.

Que la lune peut estre une terre habitable. Si je voulois croire Anaxagore, Democrite, Heraclide, Pitagore & plusieurs modernes entre lesquels on compte Galilée & Kepler, je dirois que la Lune est un monde, & qu'elle a des plaines, des montagnes, des mers & des forests comme celuy que nous habitons. C'est une opinion à la verité extraordinaire: mais tout ce qui a cette marque n'est pas pour cela à rejetter.

Qu'il y a des eaux. En contemplant la Lune avec de bonnes lunettes, on la voit sous une figure fort raboteuse & toute tachetée ; & d'espace en espace il y a des marques blanches ou plutost des parties plus claires que les autres. Plusieurs ont pensé là dessus plusieurs choses, mais la pluspart estiment que les parties tenebreuses sont des eaux qui estant regardées de loin paroissent toûjours sombres & obscures : & que les parties claires sont des terres, qui de plus loin qu'elles sont veuës, paroissent blanchâtres & éclatantes.

La raison de ces deux apparitions est que l'eau estant un corps transparant est moins propre à reflechir la lumiere que les parties de terre qui sont opaques. Mais comme entre ces parties il y en a de plus solides que les autres, les rayons qui tombent sur les moins solides ne doivent pas rejallir si loin. C'est pourquoy je croy que tous les corps que nous voyons de fort loin ne nous paroissent blanchâtres, que parceque nous ne recevons alors que les rayons qui tombent sur les parties plus solides.

Qu'il y a des montagnes.

Les parties tenebreuſes de la Lune demeurent toûjours tenebreuſes: mais il y en a qui s'éclairciſſent, & celles-là ſont toûjours fort proches des parties éclairées, & de là l'on juge qu'elles n'en ſont que les ombres. Mais ce qui ſemble nous convaincre c'eſt que dans les quadratures elles paroiſſent fort noires, parce qu'en ces temps-là le Soleil jette obliquement ſes rayons ſur les coſtes des montagnes qui luy ſont opoſées, & l'ombre paroiſt derriere. L'on voit meſme de ces parties lumineuſes qui paroiſſent comme detachées de la Lune, & on pourroit dire que ce ſont les ſommets des plus hautes montagnes. Enfin dans les quadratures on voit vers ſa partie meridionale une admirable varieté de taches: ce qui fait penſer qu'il y a en cet endroit quantité de vallées que le Soleil ne peut encore éclairer. Et ce qui eſt de remarquable, c'eſt que ces ombres ne paroiſſent plus dãs la pleine Lune, parce que tout eſt également éclairé: c'eſt à dire, & les montagnes & les vallées.

C'est pourquoy comme on voit à peu prés les mesmes choses dans les autres planetes, si nous en voulons bien considerer la nature, nous n'avons qu'à considerer la terre & examiner les corps qui la composent.

Que pour cõnoistre les planetes on n'aqu'à considerer la terre.

La terre, comme nous voyons, est un corps dur, solide, froid, opaque, & dont toutes les parties sont pesantes. Sa dureté neanmoins ne la met point à l'épreuve des actions de l'air & de l'eau ni aussi de la matiere subtile: car cette matiere penetrant ses pores, elle en enleve toûjours quelques parties: mais comme depuis que la terre est terre elle a fait des pertes centinuelles, elle ne devroit plus estre ce qu'elle est, s'il ne se faisoit d'ailleurs de nouvelles reparations. La terre, l'eau & l'air se font assez souvent des presens. La terre donne à l'eau des isles, & l'eau donne à la terre des lacs: & l'air qui reçoit de l'une & de l'autre des vapeurs & des exhalaisons, leur rend avec usure ce qu'il en a receu.

Que la terre change continuellement.

Que la terre est composée des parties du troisiéme Element.

Nous ne pouvons donc manquer de dire que la terre est composée des parties du troisiéme Element, & cette supposition explique toutes les proprietez que nous venons de marquer. Elle est dure & solide, parce que ses parties estant de figures fort embarassantes, & estant entrelassées les unes dans les autres, elles sont dans un repos continuel: elle est froide, parce que ses mesmes parties n'ont que peu ou point de mouvement circulaire: & elle est opaque, parce que ses pores sont obliques.

En voila plus qu'il n'en faut pour la connoissance de la terre en general & de toutes les autres planetes. Mais ce qui excite d'ordinaire nostre curiosité c'est l'arrangement des parties de la terre: car quoy qu'il soit bizarre, on ne laisse pas de regarder avec admiration toute sa diversité: là de l'eau, icy de la terre: d'un costé des montagnes, de l'autre des abîmes: enfin toutes ces grandes cavernes & ces longues communications souterraines dont plusieurs vont mesme par dessous la mer.

Section I.

De la formation des Planetes.

Comme nous nous sommes servis de nos sens avant que de nous servir de nostre raison, & que nous avons vû certains corps monter & d'autres descendre sans que nous vissions les causes qui les y poussoient, nous avons crû qu'il y avoit dans ces corps un principe pour en faire monter quelqués-uns, que nous avons appellé legereté, & un autre pour en faire descendre d'autres, que nous avons appellé pesanteur.

Erreur touchât la formation du globe terrestre

C'est sur ce principe que nous avons disposé le globe terrestre : car nous avons crû que dans chacune de ses parties il y avoit un principe de pesanteur ou de legereté, qui demandoit le lieu qu'elles occupent.

Les Philosophes à qui il appartenoit de nous detromper, loin de le

Que les Philoso-

phes nous ont encore confir mé dãs cette erreur.

faire, nous ont encore confirmé dans cette erreur: car ayant enseigné que la pesanteur n'estoit autre chose qu'une inclination particuliere, qu'avoient les corps graves, d'arriver au centre de la terre; & la legereté au contraire une inclination qu'avoient les corps legers de s'en éloigner: parce que les uns trouvoient leur bien en bas & les autres en haut, ils ont dit que le monde estoit disposé selon l'exigence du bien que chaque corps recherchoit; comme si des choses materielles estoient capables de ces sentimens.

Que nous nous efforçons à nous tromper nous-mesmes sur ce sujet.

Ce prejugé a passé neanmoins si avant, que pour le conserver nous nous efforçons, lors mesme que nous pouvons nous servir de nostre raison, d'obscurcir toutes nos autres lumieres. Nous sommes asseurez d'un costé que dans les choses creées rien ne peut se mouvoir s'il ne reçoit le mouvement d'un autre, & qu'un corps ne peut luy-mesme se determiner; & nous voulons de

l'autre

l'autre qu'une pierre tombe d'elle-mesme, que la flamme monte aussi d'elle mesme, sans reconnoistre aucune cause qui les y determine.

Tant que nous regarderons la terre toute faite, il n'y a pas lieu d'esperer de parvenir à la connoissance de ses causes : mais si suivant la methode que nous avons suivie dans la fabrique du monde, nous regardons cõment elle se seroit pû faire, si Dieu avoit voulu laisser agir la matiere dont elle est composée, selon les loix qu'il a établies dans le monde, peut-estre que nous en viendrions à bout.

Que pour cõnoistre la terre il faut regarder cõment elle se pourroit faire.

Supposons donc que la terre & les autres planetes en entrant dans le tourbillon du Soleil n'estoient que des cometes, & que leur peu de solidité les a contraint de tourner avec la matiere fluide, sans en pouvoir sortir : c'est à dire figurons nous-les comme elles sont representées dans cette figure; En I feignons un feu tel que celuy qui cõpose une étoile fixe; en M imaginons nous cette

Qu'il faut suposer qu'elle n'ait esté qu'une comete.

écorce que nous avons dit la couvrir, & tout autour croyons que ce ne soit qu'un air grossier comme en A semblable à l'air que nous respirons.

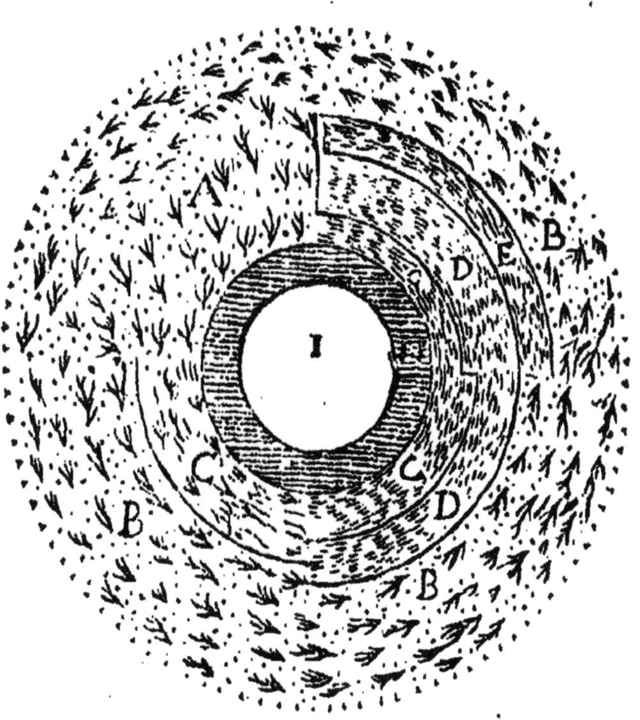

Mais feignons-nous cet air composé de trois sortes de parties, de brancheuës, de droites comme des joncs, & d'autres de toutes sortes de figures : c'eſt à dire de quarrées, de triangulaires & de pluſieurs autres façons.

Cette ſuppoſition eſt auſſi importante, que c'eſt de cet air que nous allons compoſer une terre habitable comme la noſtre. Mais quelle apparence, me dira-t-on, de ſuppoſer que dans le mouvement de la comete il ne ſe ſoit point diſſipé : car ce corps ſe mouvant à travers les Cieux d'une force & d'une viteſſe incroyable, il en eſt de meſme comme quand en courant nous portons un flambeau à la main : c'eſt à dire que la flamme ſuit en forme de queuë & ſe détache enfin ſi le mouvement eſt fort rapide. Auſſi cet air ne pouvant ſuivre la comete que dans une longue traînée, doit ſe diſſiper & ſe perdre. *Objection.*

Noſtre terre ſi lentement qu'elle roule aujourd'huy au prix de la viteſſe du cours d'une Comete, ne laiſſe pas de nous faire ſentir des marques evidentes du reculement de l'air & de l'eau : car deſſous la

Zone Torride il regne un vent d'Orient, qui ne peut avoir d'autre cause, sinon que l'air ne peut suivre toute la rapidité de la terre.

Réponse. Mais on doit considerer aussi qu'il y a bien de la difference entre la flamme & l'air que je dis estre répendu autour d'une Comete : la flamme est un corps dont les parties n'ont aucune liaison entr'elles, puis que chacune se meut separement, au lieu que cet air a des parties qui se lient facilement ensemble : d'où vient qu'il ne leur est pas si aisé de se dissiper que si elles s'embarassoient moins : car je considere cet air comme un broüillard extrememment épais.

C'est pourquoy il faut plutost faire la comparaison de la Comete avec un vaisseau que la tempeste pousse, qu'avec un flambeau que la main agite : nous voyons que si viste qu'est emporté ce vaisseau, il entraine toûjours autour de luy un peloton d'air ; autrement il n'y auroit pas de raison pourquoy une balle retomberoit au mesme endroit d'où l'on l'a jettée, si l'air dans lequel elle est, pendant qu'elle tombe, n'avançoit autant que le vaisseau : car il seroit un obstacle au mouvement que le vaisseau auroit imprimé à la bale. Nous devons dire la mesme chose de la comete; & en effet, & le vaisseau & la comete estant des corps raboteux engagent les parties de l'air, & les contraignent de suivre toute leur rapidité.

Ce n'est pas que cet air suivant la comete en forme de queuë ne puisse petit à petit se dissiper sur l'extremité : mais il en est tout le contraire quand elle est arrestée dans un tourbillon : cet air se répand également autour, parce qu'elle ne va pas plus viste que la matiere dans laquelle elle nage, & que tournant sur son centre elle oblige ses parties à ne s'éloigner d'elle l'une pas plus que l'autre.

C'est pourquoy nous pouvons feindre les planetes au commencement qu'elles sont entrées dãs nostre tourbillon, comme nous nous les repreſentons icy avec un air groſſier ; Et il eſt à remarquer que cet air s'augmente de jour en jour : car la pluſpart des parties de la matiere ſubtile & principalement les parties canelées, ſe trouvant ſouvent engagées entre pluſieurs parties de cet air, perdent leur viteſſe, & ſe touchant pluſieurs enſemble immediatement, compoſent des nouvelles parties du troiſiéme Element.

Que toutes les parties qui compoſent le globe terreſtre tendent à s'écarter.

Toute cette maſſe, ſuivant ce que avons dit auparavant, entrant dans le tourbillon du Soleil doit tourner ſur ſon centre; Ce n'eſt pas que peut-eſtre elle n'y tournaſt déja, puiſqu'elle a à ſon centre une étoile qui avoit ce mouvement, c'eſt pourquoy toutes les parties qui la compoſent tendent à s'écarter de ce centre : mais comme il n'y a point de vuide, elles ne peuvent pas s'écarter toutes enſemble, & à meſure qu'il en monte, il en doit autant deſcendre.

Que le 3. él. eſt

Il ne s'agit donc plus qu'à ſçavoir quels corps doivent monter & quels doivent descendre. Il est déja certain que ce sont ceux qui ont le plus de force qui doivent monter : mais comme il y en a de plusieurs sortes dans le globe terrestre, il est difficile de le determiner. Outre ces trois sortes de parties d'air, il y a encore le premier & le second Element meslé parmy. Or ces deux-cy ont plus de mouvement que cet air, à cause que cet air a peu de matiere sous beaucoup de superficie, & que par consequent il pert bien-tost si peu qu'il a de mouvement. Ce seront donc le premier & le second Element qui s'écarteront & qui repousseront par consequent l'air autour de la terre.

repoussé au centre par le 1. & le 2. qui s'écartent.

Je ne vois rien icy que je n'aye déja expliqué dans la fabrique du monde, & un exemple peut encore confirmer cecy. Ayant rempli d'eau un plat & y ayant jetté de la cire d'Espagne en poudre, l'on le couvre d'une glace de verre fort-transparent, afin qu'il ne sorte rien, & qu'on voye cequi s'y passe : si l'on tourne

Plusieurs corps se mouvant en rond, ceux qui ont moins de mouvement

sont repoussez au centre.

ce plat sur un pivot, comme la poudre est plus pesante elle appuye davantage sur le fond, & estant pour cela plus facilement entraînée, elle acquiert plus de mouvement en rond que l'eau, c'est pourquoy elle s'écarte du centre & se range contre les bords: mais arrestant tout d'un coup le plat, l'eau qui n'est pas si-tost arrestée que la cire d'Espagne, à cause qu'elle glisse plus facilement sur le fond du plat, repousse cette poudre au centre, & prend sa place vers les bords. Il faut comparer l'eau au premier & second Element qui environnent la terre; & la poudre à l'air grossier qui est répandu autour, & comme on voit que cette eau fit au centre un petit peloton des parties de cette cire, aussi faut-il penser que ces deux Elemens en font de mesme à l'égard des parties de cét air.

Pourquoy dans le grand

Tout ce qui peut faire quelque difficulté, c'est que dans le grand tourbillon du Soleil se sont les parties du premier Element qui sont repoussées au centre : au lieu qu'icy ce sont elles qui s'en écartent. Il semble que ce soit accommoder les choses selon le besoin qu'on en a ; car comme elle a toûjours également du mouvement, elle doit & dans l'un & dans l'autre occuper le centre. Mais auparavant que de resoudre cette difficulté, on doit considerer que j'ay dit dans la fabrique du monde, que ce qu'il y avoit du troisiéme Element estoit aussi poussé au centre, & que s'il n'y demeuroit pas, c'est qu'il y trouvoit le premier Element, qui par la grande agitation de ses parties sur leurs centres l'en rejettoit, & icy il n'y trouve pas à la verité le premier Element qui l'en rejette, mais il trouve la terre, & ne la pouvant penetrer il se répend autour d'elle.

tourbillon le 1. élement est repoussé au centre, & dans ce petit il s'en écarte.

Cela estant, pour bien connoistre la raison de deux effets si differens, il faut considerer que dans le grand tourbillon le Soleil qui est au centre contribuant au mouvement du second Element, luy donne encore de la force pour repousser le premier au centre. Mais dans le petit tourbillon la terre qui est au centre ne pouvant pas tourner fort viste à cause de sa grossiereté, est plutost capable d'arrester la vitesse du second qui est embarrassé entre les parties de l'air, lesquelles ne quittent guere l'endroit de la terre qu'elles touchent: c'est pourquoy le premier qui trouve par tout des passages continuë sans s'arrester: & faisant plusieurs revolutions, pendant que la terre à peine en fait une, la pluspart de ses parties sont contraintes de tourner dans un nombre innombrable de superficies spheriques concentriques à la terre. Ce n'est pas sans raison quand je dis dans un nombre innombrable de superficies concentriques à la terre: car de mesme qu'un fleuve roulant ses eaux les écoule de part & d'autre quand ses bords sont rompus, aussi le premier Element coulant sous l'Equateur avec toute sa rapidité, s'échappe vers les poles selon tous les

Meridiens : parce qu'il trouve de ces costez-là de la matiere en moindre mouvement, qui ne luy fait point d'obstacle.

Que dans tous les endroits de la terre les corps doivent tomber perpendiculairement.

C'est dans ce plus de mouvement que consiste la plus grande force qu'a cette matiere pour s'éloigner du centre de la terre, que n'en ont les parties des autres Elemens : & nous trouvons en mesme temps la solution d'une des plus grandes difficultez qu'on puisse faire sur cette matiere. Car l'on dit d'ordinaire que si la pesanteur ne dépandoit que du mouvement de la terre autour de son centre, tous les corps tendant à s'en écarter par des lignes paralleles à l'Equateur, s'en approcheroiét par de semblables lignes, de mesme que dans le grand tourbillon, & il n'y auroit aucune pesanteur sur les poles : au lieu que ces mesmes corps tombent en tous les endroits par des lignes perpendiculaires. Mais puisque la matiere subtile décrit une infinité de cercles concentriques à la terre, l'effort qu'elle fait pour s'écarter estant dans des lignes perpendiculaires, elle doit aussi repousser les corps qui luy sont obstacle par des lignes perpendiculaires.

La division de l'air qui est autour de la Comete en deux corps.

Tout cela supposé reprenant cét air que nous avons dit estre répandu autour de la terre, il est visible que la separation des differentes parties qui le composent ne mettra guere à se faire: car les plus grossieres estant repoussées en bas, il se fera une nouvelle couche sur le corps M, & d'autant que ces parties ont des figures fort irregulieres, elles s'accrochent & s'vnissent si étroitement, qu'interrompant le cours du second Element, luy donnent lieu de les presser encore d'avantage. D'où vient que toute cette étenduë compose presentement deux corps biens differens: sçavoir B, qui est encore liquide & transparent: & C qui est dur & opaque.

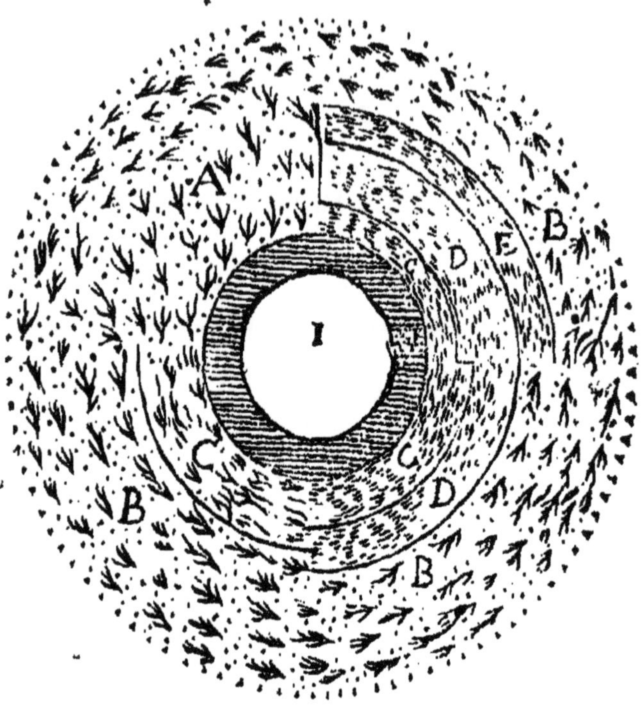

Mais le ſecond Element continuant de preſſer le corps C, le doit à la fin diviſer en deux autres; la raiſon eſt que les parties que nous avons dit eſtre comme des joncs, ne pouvant s'embarraſſer à cauſe de leur figure ſimple, ſont contraintes de ſortir d'entre les autres : il en eſt de meſme que quand nous mar-

La diviſiō du corps C en deux autres.

chons sur la terre d'un marais : le pressement des pieds contraint l'eau à sortir de ses pores, & cette eau couvre en suite sa superficie : de sorte que le corps C demeurant dur & opaque, ces parties semblables à des joncs sont tellement agitées par le second Element, que se mouvant toutes separement, à cause que leur figure simple ne leur permet pas de s'unir, composent un liquide tout semblable à l'eau de la mer.

Comment le corps D s'est pû tout à fait liquefier.

Mais ce n'est qu'aprés beaucoup de temps : car d'abord estant presque toutes roides, il a fallu que la matiere celeste les ait long temps agité pour en rendre quelques-unes flexibles, & celles-là s'estant entortillées autour de celles qui estoient encore roides, elles ont plus aisement continué de se mouvoir qu'elles n'auroient fait si elles s'étoient separées. Il faut comparer ces parties flexibles à de petites cordes, & ces parties roides à de petites baguetes. Or l'on agitera plus facilement ces cordes lors qu'elles sont tournées autour de ces baguetes, que lors qu'elles sont seules: car lors qu'elles sont seules, comme elles sont obligées à tout moment de se plier & deplier en plusieurs façons differentes, elles consument une partie de la force qu'elles ont, & il leur en reste moins par consequent pour aller en ligne droite. C'est de mesme de ces petites parties.

Et il faut bien prendre garde que quand le second Element a concontraint ces parties à se separer du corps C, ce corps C, dis-je, n'estoit pas si dur que la matiere du Ciel ne pût serrer d'avantage ses parties, ny les faire descendre plus bas. Ce n'est qu'aprés que ces joncs en ont esté tirez qu'il a commencé à se durcir, & comme ces joncs, ou plutost ces eaux couvroient toute sa superficie, leur pesanteur a encore servy à le rendre plus dur & plus compacte.

Les parties les plus grossieres, qui sont parmy le corps B, ne cessent point cependant de tomber, & les unes estant plus pesantes que les par-

Commēt au dessus du corps

Cils'est forme un autre corps

ties du liquide D, passent à travers & se joignent au corps C : & les autres estant moins pesantes (parce que ce corps C n'est d'abord qu'une liqueur fort grossiere) demeurent sur sa superficie, & composent le corps E, qui d'abord est comme une peau, telle que nous voyons qu'il s'en forme sur le lait, & les autres liqueurs qu'on fait boüillir.

Objection cõtre la formation de ce dernier corps.

On me dira qu'il est bien aisé de croire que cet air peut se distinguer en trois corps differens, l'un dur comme C, l'autre liquide comme D, & le troisiéme volatil comme B, parce que toutes ses parties se distinguent selon leur pesanteur: mais il n'est pas si aisé de concevoir comment entre D & B il peut se former un corps dur comme E, dont les parties doivent estre plus grossieres & plus pesantes que celles de l'eau: car comme c'est de cette couche qu'il se doit former une terre ferme & habitable, elle doit se disposer de maniere que les parties exterieures de nostre terre y paroissent, & ainsi comme les parties de nostre terre sont plus pesantes que celles de l'eau, on ne sçauroit s'imaginer comment cette couche a pû commencer à se former, & que les parties qui tomboient ne se soient pas toutes precipitées au fond.

Réponse à cette objectiõ. Cette difficulté ne vient que de ce qu'on regarde le corps D comme un corps tout à fait liquide & d'abord semblable à de l'eau : mais ce n'est qu'aprés plusieurs années qu'il s'est purifié, & en sortant du corps C. Ce n'est qu'un corps fort grossier & plus semblable à des parties de sel que d'eau : car estant presque toutes inflexibles & quelque peu raboteuses, elles ne se glissent qu'à peine les unes sur les autres; c'est pourquoy on peut considerer que parmy le corps B, il peut y avoir encore des parties assez plattes pour s'arrester sur ces eaux, & assez embarrassantes pour en s'entrelassant former sur leur superficie une petite pellicule. Ne voyons-nous pas mesme que toutes pesantes que soient les parties de l'or, elles ne laissent pas de surnager l'eau quand elles sont en feüille. Mais sans chercher des parties plus pesantes que l'eau pour former une premiere peau, nous n'avons qu'à prendre des parties d'huile; elles sont plus legeres que l'eau & capables par leur entrelassement de soutenir des parties plus pesantes qu'elles.

Que cette peau a servy à purifier l'eau.

Et mesme cette pellicule estant de parties huileuses servira beaucoup à purifier ces eaux: car ne permettant pas à aucune de leurs parties de s'exhaler en vapeur, comme on le peut voir en mettant sur le feu un chaudron plain d'eau & de l'huile par dessus, ces parties d'eau, dis-je, qui se seroient évaporées estant contraintes de se remesler avec les autres, les agitent davantage, & en rendant quelques-unes plus flexibles, rendent toute la masse plus liquide.

Instance.

Que le

Tout cela se pourroit faire, me dira-t-on, si ce corps liquide estoit toûjours tranquille & sa superficie presque égale. Mais si l'on considere les divers mouvemens & les grandes agitations ausquelles il doit estre sujet, il y a bien de l'apparence que cette peau ne se seroit jamais formée, ou pour le moins qu'elle ne se seroit continuée entiere assez long-temps, pour devenir un corps dur & ferme : car ce corps liquide representant nostre mer, devoit avoir tous les mouvemens ausquels elle est sujette ; il devoit avoir le flux & le reflux, le courant d'Orient en Occident, & toutes les diverses agitations des vents : & ces mouvemens rendant les eaux quelquefois plus hautes & quelquefois aussi plus basses & continuellement ondoyantes, ne manqueroient pas de rompre quasi à tout moment la continuité de la surface de ce corps & par consequent de cette peau que je suppose estre étenduë dessus. Ajoutez à cela que le courant de l'Orient à l'Occident rencontrant le flux de la mer, cette contrarieté de mouvement & ces contrecoups feroient de

flux & les vens devoiẽt empescher la formation de ce corps.

rudes vagues dans la mer, & de grandes breches dans sa petite couverture : & tout au plus il ne falloit qu'un hyver pour ruiner tout cet ouvrage, car jamais hyver ne se passe sans des orages sur la mer, & comme le Soleil devoit élever quantité de vapeurs, il s'est dû former des nües & des vents, qui venant à se décharger l'hyver sur les eaux, le commencement du corps E, qui s'estoit fait l'Esté auparavant, s'est dû tout à fait briser & défaire l'Hyver suivant.

Réponse. *Que d'abord il n'y avoit point de flux & reflux.* Il est vray que si le flux & reflux eust esté d'abord, & que les vents & les tempestes eussent regné des le commencement, cette peau ne se seroit jamais formée. Mais premierement quelle necessité de croire qu'il y eust dés lors un flux & reflux. La Lune qui cause ce mouvement peut n'estre entrée dans le tourbillon de la terre que long temps aprés qu'elle a esté toute formée.

Qu'il n'y a- Et secondement je ne vois pas quels grands vents il eust deu y avoir : car la superficie de la terre estant alors toute unie, il n'y auroit point eu de montagnes pour empescher la dilation des vapeurs, il n'y pouvoit avoir que les vents reglez & generaux ; le vent d'Orient, le vent d'Occident, celuy du Septentrion, & celuy du Midy : car le Soleil rarefiãt les vapeurs au lieu où il estoit perpendiculaire, les faisoit mouvoir autour de luy : de maniere qu'à l'égard d'une contrée c'estoit un vent d'Orient, & à l'égard d'une autre un vent d'Occident : & cela selon qu'il se trouvoit diversement scitué à leur égard : mais sous le Meridien où il estoit, comme il échauffoit davantage les eaux que dans les endroits qui estoient à son Orient & à son Occident, il ne permettoit pas aux vapeurs qu'il en élevoit, de ramper sur la terre ; il les élevoit si haut que venant à se renverser de mesme qu'un jet d'eau, elles prenoient leur cours vers l'un & l'autre pole, & en chassant l'air qu'elles y rencontroient, elles l'o-

voit que les vents generaux.

bligeoient de se mouvoir vers l'Equateur & de former un vent de Septentrion. Enfin comme les eaux estoient plus échauffées sous la Torride que dans les Temperées, les eaux de la Torride, dis-je, gardant encore pendant la nuit un reste d'agitation, élevoient doucement des vapeurs, qui en se répandant vers les poles, faisoient un vent de Midy.

Qu'il n'y pouvoit avoir qu'une sorte de tempeste.

Mais tous ces vents n'estant jamais contraires les uns aux autres en un mesme endroit, parce qu'ils n'y souffloient, comme encore aujourd'huy, qu'en differens temps, ces vents ne devoient pas estre fort grands, & ne devoient point, ce me semble exciter de tempestes: & mesme nous ne voyons point qu'aujourd'huy sur les grandes mers où ils soufflent reglement tous les jours, ils causét aucun orage. Dans la mer Pacifique on n'y éprouve qu'une sorte de tempeste que les Matelots appellent œil de bœuf. Cette tempeste est causée, comme on la remarqué, par la chute d'une nuë: car au commencement cette nuë, qui ne paroiſt pas plus grande que l'œil d'un bœuf, couvre en un moment tout le Ciel, ſans qu'on voye qu'elle ſe ſoit jointe à d'autres. Ce qui fait dire que ce n'eſtoit que ſa hauteur qui la faiſoit paroiſtre fort petite: de ſorte que venant tout d'un coup à fondre, elle excite par ſa chute dans l'air & dans les eaux une ſi grande agitation, qu'il s'en éleve une des plus horribles tempeſtes que les Vaiſſeaux ayent à craindre.

Que cette tempeſte auroit eſté un obſtacle à la formation de ce corps.

Il eſt vray que s'il s'en fuſt élevé quelqu'une du commencement que ſe formoit cette premiere peau, elle auroit eſté entierement briſée, & elle auroit dû recommencer ſur nouveaux frais; ou ſi elle eſtoit déja quelque peu épaiſſie, les pieces en ſurnageant comme des glaçons ou comme ces iſles flotantes, ſe ſeroient enfin rejointes aprés la tempeſte, & les pluyes qui auroient eſté compoſées des vapeurs qui ſe ſeroient élevées pendant l'orage, auroient encore contribué à cet effet : mais ces tempestes ne sont pas si frequentes, & les matelots font quelquefois de longs voyages sans en souffrir.

Que les autres vents ont contribué à sa formation. Tous les autres vents dont nous avons parlé, loing de nuire à la formation de cette peau, ont contribué à son entrelassement : car ratissant sur la superficie de ces huiles que j'ay dit estre répanduës sur la superficie du corps D, ils en rabaissoient les petits poils qui s'élevoient au dessus du niveau des autres ; & comme tous les jours il y avoit quatre vents qui souffloient, les parties de cette peau se croysoient en plusieurs manieres. Toutes les pellicules qu'on trouve sur tous les fruits & sur toutes les liqueurs, ne se forment pas autrement : & mesme la crouste du pain ne se polit & ne s'endurcit, que parce que l'air du four qui est échauffé, se mouvant de costé & d'autre, abat toutes les éminences & entrelasse les autres parties.

Cette

Cette peau que nous voyons vers E n'a donc guere mis à s'épaissir: car il ne cessoit point de tomber des parties du corps B, & de plus la liqueur D se purifiant, l'écume qu'elle rejettoit, s'estant jointe à cette nouvelle couche, en a augmenté l'épaisseur.

Comment cette peau s'est épaissie.

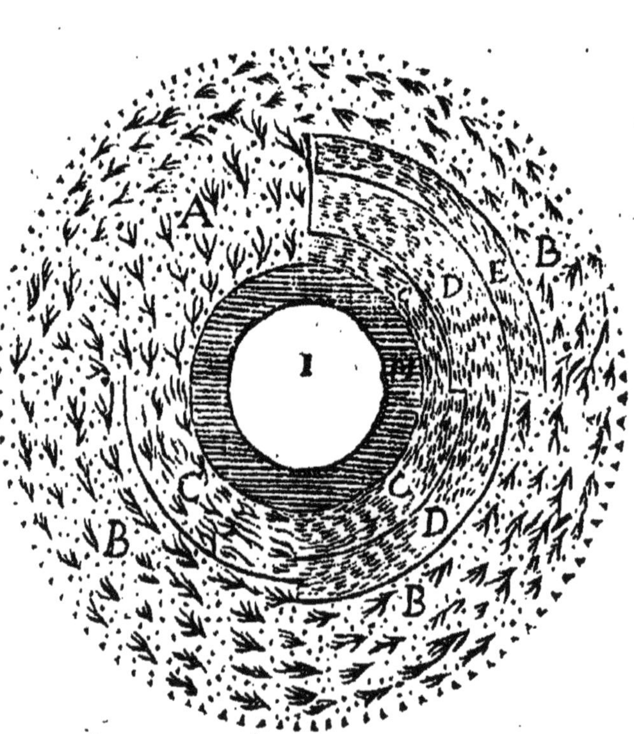

Comment la quantité des eaux s'est diminuée, & que de l'air est venu occuper la place

Mais lorsque le Soleil a échauffé le liquide D, comme il estoit renfermé entre les corps C & E, l'agitation extraordinaire que ses parties recevoient de la chaleur du Soleil, en ayant rendu plusieurs assez pliables, les a rendu en mesme temps plus capables de s'élever en vapeurs : & le lieu qui les renfermoit ne les ayant pû contenir, elles se sont évaporées à travers des pores de E : & quand elles sont venuës à retomber, plusieurs n'ont pû s'y rejoindre, tant à cause qu'elles tomboient de travers sur le corps E, qu'à cause qu'elles s'embarassoient entre ses parties.

Ainsi le Soleil échauffant tantost un endroit & tantost un autre, & estant sorti en vapeurs un tres grand nombre de parties, il a fallu que de l'air ou quelque autre matiere soit venuë occuper la place de celles qui sortoient; d'où vient que le corps D, ou plûtost l'espace entre C & E s'est divisé en deux, en D & en F, comme on voit icy.

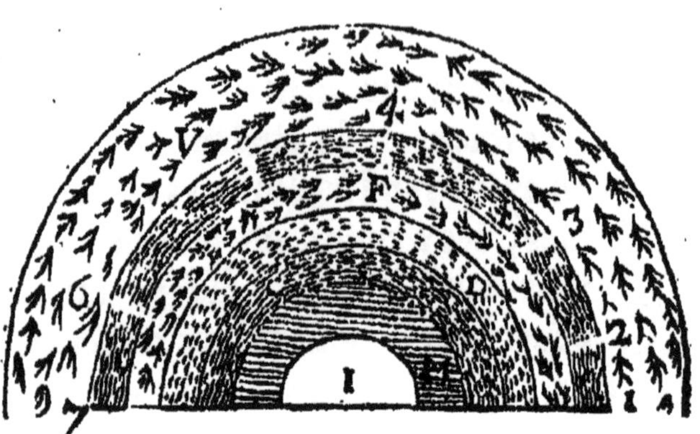

D'un autre costé le corps E s'augmentoit de plus en plus des parties d'air qui tomboient incessamment. Et ce qu'il y a à remarquer c'est que celles qui tomboient pendant la nuit & celles qui tomboient pendant le jour, aussi-bien que celles qui tomboient pendant l'Hyver ou pendant l'Esté, se sont arrangées diversement : & c'est ce qui a fait la diversité des terroirs, & les differentes couches qu'on remarque en creusant la terre. Ce n'est pas que la chute ait seule causé toute la diversité

D'où vient la diversité des couches qu'on remarque dãs la terre.

des terres ; je croirois bien que d'abord elles estoient presque toutes semblables, & que ce n'a esté qu'aprés un long temps qu'elles sont devenuës comme nous les voyons aujourd'huy : mais l'arrangement different qu'elles prenoient en tombant dans divers temps, donnoit lieu à la matiere celeste de rouler differemment entr'elles, & d'en composer differentes choses.

Comment la couche E s'est rompuë.

Mais ce dernier corps n'a pû demeurer long-temps suspendu : car les corps D & F ayant esté échauffez extraordinairement, soit par le Soleil ou par le feu central, & s'estant bouchez les passages en sorte que tres-peu de leurs parties pouvoiét s'exhaler, le corps E a esté obligé de se rompre en plusieurs pieces, puis qu'il ne pouvoit plus contenir ces corps rarefiez, & en se rompant il leur a donné lieu de s'étendre : mais ce grand mouvement estant en quelque façon diminué, toutes les pieces ont dû retomber sur le corps C.

Je considere cet effet comme celuy d'une mine ; la poûdre estant en feu ne pouvant plus se contenir dans les bornes étroites où elle est enfermée, soûleve le terrain qui la reserre, & sa propre pesanteur le fait retomber en suite.

Or comme le corps C est plus petit qu'il ne faut pour recevoir toutes les pieces de E couchées immediatement sur luy, plusieurs en tombant se sont appuyées les unes sur les autres.

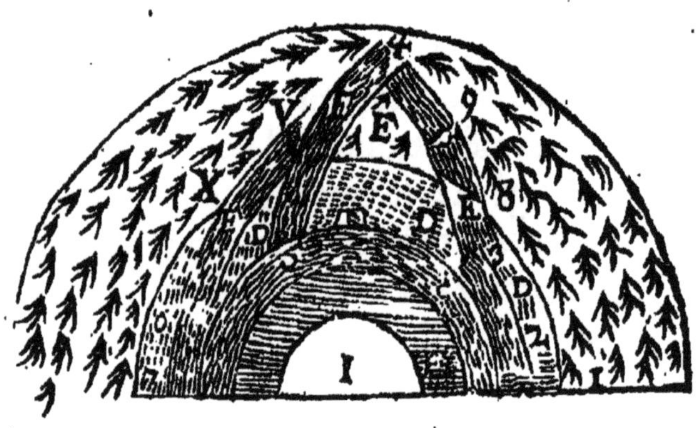

Comment se sont formées les montagnes, les vallées, & les plaines.

Et c'est de cette maniere que se sont formées les montagnes, les vallées, les mers, les abîmes & les cavernes. Car si nous pensons que les corps B & F ne sont autre chose que de l'air, & D de l'eau; que E est une croûte de terre & C une autre, nous verrons que quelques-unes de ces pieces estant tombées comme à

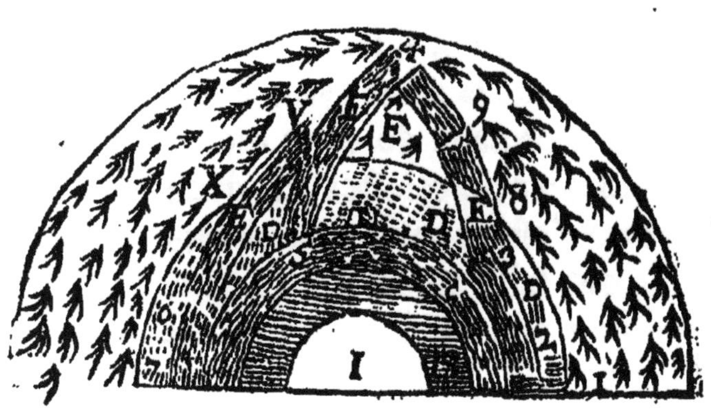

plat autant que leur figure courbe leur a pû permettre, ont fait les mers ayant contraint l'eau à monter par dessus; que les autres pieces qui ne sont point couvertes d'eau ont formé les Ploines ; & les extremitez de ces pieces qui se sont oppuyées l'une contre l'autre, ont fait les montagnes ; enfin comme quelques-unes de ces pieces n'appuyent pas immediatement dessus le corps C, quoy qu'elles ne s'élevent pas aussi de beaucoup par dessus les autres, elles ont fait les cavernes & les communications souterraines.

Il y a quelque chose de particulier pour Saturne à cause de l'anneau qui l'environne ; & il seroit à croire que l'effort de la mine ayant enlevé deux morceaux de cette croûte semblables à deux calottes, ces deux morceaux s'estant ensuite reünis ensemble ont laissé au dessus une bande qui ne s'estant point rompuë, est demeurée suspenduë autour de cette planete. Car je considere que cette bande estant en forme d'Equateur, comme c'est cette partie qui est plus exposée au Soleil, les eaux qui estoient dessous, estoient plus échauffées que celles qui estoient vers les poles : c'est pourquoy tou-

Comment l'aneau de Saturne s'est pû former.

tes les vapeurs qui s'élevoient prenant leur cours vers les poles, à cause que les eaux y estoient plus condensées, & qu'il y avoit par consequent plus de place, il en est venu une si grande quantité, qu'aucune partie n'ayant pû passer à travers les pores de E que le froid avoit trop condensé en ces endroits, elle a enlevé par pieces ces endroits seuls.

Cette maniere d'expliquer la formation des planetes est aussi curieuse qu'elle est simple : & quoy qu'on dise qu'elle n'est pas possible, à cause qu'elle suppose un feu au centre de tous ces corps, je ne vois pas neanmoins qu'il la faille pour cela rejetter.

Qu'il est difficile de croire qu'il y a un feu au centre des planetes

On objecte deux choses, la premiere que ce feu n'ayant point de nourriture pour s'entretenir, depuis si long temps qu'il dure il devroit estre déja éteint : & la seconde que n'ayant pas de respiration, il ne pourroit pas long-temps subsister.

Je me suis déja fait dans un autre discours ces objections, & je ne feray que repeter ce que j'y ay répondu.

Premierement si nos feux ont besoin de nouvelle matiere, ce n'est pas pour se conserver, c'est pour faire renaistre de ce nouvel aliment un nouveau feu. La flamme ne tend pas plus que les autres corps à sa déstruction: mais comme les parties qui la composent sont tres-fluides & tres-mobiles, elles se meslent incessamment avec l'air qui les environne, & l'air faisant cesser la grande agitation qu'elles ont autour de leurs centres, fait qu'elles cessent d'estre feu. Or nous ne voyons point que cela puisse arriver au feu central où l'air grossier ne peut pas entrer: & ainsi ce feu n'a pas besoin pour s'entretenir, de nouueaux alimens.

Pourquoy nos feux ont besoin de nourriture.

Mais supposé qu'il en eust besoin, de quelle preuve se servira-t-on pour montrer que parmy le feu central il ne se mesle aucune nouvelle matiere. Il est bien difficile qu'il n'entre continuellement par les poles de toutes les planetes une matie-

Que le feu central n'a pas besoin.

re qui vient de quelqu'autre Astre laquelle peut luy servir de nourriture : & quand cela ne seroit pas, ce que ce feu a déja consumé & comme reduit en cendres est plus que suffisant pour l'entretenir. Le feu est un Element bien different des autres Elemens : il n'y a rien qui resiste à sa violence, & la chose la moins inflammable sert enfin de matiere à son activité. Les pierres, les cendres, le sable, les cailloux que les Anciens avoient crû incapables de son mouvement, parce qu'ils n'en avoient fait l'experience qu'à des feux mediocres, ne resistent point aux ardeurs d'une fournaise : & ainsi si ce feu central vient à s'allumer davantage en quelqu'endroit où il trouve, pour ainsi dire, beaucoup de cendres qui se seront amassées vers sa voute, il les agitera tout de nouveau, & leur faisant suivre son mouvement il leur donnera pour une seconde fois la nature de feu : & ce changement continuel est plus que suffisant pour entretenir toûjours le feu central dans une égale quantité.

Secondement ce n'est que par accident que le feu a besoin de respiration : les parties de la matiere grossiere qui sert à le nourrir n'ayant pas assez de force pour s'écarter l'une l'autre, & s'empeschant ainsi de tourner chacune autour de son centre, sont contraintes de tomber les unes sur les autres : d'où vient que pour avoir la force de s'écarter elles ont besoin d'estre meslées avec les parties de l'air : mais lorsque les parties de la matiere qui entretient la flamme sont fort tenuës & plus subtiles que l'air, bien loin que l'air serve à l'entretenir, qu'il l'étouffe & la dissipe : or nostre feu central est d'une matiere fort tenuë.

Pourquoy nos feux ont besoin de respiration, & que le feu central n'é a pas besoin.

Si aprés cela on ne veut pas admettre le feu central, & qu'on pretende chicanner sur la maniere d'expliquer la formation des planetes, je m'en suis imaginé une autre beaucoup plus courte, qu'on pourra entendre sans peine.

Nouvelle maniere d'expliquer la formation des planetes.

Imaginons-nous donc dans l'étenduë d'un tourbillon, lorsque le monde ne commençoit encore qu'à se former, beaucoup de matiere du troisiéme Element, & plus pour ainsi dire que de la matiere du premier; le troisiéme & le reste du premier par dessus ce qui sert à remplir les pores ont esté repoussez au centre comme nous avons dit: mais le troisiéme estant en tres-grande quantité a dû suffoquer le premier qui n'estoit pas assez fort pour le repousser: car nous avons vû dans la fabrique du monde que si le troisiéme estoit répandu autour du Soleil, c'estoit à cause que la matiere qui compose cet Astre auoit assez de force par sa grande agitation pour l'empescher de descendre & de s'approcher davantage du centre qu'elle occupoit: & nous nous sommes servis de l'exemple du vin qui en boüillant dans la cuve tient toûjours son mart élevé: mais de mesme que le vin estant en petite quantité laisse abaisser son mart s'il est trop grand, aussi la matiere ſubtile n'eſtant pas en aſſez grãde abondance laiſſera deſcendre le troiſiéme Element : ainſi le troiſiéme imbibant dans ſes pores tout ce qu'il y a du premier au centre, s'entaſſera peſle-meſle & fera de toutes ſes parties une maſſe groſſiere.

Deſorte que comme les parties du troiſiéme Element ſont aſſez maſſives & de figures fort irregulieres, les unes s'eſtant accrochées enſemble, & les autres s'appuyant ſeulement l'une ſur l'autre, elles ont dû compoſer un corps dur, ſolide, froid, enfin un corps tout ſemblable à la terre : c'eſt à dire plat en un endroit, élevé en un autre ; creuſé là & rempli icy : & par tout des inégalitez conſiderables.

Que les planetes ſe ſoient faites de cette maniere ou de l'autre, en les conſiderant toutes faites, nous voyons que les parties qui les compoſent, les unes ſont plus peſantes que les autres ; c'eſt ce que nous obſervons ſur la terre, & nous devons juger des autres par reſſemblance.

Section II.

De la pesanteur relative des corps terrestres.

Que chaque corps s'est contrepesé par un pareil volume du liquide où il est.

POur determiner en particulier, l'ayant fait auparauant dans le general, la pesanteur de chaque corps, il faut considerer qu'un corps est contrepesé par un volume du liquide où il est aussi gros que luy : de sorte qu'il est porté dans ce liquide comme s'il estoit dans un bassin de balance dont l'autre bassin fust chargé d'un volume de ce liquide égal au sien. Car comme tout est plein, aucun corps ne sçauroit monter ou descendre qu'il ne fasse monter ou descendre aussi gros que celuy de matiere : de sorte que la pesanteur ou la legereté d'un corps n'est que le plus ou le moins de force qu'a ce corps par dessus le volume qui le contrepeze.

Pourquoy les parties d'une liqueur

Cela nous fera entendre pourquoy les parties d'un liquide semblent n'avoir aucune pesanteur; comme elles sont toutes semblables elles font un pareil effort en haut, & l'une ne peut contraindre l'autre de s'approcher du centre, à moins qu'elle ne soit aidée par quelque cause étrangere qui luy donne une nouvelle force.

semblẽt n'avoir aucune pesanteur.

Et c'est la mesme cause qui fait que les liqueurs ont leurs surfaces égales, & que n'estant point agitées par les vents, une partie ne s'éleve pas au dessus de l'autre. Mais au lieu de considerer une partie separément comme nous venons de faire, nous n'avons qu'à en considerer plusieurs ensẽble les unes au dessus des autres, c'est à dire nous n'avons qu'à diviser par la pensée ces liqueurs en plusieurs colomnes perpendiculaires au fond du vaisseau qui les contient. Or comme une colomne ne sçauroit monter qu'une autre ne descende, & qu'estant homogenes elles ont de semblables forces, elles gardent l'équilibre : desorte que si l'on supposoit que l'eau fust en quelque endroit plus élevée qu'en un autre, comme aux endroits bas les colomnes seroiẽt plus courtes & par con-

Pourquoy les surface des liqueurs est toûjours de mesme niveau.

sequét plus legeres, elles auroiét plus de force pour monter, mais ne le pouvant faire qu'en faisant descendre les plus longues, elles les contraindroiét de se courber vers le fond, jusqu'à ce qu'elles fussent toutes de niveau.

Car il faut se ressouvenir qu'ayant fait mouvoir la terre autour de son centre, tous les corps qui l'entourent tendent à s'en écarter : & tout estant plein pendant que l'un monte il faut que l'autre descende. Ainsi la pesanteur est, pour ainsi dire, une moindre legereté : & les corps qui sont plus legers contraignent ceux qui le sont moins.

Que 2. corps de pareil volume ne doivent pas également peser.

Et on ne doit pas pour cela conclure que deux corps de pareil volume devroient peser également ; la legereté ne se prend point du volume, elle se prend de la quantité de la matiere fluide que contient ce volume : c'est à dire que tous les corps ayant plus ou moins de pores qui sont remplis d'air ou d'autre matiere plus subtile, ceux-là doivent estre estimez plus legers qui ont plus de de cette matiere. Ainsi un pied cubique de bois de sapin est plus leger qu'un pied cubique de bois de chesne ; aussi voit-on qu'il a plus de pores, & que ses parties estant moins serrées & moins continuës, elles contiennent plus de matiere fluide.

Mais la raison qui me fait dire que la legereté d'un corps se prend de la quantité de la matiere fluide qu'il contient, c'est que ce corps ayant de cette matiere entre ses parties a aussi plus de force pour s'écarter du céntre, puis qu'il a la force de la matiere fluide qu'il contient : & cette force le mettant en état de resister davantage au volume d'air qui le pousse vers le centre, on le doit sentir moins pesant.

Qu'un corps dont les parties acquierent du mouvement, dimi-

Et mesme les parties d'un corps terrestre venant à avoir du mouvement diminuënt beaucoup de leur pesanteur, & celles qui le perdent augmentent leur poids. Un corps mort, par exemple, pese plus que vivant, parce que le peu de mouvement qu'avoient ses parties le fai-

nuë de sa pesanteur. soit resister au volume d'air qui le contrepese. Un homme fatigué pese plus que frais, parce que les esprits qu'il a perdus dans le chemin ne le soustiennent plus. Enfin comme les viandes & le vin excitent les esprits & en font de nouveaux, c'est là raison pourquoy nous pesons moins quand nous auons mediocrement mangé, que quand nous sommes tout à fait debiles.

Avec tout cela nous avons encore bien de la peine à ne pas croire que la pesanteur soit quelque chose de reel dans les corps. C'est une opinion qui a de trop fortes racines, & qui estant presque aussi vieille que nous semble n'avoir esté mise en nous que par la nature : mais si nous ne voulons point nous aveugler nous-mesmes, considerons que s'il estoit vray que la pesanteur fust quelqu'autre chose dans les corps que le manque de mouvement ; si on prenoit, par exemple, vingt livres d'eau & quatre livres de sel, aprés que le sel seroit dissout, le tout devroit peser vingt-quatre livres : il s'en faut cependant à dire; Et si l'on prend encore une quantité de livres de poissons, & que les faisant nager dans l'eau, on pese le tout, on trouve encore la pesanteur diminuée. Que dire de cette perte de pesanteur ? Tout ce que nous voyons de nouveau c'est que les poissons & les parties de sel qui estoient en repos, sont presentement en mouvement.

La balance dont nous nous sommes servis pour exemple, nous fait comprendre cent choses qu'on a encore bien de la peine à expliquer. Cet exemple, dis-je, nous montre d'où vient la difficulté que nous avons à élever de terre un corps terrestre. Il faut donc prendre garde qu'en élevant ce corps, comme on doit faire descendre un pareil volume du liquide où il est : si le volume de ce liquide avoit, par exemple, vingt livres de force pour s'écarter du centre, il en faudroit une semblable pour l'en faire approcher.

D'où vient la difficulté que nous avons à élever de terre un corps

& pour élever de terre ce corps, en deduisant neanmoins la force qui peut estre en luy.

D'où vient celle que nous avons à enfoncer un balon dans l'eau.

Et c'est la mesme chose pour enfoncer un balon dans l'eau. Il faut en l'enfonçant faire monter aussi gros d'eau qu'est ce balon ; & aussi gros d'eau pesant peut-estre soixante livres, comme nous n'avons pas la pluspart cette force, nous ne pouvons pas aussi l'enfoncer.

Comment nos antipodes peuvent se tenir.

La peine que nous avons à élever de terre un corps, nous fait en mesme temps comprendre comment les hommes qui sont à nos antipodes ne tombent point vers le Ciel; comme ils sont dans l'air aussi bien que nous, ils sont repoussez vers la terre de toute la force qu'a un volume d'air pareil à leur corps pour s'en éloigner : & si l'on conçoit que c'est là la force qui unit ensemble toutes les parties de la terre, on concevra bien que cette mesme force pourra y retenir les hommes. Ce n'est pas, pour dire la verité, que ce ne soit une chose difficile à imaginer, &

ceux qui ſont deſſous nous ont la meſme difficulté pour nous ; s'ils ſont nos antipodes, nous le ſommes auſſi à leur égard. Comment, dis-je, imaginer que deux hommes ayent les pieds contre les pieds, ſans qu'il n'y en ait un qui tombe, & chacun de nous ſe ſentant ferme ſur la terre, chacun s'imagine auſſi que c'eſt ceux qui ſont ſous ſes pieds qui doivent eſtre precipitez. Cette imagination eſt ſi forte qu'on a autrefois condamné la croyance des antipodes comme erronée : & ſaint Auguſtin quoy que tres-éclairé dans les autres ſciences ne les a pû comprendre. Mais la certitude où nous ſommes aujourd'huy qu'il y en a, & les frequentes navigations qui ſe font tous les jours en ces païs, ſont de forts argumens de la foibleſſe de noſtre imagination.

Pourquoy les corps peſent moins dans

Ce que je viens de dire de la peine que nous avons à élever de terre un corps, & de la difficulté que nous ſentons à enfoncer un balon dans l'eau, peut ſe confirmer de ce

l'eau que dãs l'air. que ſelon les differens milieux les corps ſe font ſentir plus ou moins peſans. Une pierre, par exemple, qui dans l'air peſe cent livres, n'en peſera dans l'eau que quatre; & l'on a fait une experience dun jeune homme qui dans l'air peſoit cent trente-huit livres, & dans l'eau ne peſoit que huit onces. C'eſt de meſme que ſi nous mettons dans un baſſin de balance un corps peſant cent livres, & dans l'autre un pied cubique de liege peſant environ quatre livres; il nous faudra encore pour le balancer quatre-vingt ſeize livres: au lieu que ſi nous y mettons un pied d'un autre corps peſant quatre-vingt 16. livres, il ne faudra plus employer que la force de quatre livres. Auſſi le volume d'eau pareil à cette pierre ou à cet homme, eſtant plus lourd qu'un volume d'air de ſemblable groſſeur, il y a plus de poids qui agit avec nous lorſque nous les peſons dans l'eau, que lorſque nous les peſons dans l'air. Et le volume d'eau pareil à la pierre peſant 96.

livres & celuy pareil à cet Homme cent sept livres & demie, il ne nous faut plus que quatre livres pour peser cette pierre, & huit onces pour peser cet homme.

Et c'est de là que vient que nous n'avons point de peine à hausser le seau d'un puis tant qu'il est dans l'eau, & qu'on ne sent son poids que quand il commence à en sortir. Lors qu'il est dans l'eau, comme il est contrebalancé par un volume d'eau qui pese autant que luy, il ne nous faut que tres-peu de force pour le soulever, puis qu'il n'en faut que pour le determiner : mais lors qu'il est dans l'air, comme il n'est contrepesé que par un volume d'air qui pese tres-peu, c'est à dire, qui a beaucoup de force pour s'écarter du centre, il nous en faut d'autant plus pour le soulever.

Pourquoy on ne sent point la pesanteur d'un seau lorsqu'il est dans l'eau.

Je sçay qu'on dit dans l'Ecole que Elemens ayant des lieux naturels où ils demeurent en repos, ne font plus d'effort pour en sortir, & ainsi qu'ils n'ont point de pesanteur. Je croy

Que les élemens pesent dãs leur centre.

qu'il n'est pas besoin de refuter cette opinion, & il suffit pour cela de l'exposer. Si ce qu'ils croyent estoit vray, il faudroit dire qu'un corps est leger & pesant, puisque tantost il monte & tantost il descend ; & si nous estions nez dans l'eau comme nous sommes nez dans l'air, nous aurions dit que le bois est leger, & que son lieu naturel ou son centre est au dessus de l'eau. Un corps pese toûjours également, mais estant contrepesé par un volume tantost plus pesant & tantost plus leger, nous devons employer tantost plus & tantost moins de force pour le soulever.

Pourquoy 2. corps qui sont en equilibre dans un milieu, ne le sont pas dans un autre.

C'est par la mesme raison que deux corps de masses inégales estant en équilibre dans l'air, ne le sont pas dans l'eau. Supposons encore dans une balance d'un costé du plomb & de l'autre des cailloux ; le volume d'air égal à celuy de plomb agit conjointement avec les cailloux contre le plomb, & le volume d'air égal aux cailloux agit de mesme conjointement

tement avec le plomb contre les cailloux : & ces volumes d'air avec ces corps sont tellement proportionnez qu'ils n'ont pas plus de force l'un que l'autre pour s'écarter ou pour s'approcher du centre de la terre. Mais venant à les peser dans l'eau, nous ne devons plus trouver d'équilibre : car au lieu de volumes d'air, ce sont des volumes d'eau : & comme le volume d'eau qui agit avec le plomb est plus grand que celuy qui agit avec les cailloux, d'autant qu'une livre de cailloux a un plus grand volume qu'une livre de plomb, ayant plus ajoûté de poids au plomb, il doit descendre & les cailloux s'élever.

Et c'est la mesme chose de les peser dans un air sec & ensuite dans un air humide : s'il sont en équilibre quand l'air est fort sec, ils ne le sont plus quand l'air est fort humide, & le plomb descend comme dans l'eau; Et il arriveroit tout le contraire si estant en équilibre dans l'eau ou dans un air humide, nous les pesions ensuite dans un air sec: car il est visible que les cailloux tomberoient.

Qu'on ne sent pas toute la pesanteur d'un corps.

Toutes ces consequences nous font assez voir que nous ne devons jamais sentir la pesanteur absoluë d'un corps, c'est à dire toute la force avec laquelle il est poussé vers le centre de la terre. Nous en devons rabattre tousjours la pesanteur du volume de la liqueur où nous le pesons, & nous ne sentons que l'excés par dessus ce volume.

Quels corps doivent descendre ou monter dans l'eau.

Aprés cela nous n'aurons pas de peine à determiner quels corps doivent nâger ou enfoncer dans l'eau. Comme tous les corps y sont portez de la mesme maniere que s'ils estoiẽt dans un bassin de balance dont l'autre fust chargé d'un volume d'eau égal à leur masse, si c'est un corps qui pese plus que l'eau en pareil volume, il tombera au fond: s'il pese moins, il montera: & s'il pese également, il ne descendra ni ne montera. Ainsi les bois qui surnagent pesent moins; les metaux qui enfoncent pesent plus; & la cire qui se tient au lieu où l'on la met, pese également.

De cōbien les corps qui surnagent doivent sortir hors de l'eau.

Les corps qui sont plus legers que l'eau s'élevent plus ou moins au dessus de sa surface, & les plus pesans sont ceux qui enfoncent davantage. Il faut donc tenir pour maxime indubitable qu'un corps solide tel que seroit un cube de bois, entrera dans l'eau jusqu'à ce que sa partie qui entre soit égale à un volume d'eau qui soit aussi pesant que tout le cube.

Que les corps enfoncent moins dans la mer.

Or comme il y a des eaux plus pesantes que les autres; qu'un pied cube d'eau douce, par exemple, pese soixante & douze livres, & un pied d'eau salée soixante & treize livres neuf onces; aussi les corps enfoncent plus dans les rivieres que dans la mer; c'est pourquoy la charge d'un Vaisseau qui n'estoit pas trop grande en mer, devient excessive en eau douce: & on a souvent vû des Vaisseaux qui aprés avoir heureusement cinglé en mer, ont coulé à fond à l'embouchеure des rivieres.

Qu'il

Je sçay qu'il y en a qui croyent

n'y a que l'eau qui est à costé qui soutient un vaisseau.

qu'une eau profonde supporte plus facilement les Vaisseaux. Aristote estoit dans cette pensée, & répondant à cette question, pourquoy les Vaisseaux paroissent plus chargez dans le port qu'en pleine Mer, il dit que l'eau estant plus profonde en pleine Mer qu'au Port, elle repousse & soutient mieux le poids dont on la charge. Mais cette réponse n'est pas soutenable ; & comme le fond de la mer & des rivieres est plus haut en des endroits qu'en d'autres, les Vaisseaux devroient incessamment hausser & baisser. La profondeur de l'eau ne sert de rien ; il n'y a que l'eau qui est à costé du Vaisseau qui le soûtienne ; c'est à dire celle qu'il chasse du lieu où il est, & dont il tient la place, & qui doit monter s'il venoit à descendre. Or ce n'est qu'un volume d'eau pareil au sien qui monteroit en sa place. S'il estoit vray, dis-je, que plus l'eau est profonde elle devint plus capable de soûtenir, il y auroit des endroits où l'on verroit enfin nâger le fer, & il ne faudroit pas dans l'eau une profondeur bien grande pour soûtenir, par exemple, une épingle : cependant en quelqu'endroit qu'on la mette sur l'eau, elle se precipite toûjours au fond. Ce qui nous doit convaincre que ce n'est qu'un volume égal au sien qui la contrebalance.

Pourquoy les vaisseaux enfoncẽt plus en certains havres qu'en pleine mer.

N'ayant donc plus égard qu'au volume, il sera facile d'expliquer pourquoy les Vaisseaux enfoncent plus en certains Havres qu'en pleine Mer : l'eau estant moins salée à ces Havres, à cause de l'eau douce des rivieres qui s'y mesle incessamment, le volume qui contrepese ce Vaisseau estant plus leger, a aussi moins de force pour le soulever, ou plûtost en a plus pour l'enfoncer. Il y a aussi des rivieres dont l'eau est plus legere; l'eau de la Seine est plus legere que celle d'Oise : aussi les batteaux qui sortent de l'Oise & qui entrent dans la Seine, y enfoncent bien davantage.

Pourquoy les

Il y a long-temps qu'on a remarqué que les bateaux portent de plus *bateaux portent de plus grandes charges en hyver qu'en esté.* grandes charges en Hyver qu'en Esté. Il n'y a point d'autre raison sinon que l'eau est plus pesante en Hyver : & elle est plus pesante, parce que ses parties estant moins agitées par la chaleur, elles sont plus prés l'une de l'autre. En Esté le Soleil agitant les eaux, en rend les parties plus flexibles, & les dispose à s'élever en vapeur : mais en Hyver cette agitation manquant, chaque partie devient plus pesante.

Pour quoy certaines eaux surnagent à d'autres. D'icy nous pouvons connoistre la raison pour laquelle de tous les fleuves qui se degorgent dans la mer, l'eau surnage à celle de la mer & se conserve plusieurs lieuës sans se mesler ; & mesme entre les fleuves celuy dont l'eau est beaucoup plus legere que l'autre, surnage aussi. *Liv. 9.* Strabon le remarque du fleuve Eurota : car il dit qu'entrant dans le Peneus, il surnage comme de l'huile ; & Pline dit la mesme chose du fleuve Phasis, lors qu'il se jette dans le Pont Euxin.

Que la Mais nous ne devons pas oublier

de remarquer que la glace nâgeant au dessus de l'eau, est une eau rarefiée; toute l'antiquité a crû le contraire, & on a encore aujourd'huy bien de la peine à detromper là-dessus les Philosophes de l'Ecole. Si la glace estoit une eau condensée, pour faire, par exéple, un pied cubique de glace, il faudroit plus d'un pied cubique d'eau, & par consequent comme un morceau de glace peseroit plus qu'un égal volume d'eau, il devroit s'enfoncer & non pas surnager.

glace est un corps rarefié.

Enfin nous connoistrons la force avec laquelle les corps doivent descendre: car c'est la mesme chose que deux corps qui seroient dans les deux bassins d'une balance; si l'un surpasse de beaucoup l'autre en pesanteur, il descend fort viste, & s'il le surpasse de peu, il descend plus lentement: de sorte que la force dont un corps tombe, est proportionnée à la force dont celuy qui le contrepese tend à monter.

Avec quelle vitesse les corps doivent descendre.

Nous voyons aussi qu'une plume tombe plus lentement que du bois;

qu'une pierre descend plus viste dans l'air que dans l'eau : & depuis que nous avons de ces nouvelles machines Pneusmatiques, nous avons vû qu'ayant pompé l'air d'un long vaisseau de verre, une plume y tombe aussi viste, qu'une bale de plomb tombe dans l'air.

Que la vitesse des corps de mesme nature inégalement pesants, est égale

Et il faut icy prendre garde de tomber dans l'erreur où Aristote & plusieurs autres sont tombez, en se persuadant qu'un corps proportionnoit sa chute à sa pesanteur, & qu'entre ceux de mesme nature, les plus pesans tomboient plus viste. Outre que l'experience nous fait voir le cõtraire, en ce que si l'on laisse tomber d'un lieu élevé deux bales de plomb d'inégale grosseur, l'une n'arrive pas à terre plutost que l'autre ; la raison en est toute évidente : car si une de ces bales pese, par exemple, une fois plus que l'autre, comme elles sont toutes deux de mesme matiere, son volume est aussi une fois plus grand, & estant par consequent contrepesée par un volume d'air une fois plus grand, elle a une double force à vaincre; & il en est de mesme que si l'on mettoit ces deux bales dans deux balances, & qu'on les contrepesast chacune par des poids égaux à leur pesanteur; l'une n'iroit pas plutost en bas que l'autre. Ainsi quand je dis qu'un corps surpassant de beaucoup en pesanteur un autre corps, doit descendre plus viste, je n'entends parler que des corps de differente nature.

Qu'un corps augmẽte sa vitesse en tõbant.

En laissant tomber un corps de fort haut on a vû que sa vitesse s'augmentoit à mesure qu'il descendoit. Plusieurs qui croyent que l'air est pesant, disent que c'est à cause que la colomne d'air qui appuye sur ce corps estant plus pesante en bas qu'en haut, parce qu'elle est plus haute, le pousse davantage. Mais un corps qui tombe n'est poussé en bas que par un volume d'air égal au sien; puis qu'il n'y a que cela d'air precisément qui monte à mesure qu'il descend, & que le reste de la colomne pourroit demeurer immobile. Il faut donc dire que le volume qui le contrepese ne peut pas tout d'un coup le pousser de toute la force dont il tend à monter, de mesme que nous ne pouvons pas mettre une cloche en branle la premiere fois que nous tirons la corde : mais si-tost qu'il est ébranlé, & qu'il commence à descendre, l'air qui est au dessous tendant à gagner le haut, cōtinuë de le pousser vers le bas, & reprenant sa place ajoute incessamment de nouveaux degrez de vitesse à ceux qu'il a déja receus.

Qu'il ne doit pas augmenter sa vitesse à l'infiny. Il ne faut pas cependant conclure que ce corps augmenteroit sa vitesse à l'infiny ; je croy qu'il ne la pourroit plus augmenter s'il estoit venu à un tel degré, qu'il tombast aussi viste que la matiere celeste tend à s'éloigner. Un exemple fera comprendre cecy. Supposons un tonneau au milieu d'une riviere : comme il a une partie dans l'eau & l'autre dans l'air, il ne suit ni le mouvement de l'eau ni celuy de l'air ; il va d'un mouvement qui tient le milieu : c'est à dire plus viſte que l'eau & moins viſte que l'air : & tout le plus viſte qu'il pourroit eſtre emporté, ce ſeroit auſſi viſte que l'air qui le pouſſe : car alors il n'y auroit plus rien pour fournir de nouveaux degrez de mouvement qui puſſent augmenter ſa viteſſe.

Mais tant que ce tonneau aura une partie dans l'eau, il n'ira jamais ſi viſte, parce que l'eau apporte un continuel empeſchement. Les parties d'air & de tous les liquides ſont auſſi autant d'empeſchemens à la chute des corps. Comme il faut que ce qui eſt au deſſous monte au deſſus pour permettre aux corps de deſcendre, le temps qu'elles ſont à ſe diviſer retarde l'impetuoſité avec laquelle la matiere ſubtile les peut pouſſer.

Pourquoy une feüille d'or nage ſur l'eau.

C'eſt la difficulté qu'a l'eau à ſe diviſer qui fait qu'une feüille d'or nâge ſur ſa ſuperficie : car que cet or ſoit en feüille ou en maſſe, il n'occupe jamais plus de place, & eſtant contrebalancé par un meſme volume d'eau dont il est plus pesant, il doit tousjours descendre quand il n'y a point d'épeschement. Aussi voyons nous que cette feüille ne laisse pas d'enfoncer aprés quelque temps. Et c'est par la mesme raison qu'on casse une épée en frappãt dessus l'eau avec force : les parties d'eau qui n'ont pas le temps de se separer aussi viste que cette épée se presente pour entrer, tiennent lieu d'un corps dur, & l'obligent à se briser.

Jusques où un corps doit augmenter sa vitesse.

De sorte que si un corps se mouvoit tout à fait dans la matiere subtile, celle qui est dessous pouvant se diviser aussi viste que ce corps seroit poussé, il pourroit enfin descendre aussi viste que la matiere subtile tend à monter : mais n'y ayant plus rien pour luy donner de nouveaux degrez de vitesse, il continuëroit tousjours de la mesme force.

SECTION III.

De la maniere dont les Planetes sont entrées dans le tourbillon du Soleil.

LA maniere dont les Planetes sont entrées dans nostre tourbillon n'est pas differente de celle dont nous avons vû qu'entrent les cometes : soit qu'elles ayent esté autant d'étoiles fixes, ou qu'elles se soient formées de cette autre façon dont j'ay parlé, leur tourbillon ayant esté détruit, elles ont esté obligées de suivre le mouvement d'un autre : & ayant esté jettées dans le nostre, leur peu de solidité à l'égard des boules qui composent nostre grand tourbillon, ne leur a pas permis d'en sortir.

Comment la lune a pû tourner autour de la terre.

Pour la Lune qui tourne autour de la terre, & les autres petites planetes qui sont autour de Jupiter & de Saturne, nous pouvons croire qu'entrant dans le grand tourbillon ou bien elles ont en leur chemin

& les autres autour de Iup. & de Sat.

rencontré les tourbillons de ces grandes planetes & s'y estant embarassées n'en ont pû sortir; ou bien estant fort solides, & se mouvant à une égale distance du Soleil que ces grandes Planetes, leur petitesse les faisant aller plus viste, lors qu'elles ont esté au point *d*, & qu'elles se sont quelque peu enfoncées, elles ont dû se detourner vers *a*; parce

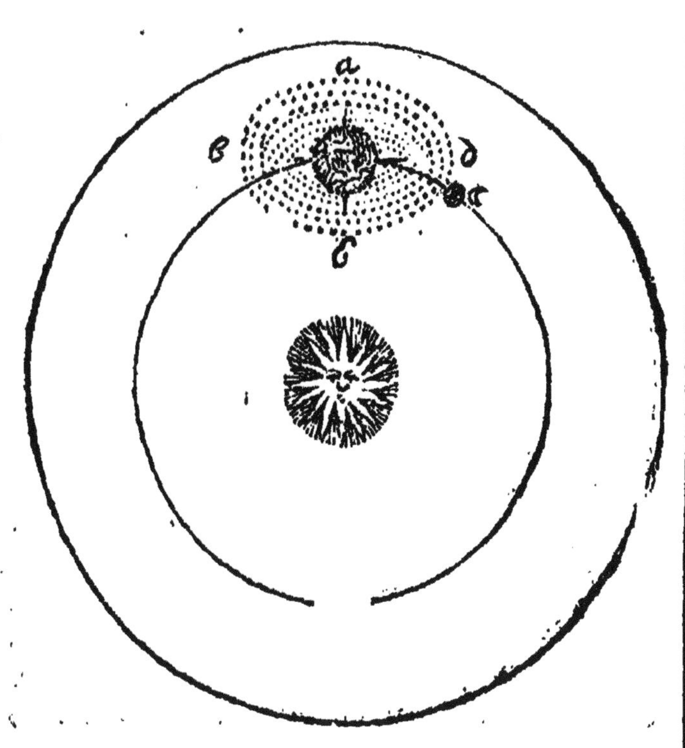

que ces tourbillons se meuvent de ce sens-là. Et il n'y a rien qui les empesche de tourner ainsi, puisqu'au contraire ce mouvement leur fait employer le plus de vitesse qu'elles ont, pour tourner dans le mesme temps que leurs planetes autour du Soleil.

Que ces petites planetes doivent garder les mesmes loix que les planetes dans le grand tourbillon.

Ainsi considerant ces corps dans ces petits tourbillons, ils doivent garder les mesmes loix, que gardent les planetes dans le grand tourbillon : c'est à dire qu'ils doivent se placer selon leur solidité, qu'ils doivent couper l'Equateur en deux points, & qu'ils doivent changer de nœux d'une façon ou d'une autre, ou comme la terre ou comme les autres planetes.

Qu'elles ont causé du changement dãs leur tourbillon.

Mais ces nouvelles planetes ont apporté dans ces petits tourbillons un grand changement : les planetes qui estoient fermes à leurs centres en ont esté deplacées, & les eaux qui n'estoient auparavant agitées qu'irregulierement, ont commencé d'avoir reglement un cours reciproque vers les poles. C'est ce mouvement que nous nommons le flux & reflux : & comme il a mis beaucoup d'esprits à la gehenne, il est à propos d'en traitter separement.

SECTION IV.

Du flux & reflux de la Mer.

Ce que c'est que le flux & reflux.

LE mouvement qu'on nomme le flux & reflux est un mouvement qui fait hausser & baisser la mer reglement deux fois le jour. Il se fait du milieu de la mer vers les bords; & nous observons dans nos costes Meridionales de Bretagne, que les eaux viennent du Midy.

Que la mer croist pendant six heures, & decroist pendant six autres.

Le flux aux costes de France dure environ six heures, pendant lesquelles les eaux s'y élevent, & entrant dans les bayës des rivieres en arrestent le cours. Le reflux dure autant : c'est à dire que les eaux qui ont esté six heures à s'élever employent autant de temps à s'abaisser, & les rivieres reprennent leurs cours ordinaires.

Tant

Tant aprés le flux que le reflux, la mer demeure douze minutes comme immobile; ce qui est cause que le flux retarde tous les jours de quarante-huit minutes : de sorte que si le Lundy, par exemple, la mer commence à six heures à monter, ce ne sera pas precisement à six heures qu'elle montera le Mardy ; ce sera environ trois quarts d'heures plus tard ; le Mercredy encore plus tard d'une pareille quantité de temps : & ainsi comme ces quarante-huit minutes font en six jours prés de six heures, le flux avance & retarde dans une semaine d'autant de temps.

Que le flux retarde tous les jours de 48. m.

On observe deplus beaucoup d'inégalitez dans les marées. En quelques endroits à peine les eaux montent-elles trois ou quatre pieds, & en d'autres elles s'enflent jusqu'à soixante ou quatre-vingt pieds. Les costes qui sont plus Septentrionales ont le flux & plus grand & plus tard : & il n'est presque pas sensible dans toute l'étenduë de la Zone Torride.

Que les marées ne sont pas égales par tout.

J'oublois de faire remarquer qu'une mesme marée arrive en mesme temps sur l'Hemisphere superieur & sur l'inferieur.

Que les marées suivent le cours de la Lune.

La Lune, comme j'ay dit, entrant dans nostre tourbillon a causé tout ce changement. La raison que j'ay de le raporter à la Lune, c'est qu'il y a un tel accord du flux & reflux avec elle, qu'au moment qu'elle paroist sur nostre horison, les eaux montent, & montent jusqu'à ce qu'elle soit dans le Meridien ; & si tost qu'elle commence à en descendre, les eaux s'en retournent, & coulent vers le milieu de la mer, jusqu'à ce qu'elle soit dans l'horison. De sorte qu'on diroit qu'elle pousse les eaux de la mer devant soy quand elle monte, & qu'elle les renvoye quand elle descend.

Et mesme la cruë des eaux est beaucoup plus grande dans la Nouvelle & Pleine Lune que dans tout autre temps, & la plus grande de toutes est vers la conjonction ou l'opposition des Equinoxes.

Mais pour montrer comment la Lune agit ſur la mer, repreſentons-nous le petit tourbillon de la terre par l'ovale A B C D, la terre par le cercle E F G H, & la Lune par le cercle A L.

Comment la Lune eſt cauſe du flux & reflux.

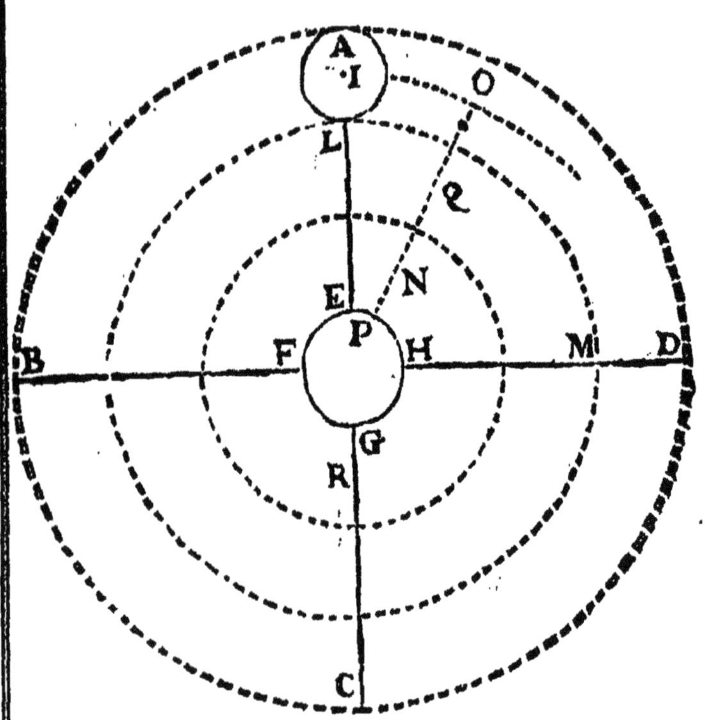

En quelqu'endroit que nous nous imaginions maintenant la Lune, comme c'eſt un corps d'une grandeur assez considerable, nous concevons qu'elle retrecit d'autant le chemin de la matiere celeste : c'est pourquoy comme elle va moins viste que le liquide où elle nâge, tout ce qu'il y a de matiere dans l'étenduë O P ayant rencontré son corps, doit non seulement precipiter son mouvement comme l'eau qui passe sous l'arche d'un pont, elle doit encore faire effort pour élargir son passage L E, comme la mesme eau qui passe sous cette arche le fait.

Que l'endroit de la terre qui est sous la Lune estant plus pressé, il se doit faire un creux dans les eaux.

Mais la terre n'estant retenuë au lieu où elle est que par le pressement égal de la matiere celeste, comme elle est plus pressée du costé d'E, elle doit reculer vers R : & cela jusqu'à ce qu'elle le soit également de l'un & de l'autre. Ainsi l'air qui est vers E & vers G estant comme poussé, il doit faire sur les eaux qui sont là, le mesme effet que quand il est poussé avec la bouche sur l'eau d'un bassin : c'est à dire que faisant un creux sur les eaux de la Zone Torride, à cause que la Lune est au dessus de cet endroit, il doit les faire gonfler vers les poles dessus & dessous l'horison en mesme temps.

Et si nous considerons que la terre tourne en vingt quatre heures autour d'elle-mesme, l'endroit E qui est maintenant vis à vis la Lune, se

Pourquoy le flux arrive 2. fois le jour.

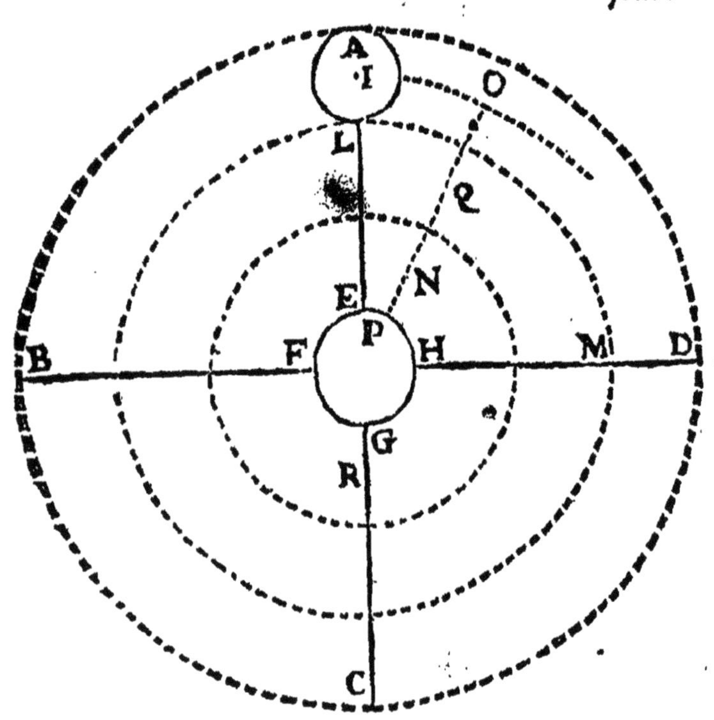

trouvant dans six heures vers F, les eaux qui sont élevées aux endroits des poles vis à vis E, n'estant plus soûtenuës par la presence de la Lune, s'en retournent par leur propre pesanteur dans l'endroit E, d'où elles avoient esté chassées. Or l'endroit de l'Ocean dont nos eaux peuvent estre chassées vers nos costes, se rencontre une fois le jour vis à vis la Lune & une fois dans la partie opposée : c'est pourquoy nous devons avoir dans l'espace d'environ vingt-quatre heures deux fois le flux & deux fois le reflux.

Qu'il doit aussi y avoir un creux dessous l'endroit de la terre qui correspond à la lune.

On voit donc la necessité du creux au dessous de la Lune, c'est à dire en E, lors qu'elle est en L, puisque la mer n'est pressée qu'en cet endroit : mais on ne la voit pas de mesme en G ; au contraire il semble que la terre baissant vers R, tout l'Hemisphere F G H estant pressé, il ne se doit faire aucun creux, & les eaux ne devant point parconsequent monter vers les poles, il ne doit avoir en vingt-quatre heures qu'un flux & reflux. C'est ce qu'on m'a objecté comme une difficulté insurmontablé : mais il est visible pourtant que la terre descendant vers R, la partie G avançant le plus, doit aussi estre la plus pressée : & que la Lune estant en B & la terre descendant vers M, la partie H par la mesme raison doit encore estre la plus pressée ; & qu'ainsi il doit toûjours y avoir dans les eaux un creux dessous & dessus l'endroit de la terre qui correspond à la Lune.

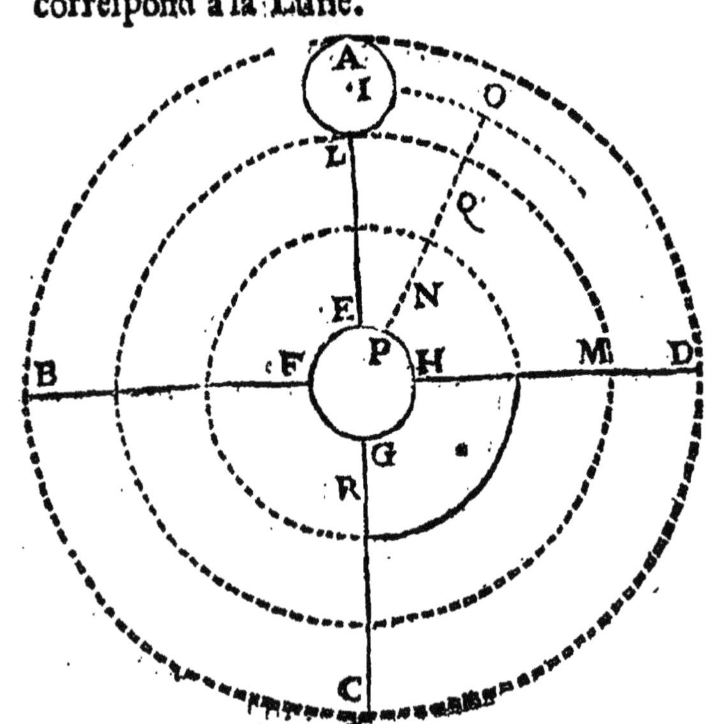

Pourquoy vers les poles le flux arrive plus tard, & y est plus grand.

Et il est évident que le flux d'un mesme jour doit arriver d'autant plus tard que les costes sont plus Septentrionales, puis que les eaux se meuvent du Midy au Septentrion. Et de plus la cruë des eaux doit estre plus grande vers les poles : car les eaux qui se répandent le long des costes qui sont dans la Zone Torride, peuvent encore glisser plus loin, & que les eaux de dessus & dessous l'Horison se rencontrant vers les poles, doivent en s'appuyant les unes contre les autres s'élever davantage.

Pourquoy le flux retarde tous les jours.

Ce qui fait que le flux retarde tous les jours de quarante-huit minutes, c'est que la Lune avançant de treize degrez en Orient, pendant que la terre fait un tour sur son essieu, l'endroit de la terre qui estoit vingt quatre heures auparavant sous la Lune, y revenant au bout de ce temps, n'y trouve plus la Lune, puis qu'elle est avancée de treize degrez : c'est pourquoy comme il luy faut encore quarante-huit minutes pour la ratraper,

traper, le flux ne recommence en cet endroit que quarante-huit minutes plus tard. Si nous supposons donc la Lune en O, l'endroit P de la terre, au bout de vingt-quatre heures qu'il employera à faire son tour, ne trouvant plus la Lune en O, elle sera avancée en I : c'est à dire de treize degrez ; ainsi cet endroit P a encore à avancer jusqu'en E, pour ressentir le pressement de la Lune.

Pourquoy en nouvelle & pleine lune les marées sont plus grandes.

La figure du tourbillon de la terre nous fait assez juger que la Lune se rencontrant dans les endroits plus étroits comme dans A & C, doit presser les eaux davantage qu'estant en tout autre endroit ; & nous avons vû que la Lune estant Pleine ou Nouvelle est justement vers ces endroits-là : d'où vient que nous ne devons point nous étonner si les eaux sont plus grandes vers les Nouvelles & Pleines Lunes, qu'environ les quadratures.

Pourquoy

Et mesme si l'on prend garde qu'aux Equinoxes l'Equateur de la ter-

vers les equinoxes elles sont encore plus grandes.

re correspond à l'Equateur du Soleil, comme le chemin est encore plus retreci, la Lune se trouvant en ce temps là dans ses nœux doit faire sur les eaux un pressement plus grand, & les contraindre parconsequent à monter plus haut.

Pourquoy il n'y a point de flux & reflux dans toutes les autres mers.

Il est facile maintenant de juger qu'il ne doit point avoir de flux que dans l'Ocean, parce qu'il n'y a que luy qui se rencontre sous le chemin de la Lune. C'est aussi ce que l'on remarque, car il n'y en a point ni dans la Mediterranée ni dans les autres mers qui sont dans les temperées separées de l'Ocean.

Pourquoy il y en a dans le golfe de Venise.

On s'apperçoit neanmoins que dans le Golfe de Venise la mer s'enfle quelque peu; & le long des costes de Barbarie l'on remarque un courant : mais ce courant ne vient que des eaux qui entrent par le détroit de Gilbraltar : & cette communication de l'Ocean avec la Mediterranée n'ayant au plus que cinq lieuës de largeur, l'eau qui y entre n'est pas en assez grande quantité pour faire hausser contre les costes toute cette grande mer. Mais vers Venise l'enflure doit estre plus sensible, & cela à cause de la scituation de son Golfe : car les eaux qui sont montées par de-là son embouscheure soûtiennent en retombant celles qui y sont entrées ; & il faut avant qu'elles commencent à couler que ces autres eaux qui sont montées, comme j'ay dit, par de-là, se soient entierement écoulées : de-sorte que celles qui sont dans ce Golfe n'ont quelquefois pas commencé à sortir, que la mer remonte pour la seconde fois, & les contraignant de rebrousser chemin, elle les fait hausser vers les costes.

Que le mouvemẽt des eaux de l'Archipel & de l'Euripe est irregulier.

On s'apperçoit aussi de certains mouvemens des eaux de l'Archipel, mais c'est sans aucune regle : & plusieurs Modernes traittent de fabuleux tout ce que quelques Anciens ont dit de l'Euripe, qu'il souffroit en un jour sept flux & reflux. Les eaux vont tantost vers le Midy, tantost vers le Septentrion : quelques jours ſept fois, quelques autres huït ou neuf, & quelquefois deux ou trois ſeulement: on doit rapporter des effets ſi bizarres aux vents qui regnent dans ces endroits aſſez violemment.

Que dans la Zone Torride il y a un vent d'O rient en Occident.

On remarque encore dans l'Occean pluſieurs autres mouvemens, mais les cauſes ſont autres que le preſſement de la Lune. On remarque un mouvement dans la Zone Torride qui tend vers l'Occident; & c'eſt à la faveur de ce vent que les Matelots navigent avec ſuccés: car pour faire voile vers l'Occident, ils devalent ſous la Torride, où ils font plus de chemin en un mois, que dans les Temperées en un an: & pour voyager vers l'Orient, ils vont dans les Temperées, où ils ne rencontrent point de ſemblable vent.

Que ce vent eſt cauſé par le mouvement de la terre.

Ce Phenomene eſt tres-curieux, & cela me feroit conclure le mouvement de la terre: autrement je ne vois pas quelle raiſon on en pourroit apporter; Je croirois donc que la terre tournant ſur ſon centre, comme ſon Equateur eſt le plus grand cercle, & qu'il doit faire ſon tour dans le meſme eſpace de temps que tous les autres, chaque partie de la terre qui eſt vers l'Equateur va bien plus viſte que celles qui ſont vers les poles. C'eſt pourquoy l'air ne pouvant ſuivre toute la rapidité de l'Equateur, laiſſe avancer l'endroit ſur lequel il appuyoit : au lieu qu'il avance auſſi viſte que les autres endroits ſur leſquels il appuye.

Et c'eſt cela ſeul qui cauſe ce mouvement : car ſous l Equateur l'air qui ne va pas ſi viſte que la terre, ſe faiſant ſentir comme s'il reculoit en Occident, doit faire un vent d'Orient : & ſous les Temperées l'air qui avance auſſi viſte, ne reculant point, ne doit point auſſi faire ſentir aucun vent. Et il ne faut pas s'étonner ſi ce vent eſt plus ſenſible ſur la mer que ſur la terre : comme il trouve ſur la terre une ſuperficie raboteuſe où il s'acroche davantage, il recule moins que ſur l'eau qui a une ſuperficie bien plus polie.

Que cette hypothese est tres vraysemblable.

Je ne sçay si on pourroit trouver une autre hipothese qui expliquast aussi-bien toutes ces apparences, que celle que nous avons établie. Si nous rappellions les siecles passez, nous trouverions que les sentimens qu'on en a eü, sont peu raisonnables, & font plûtost voir la foiblesse & la vanité de l'homme.

Opinion des Pitagoriciens.

Croiroit-on que les Pitagoriens se soiẽt pour cela imaginez que le mõde estoit un grand animal qui avoit ses narines au fond de la mer & ses poulmons au centre de la terre, & que c'estoit par les narines qu'il attiroit les eaux & les rendoit continuellement.

Opinion de Platon.

Que Platon se fust figuré un gouffre sous la terre capable d'engloutir & revomir les eaux. Y a-t'il une cause raisonnable de cette attraction & de ce vomissement ?

Et croiroit-on que quelques autres ont crû que le flux & reflux fust une espece de fiévre periodique. Il falloit, ce me semble, apporter auparavant la cause de la revolution des fiévres : & c'eſt une choſe pour le moins auſſi difficile.

Je n'ay que faire de m'arreſter à parcourir pluſieurs autres opinions ſur le flux & reflux, parce qu'elles ſe refutent d'elles-meſmes ; Les uns le rapportent aux vents qui ſoufflent ſur la mer ; d'autres aux rivieres qui y tombent ; & d'autres l'attribuënt à un balancement de toute la terre du Nord au Sud. Mais les vents n'eſtant pas reguliers ne peuvent eſtre la cauſe du flux qui eſt reglé. Les rivieres ne peuvent cauſer tout au plus qu'une inondation ; & ce balancement n'explique point toutes les particularitez.

Qu'il eſt inutil de parcourir pluſieurs autres opinions

Je ne m'arreſteray point auſſi au ſentiment de Galilée qui en rejette la cauſe ſur le mouvement de la terre : & quoy que la comparaiſon dont il ſe ſert d'un bateau plein d'eau qu'on balance d'un coſté & d'autre ſoit fort propre à ſon ſujet, elle ne ſatisfait pas neanmoins. Pourroit on rendre raiſon par là du retardement du flux & de la plus grande cruë des eaux : & je luy demanderois pourquoy les fleuves & la Mediterranée ne souffrent point aussi bien que l'Ocean ny flux ny reflux.

Chapitre IV.

Des influences des Astres.

Il y a long temps qu'on agite cette question, & je crois qu'on l'agitera encore long temps. Ce sont de ces sortes de choses où les sens ne decouvrent rien, & où l'esprit ne voit goute; Et lors qu'on voit quelqu'effet, comme il y a cent choses qui l'entourent, on peut en rejetter la cause sur quelques-unes d'Elles, aussi-bien que sur les Astres.

Je ne voudrois pas assurer affirmativement l'existence des influences; je ne voudrois pas aussi la nier. Il arrive cent choses qui nous surprennent, dont il semble que les êtres terrestres ne peuvent estre la cause. Je ne veux pas disputer de cela ; je dis seulement que s'il y en a, il n'y a point de Sisteme plus propre que celui cy pour en faire voir la possibilité, le chemin, & la difference.

J'en donné il y a trois ans un discours si ample, qu'estant aujourd'huy public; il est inutile d'en parler icy. On a trouvé de la difficulté seulement sur le chemin que je leur fais tenir : car je prends pour les influences la matiere que j'ay dit sortir des Astres. Et comme Monsieur Descartes semble dire que la matiere qui sort d'un tourbillon ne peut entrer dans un autre que par les poles, on a pretendu que je ne pouvois rien conclure pour les influences des Etoiles & des Planetes qui sont sous le Zodiaque.

Mais j'ay fait voir en parlant du mouvement de la matiere du Soleil, comment cette matiere pouvoit indifferemment entrer dans un autre tourbillon par toutes sortes d'endroits. Tout luy est ouvert & elle trouve par tout des passages : & mesme quoy qu'on dise que la matiere de deux tourbillons qui se touchent par les Equateurs, se recongne l'une l'autre, je crois neanmoins qu'elle se detourne & s'écoule à costé l'une de l'autre : car dans la terre cela arrive à l'égard de la matiere magnetique, puis qu'en mesme temps il en entre par les deux poles, & que celle qui est entrée par un pole, sort par l'autre.

QUESTION V.

Des choses qui regardent la connoissance du Monde.

E ne pouvois traitter autre part qu icy des faces de la Lune, de la grandeur & de la distance des Astres, des éclipses, des saisons, des crepuscules & des ombres : parce que n'appartenant à aucun Sisteme en particulier, j'aurois interrompu l'ordre de la veritable methode. Et afin qu'il ne manquast rien à ce Traité de tout ce qui peut servir à la connoissance du Monde, j'ay ajoûté sur la fin la division des temps.

Chapitre I.

Des faces de la Lune.

Que nous ne devons voir la Lune que quand la partie éclairée est tournée vers nous.

Il est assuré que la Lune n'a de lumiere que celle qu'elle emprunte du Soleil, & on ne dispute point de cela. Les éclipses qu'elle souffre marquent assez que ce n'est qu'un corps obscur. C'est pourquoy comme il n'y a que la partie qui regarde le Soleil, qui soit éclairée, nous ne devons appercevoir son corps que quand cette partie éclairée est tournée vers nous.

Au contraire nous ne le devons point appercevoir quand la partie éclairée est tournée toute entiere vers quelque autre endroit, mais quand elle est en partie tournée vers nous & en partie vers quelqu'autre part, nous le devons appercevoir de la figure sous laquelle la partie éclairée qui est vers nous, nous reflechit la lumiere.

Pour-

De sorte que comme au temps de

la conjonction, la Lune a sa partie éclairée tournée vers le Soleil & sa partie obscure vers nous, elle ne doit point se faire voir.

quoy elle est un tẽps sans paroistre.

Mais s'écartant du Soleil, comme elle tourne insensiblemẽt vers nous sa partie éclairée, elle doit se montrer d'abord sous une petite portion de cercle, jusqu'à ce qu'estant à quatre-vingt-dix degrez du Soleil, elle se fasse voir sous la forme d'un beau Croissant : car la moitié de la partie éclairée qui est justement la quatriéme partie du globe, est tournée alors vers nous : mais ses cornes doivent paroistre tournées vers la partie du Ciel opposée au Soleil, parce que c'est de ce costé-là que finit sa lumiere : & c'est ce qu'on peut remarquer en regardant de loin la quatriéme partie d'une bale par sa superficie convexe.

Pourquoy elle paroist en croissãt.

Enfin plus la Lune avance en s'éloignant du Soleil, plus la partie éclairée se tourne vers nous : c'est pourquoy nous remarquons de jour en jour que ce Croissant se remplit,

Pourquoy pleine.

& que lors que la Lune est opposée au Soleil, il est plein, parce qu'alors toute la partie éclairée est tournée vers nous.

Et il faut pẽser que la Lune en s'en retournant vers le Soleil, nous doit montrer les mesmes faces qu'elle a fait en s'en éloignant, mais dans une suite toute contraire.

Des faces de Mercure & de Venus.

Les faces de Mercure & de Venus s'expliquẽt de la mesme maniere que celles de la Lune: & nous avons mõtré que l'on ne pouvoit les expliquer dans la disposition que Ptolomée fait du monde. Tout ce qu'il y a de difference c'est que quand ces planetes sont pleines, le Soleil est entr'elles & nous, au lieu que quand la Lune est Pleine, nous sommes entr'elle & le Soleil.

Et c'est la raison de ce que nous avons remarqué dans les observations, que regardant Venus avec des lunettes, elle nous paroist sous un plus petit cercle quand elle est pleine que quand elle est en croissant: la raison, dis-je, de cela c'est qu'elle eſt alors plus éloignée de nous.

Chapitre II.

De la diſtance & de la grandeur des Aſtres.

PLaton appelle l'Arithmetique & la Geometrie les aîles de l'eſprit humain, parce qu'elles nous font connoiſtre la diſtance & la grandeur des Aſtres.

Pour la diſtance & la grandeur des Etoiles fixes, chacun neanmoins peut à ſa phantaiſie les imaginer plus ou moins grandes & plus ou moins éloignées. Toute noſtre ſcience n'a pû encore aller juſques là : & elles ſont encore hors l'atteinte de noſtre connoiſſance. Ce qu'on en peut dire aſſurement, c'eſt qu'elles ſont beaucoup plus grandes que la terre, & dans une diſtance preſque inconcevable.

Qu'on n'a pû connoiſtre la grãdeur & la diſtance des Etoiles fixes.

Mais pour les Planetes c'eſt autre choſe, & voila ce que les Se-

De la diſtance

des planetes. ctateurs de Copernic en penſent.

1. Que le moindre éloignement d'icy à la Lune eſt d'environ 30. diametres de la terre, le Soleil de 700. Mercure de cinq cens, Venus de trois cens, Mars de deux cens, Jupiter de deux mille trois cens, & Saturne de cinq mille ſept cens.

De leur grandeur. 2. Que la Lune eſt plus petite que la terre de quarante cinq fois & demy, Mercure de douze, Venus de trois & demy, Mars de huit fois: mais que le Soleil eſt plus grand qu'elle de quatre cens trente quatre fois, Jupiter de vingt cinq fois deux cinquiémes, & Saturne de quarante ſix fois deux tiers.

De la grandeur de la terre. De ſorte que ſi l'on connoiſt la grandeur de ces corps, qui ſont ſi éloignez de nous, on peut bien penſer qu'on pourra connoiſtre facilement celle de la terre. En effet il y a bien moins de peine, on n'a qu'à choiſir pour cela deux Villes qui ſoient ſur un meſme Meridien, & remarquant la difference de la latitude, comme par exemple s'il y a un de-

degré, il faut sçavoir en suite cõbien de lieuës on cõpte de l'une à l'autre. Or l'on trouve environ 28. lieuës, mais parce qu'il en faut bien rabattre 3. pour la curuité des chemins, nous n'en devons compter que 25. c'est pourquoy en multipliant 360. deg. en quoy l'on divise les cercles terrestres, par 25. on voit que le circuit de la terre est d'environ 9000. lieuës.

CHAPITRE III.

De la grandeur apparente du Soleil & de la Lune dans l'Horison & dans le Meridien.

COmme nous ne raisonnons guere que par la comparaison des choses les unes aux autres, il est assez surprenant que le Soleil & la Lune nous paroissent plus grands dans l'Horison que dans le Meridien, quoy que dans l'Horison ils soient éloignez de nous davantage d'un

Que ce ne sont point les vapeurs qui nous les font paroistre plus grands.

demy diametre de la terre. Le commun des Philosophes a bien tost dit que ce sont les vapeurs à travers desquels nous voyons ces Astres, qui causent cette grandeur apparente: car disent-ils, comme il y a toûjours des vapeurs qui rampent sur la surface de la terre, les rayons qui viennent des extremitez se rompent, de maniere que nous faisant voir ces Astres sous un plus grand angle, ils nous les font aussi paroistre plus grands.

Qu'au contraire on les voit sous un plus grand angle dans le Meridien.

Tout cela seroit bon si l'on les voyoit comme ils disent sous un plus grand angle : je ne nie pas qu'il n'y ait plus de vapeurs entre nous & ces Astres lors qu'ils se levent que lors qu'ils sont fort haut; que ces vapeurs ne soient capables de rompre les rayons, & de nous faire paroistre ces Astres plus grands en les supposant toûjours également éloignez : mais les Astronomes d'aujourd'huy s'estant avisez de mesurer l'angle sous lequel on les voit dans l'Horison & dans le Meridien, l'ont toûjours trouvé de la mesme quantité, & l'on remarque mesme l'angle sous lequel on les voit dans le Meridien, de quelques minutes plus grand, quoy qu'alors ils nous paroissent plus petits. Ainsi dans le temps qu'ils nous paroissent plus petits, l'image que nous en avons dans le fond de nos yeux est plus grande, & dans le temps qu'ils nous paroissent plus grands, cette mesme image est plus petite.

Qu'il y a une autre cause de ces apparences.

Il y a donc une autre cause de ces apparences, & pour la trouver il faut rechercher quels sont les motifs qui nous font imaginer la grandeur des corps : car souvent plusieurs peignent dans nos yeux des images égales, sans que nous les jugions pour cela aussi grands l'un que l'autre.

Que la distance d'un objet nous sert à imaginer sa

La distance d'un objet est le premier motif qui nous sert à imaginer sa grandeur : comme nous nous imaginons ses extremitez enfermées entre deux lignes droites qui partent de nostre œil, & qui en s'éloignant *grandeur.* s'écartent de plus en plus, nous concevons assez de quelle grandeur il est, quand nous l'imaginons à une distance determinée : de sorte que si nous nous trompons dans le jugement que nous faisons de sa grandeur, c'est que nous nous sommes auparavant trompez dans le jugement que nous avons fait de sa distance.

Pourquoy nous imaginons ces Astres plus éloignez lorsqu'ils sont dans l'horison.

C'est pourquoy comme nous nous imaginons le Soleil & la Lune beaucoup plus éloignez lors qu'ils sont dans l'horison, que lors qu'ils sont dans le meridien, il n'y a pas lieu de s'estonner si nous les imaginons aussi plus grands. Ce qui sert en cela à nous tromper, c'est la scituation qu'ont alors ces Astres. L'œil ne les raporte point seuls à l'ame, ny separez des autres objets qui les entourent; mais luy faisant voir en mesme temps tous ceux qui sont entre nous & eux, comme elle juge de l'éloignement de ces objets, & que cependant ils sont encore au delà, elle juge aussi qu'ils sont & plus éloignez, & plus grands.

Lors que nous regardons par exemple dans la campagne un clocher assez éloigné, nous voyons en mesme temps les terres qui sont entre nous & luy ; il nous semble aussi & plus éloigné & plus grand qu'il ne nous paroistroit si nous le voyons tout seul. Cependant l'angle sous lequel nous le voyons est toûjours d'une égale grandeur, & soit qu'il y ait des terres entre nous & luy, soit qu'il n'y en ait point, pourveu que nous le voyons d'un lieu également distant, les lignes entre lesquelles nous le renfermons sont toûjours également éloignées : ainsi nous jugeons de la grandeur des objets par l'éloignement où nous voyons qu'ils sont, & les corps qui sont entre nous & l'objet aident beaucoup à nous tromper.

C'est donc là la veritable raison pourquoy la Lune & le Soleil nous paroissent plus grands lors qu'ils se levent, que lors qu'ils sont fort hauts sur l'horison : lors qu'ils se levent, ils nous paroissent éloignez de plusieurs lieuës, & mesme au delà des terres qui terminent nostre veuë, & lors qu'ils sont dans le meridien, nous ne les jugeons éloignez que d'une demy lieuë ou environ.

Qu'il semble qu'on peut cõclure de cecy la distinction de l'ame & du corps.

Mais si cette erreur nous est pernicieuse d'un costé, elle nous est avantageuse d'un autre, car on entrevoit icy, ce semble, quelque chose qui nous marque, qu'il y a en nous une substance plus élevée que le corps. Si c'estoit, dis je, le corps seul qui jugeast, comme il ne pourroit juger que selon les impressions qu'il recevroit, lors qu'un objet peindroit dans le fond de l'œil une image plus petite, loin de se le representer plus grand, il se le representeroit plus petit. Nous ne jugeons pas toûjours cependant de la sorte, & plus j'en cherche des raisons, plus je me confirme dans la pensée, que ce qui juge en moy n'est pas mon corps, ny rien de materiel. Je ne trouve point étrange au contraique cette substance qui juge en moy estant distinguée de mon corps, juge quelque fois tout le contraire que ce que les impressions corporelles luy rapportent; c'est qu'elle use de circonspection, & ne regardant pas la seule image qui est dans l'œil, faisant de plus reflexion sur la distance de l'objet, elle juge que celuy qui est plus éloigné est plus grand, quoy qu'il peigne dans l'œil une image plus petite; en quoy elle ne se trompe pas, mais c'est qu'elle s'est trompée sur la distance.

Chapitre IV.

Des Eclipses de Soleil & de Lune.

Puis que le Soleil ne manque jamais de lumiere, ayant la sienne de luy-mesme, & que la Lune n'a de clarté que celle qu'elle emprunte du Soleil, il faut chercher ce qui pourroit nous priver de ses rayons, & ce qui pourroit empescher la Lune de recevoir sa lumiere. Il n'y a qu'un corps opaque qui soit

Que la Lune est cause des Eclipses de Soleil, & la terre de celles de Lune.

capable de cela, c'est pourquoy suivant ce que nous avons remarqué dans les observations, nous pourrions former ce prejugé, que ce pourroit estre la Lune, qui estant interposée entre le Soleil & nous, nous derobe pendant un temps une partie de sa lumiere : & que la terre se trouvant entre le Soleil & la Lune, la prive de sa clarté.

Tout semble nous confirmer dans cette pensée, 1. les Eclipses de Soleil n'arrivent qu'au temps de la conjonction, c'est à dire quand la Lune est entre nous & le Soleil : & celles de Lune qu'au temps de l'opposition, c'est à dire lors que la terre est entr'elle & le Soleil. Et 2. la Lune tendant d'Occident en Orient, la partie Occidentale du Soleil est aussi la premiere cachée, & la partie Orientale la seconde : & tout au contraire dans les Eclipses de Lune, la partie Orientale est la premiere cachée, & la partie Occidentale n'est que la seconde.

Qu'il Et qu'on ne dise point que s'il

estoit

estoit vray que se fust là la cause des Eclipses, il en devroit arriver dans toutes les nouvelles & pleines Lunes. Si l'on considere que la Lune ne se meut pas immediatement sous l'Ecliptique, & que le cercle qu'elle décrit d'Occident en Orient, la coupe en deux points en s'écartant de part & d'autre de cinq degrez, on concevra que comme elle est le plus souvent à costé du Soleil & de la terre, elle ne peut pas nous dérober sa lumiere, ny estre obscurcie par l'ombre de la terre.

n'y en doit pas avoir toutes les nouvelles & pleines lunes.

C'est pourquoy il n'y doit point avoir d'Eclipses dans toutes les nouvelles & pleines lunes; il n'y en doit avoir que lors que la Lune est dans la teste ou la queuë du dragon, c'est à dire lors qu'elle est dans ses nœux, ou bien fort proche, sans presque aucune latitude ny Septentrionale ny Meridionale : car si sa latitude passoit un degré, il n'y auroit point d'Eclipse.

Qu'il n'y en doit avoir que quãd la lune est dans ses nœux.

De sorte que si ses nœux estoient immobils, le temps des Eclipses se-

Que les Eclipses

ne sont semblables que tous les 19. ans.

roit reglé : mais parce qu'ils changent tous les jours, & qu'ils sont dix neuf années avant que de se rencontrer au mesmes points de l'Ecliptique, outre que ce temps doit changer, toutes celles qui arrivent doivent estre diverses ; & elles ne doivent estre semblables que toutes les dix-neuf années.

Que le Soleil est plus grand que la terre, & la terre que la lune.

Les observations qu'on a faites sur les Eclipses nous ont asseuré sensiblement de bien des choses, que nous n'avons establies que sur des preuves abstraites : la premiere que la terre est plus grande que la Lune : la seconde que le Soleil est plus grand & que la Lune & que la terre : & la troisiéme que la terre est ronde en tout sens.

Premierement la Lune demeure quelquefois eclipsée pendant deux ou trois heures ; cela nous apprend que son diametre est beaucoup moindre que le diametre de l'ombre de la terre : & secondement plus cette planete est proche de la terre, & plus l'Eclipse dure : cela nous apprend aussi que l'ombre de la terre estant plus large auprés de la terre qu'elle n'est plus loin, elle est de figure conique.

Or supposant deux corps, un lumineux & un obscure, si le lumineux est plus grand que l'opaque, l'ombre ira en diminuant : s'il est plus petit, l'ombre ira en augmentant ; & s'ils sont tous deux égaux, l'ombre sera par tout égale. Ainsi l'ombre de la terre se terminant en pointe, la terre est plus petite que le Soleil.

Que l'Eclipse de Soleil ne sçauroit estre totale par tout le monde, & que celle de Lune le peut étre.

De cela nous conclurons que jamais la Lune ne peut cacher entierement le Soleil, & que si elle nous le cache quelquefois tout entier, ce n'est seulement qu'à nous, & pour un tres-petit espace de temps: l'ombre de la Lune estant tres-petite, elle ne peut pas couvrir de tenebres toute la terre; mais seulement quelques-unes de ses parties, tantost l'une & tantost l'autre; & nous comprenons facilement comment il se peut faire qu'une Eclipse de Soleil ſoit totale en un païs, partielle en l'autre, & qu'il n'y en ait point du tout en un autre. Tout au contraire de l'Eclipſe de Lune qui eſt totale par toute la terre, lors qu'elle l'eſt à l'égard d'une Contrée. Et c'eſt de là que vient que les Eclipſes de Lune ſont bien plus frequentes que celles de Soleil.

Et nous devons penſer que quand l'Eclipſe de Lune eſt totale, c'eſt qu'elle paſſe par le milieu de l'ombre, & que quand elle eſt partielle, c'eſt qu'elle paſſe ſur l'extremité.

Que la terre eſt ronde.

Enfin la Lune entrant dans l'ombre de la terre nous paroiſt en croiſſant, & lors qu'elle en ſort on la voit encore ſous cette figure : ce qui nous doit faire conclure que l'ombre de la terre eſt un cone, la moitié duquel eſt un arc, & que par conſequent la terre eſt ronde.

De la couleur rouge qui paroiſt ſur la Lune

Mais j'oublioís de parler de la couleur rougeaſtre qu'on obſerve quelquefois dans une Eclipſe ſur le corps de la Lune. Cette couleur luy ſemble venir de la refraction que ſouffrent les rayons en passant à travers les vapeurs qui environnent incessamment la terre. Car si l'on prend garde à la disposition qu'a la Lune à l'égard de la terre dans le temps de son Eclipse, on verra bien que les rayons qui passent à costé de la terre, se rompent pour parvenir jusqu'à elle, & comme l'air est assez épais icy autour en comparaison de celuy qui est au dessus, ils peuvent acquerir les mesmes modifications qu'ils acquierent en passant à travers la fumée & les broüillards qui paroissent tout rouges : mais pour cela on voit bien qu'il faut que la Lune ait quelque latitude : car autrement si elle estoit prés de l'axe de l'ombre, les rayons ne pourroient pas assez se rompre pour l'éclairer : aussi voit-on des Eclipses où l'on ne sçauroit discerner la partie obscurcie.

quand elle est dans l'ombre

CHAPITRE V.

Des Saisons.

De la difference du Soleil & du Feu.

CE sera à plusieurs un paradoxe de dire que pendant l'Hyver le Soleil est plus proche de la terre, qu'il n'est pendant l'Esté : on juge d'ordinaire de la chaleur du Soleil par la comparaison de celle de nos feux ; & il est certain qu'elle se fait sentir davantage, qu'on en est proche. Nous experimentons cependant le contraire à l'égard du Soleil, sur les hautes montagnes il fait plus froid que dans les vallées, & dans la moyenne region de l'air, que sur la terre.

La raison de cette difference, c'est que comme nous ne sentons que par l'ébranlement de nos nerfs, il faut dans les corps quelque solidité pour y causer cet ébranlement ; & nos feux estant entretenus de matiere assez solide, il n'est pas étrange s'ils se font sentir d'avantage de prés : mais le Soleil n'est composé que de la plus subtile matiere : & dans la moyenne region la matiere est encore si subtile, qu'elle n'a pas mesme la force d'entretenir le mouvement des vapeurs : d'où vient qu'elles se recondensent en neige & en glace : au lieu que vers la terre l'air est plus grossier, & est capable de nous ébranler.

Tout cela peut se confirmer par la comparaison de plusieurs corps combustibles ; si l'on brusle, par exemple, sur la main de l'esprit de vin, il ne se fait point sentir : ce n'est pas qu'il n'ait de la chaleur : ses parties estant fort subtiles elles ont beaucoup de mouvement, c'est qu'elles sont trop delicates : la paille se fait sentir davantage, le bois encore plus ; enfin chaque corps fait impression suivant sa solidité.

De la cause de la chaleur.

Il est donc vray, qu'il ne faut pas juger de l'Esté ou de l'Hyver par l'approche ou l'éloignement du Soleil d'avec la terre. La seule cause de l'Esté est son approche de nostre

Zenith, & la cause de l'Hyver son éloignement, & cela parce qu'estant proche de nostre Zenith il envoye plus de rayons vers nous, que quand il en est plus éloigné : or c'est la grande quantité de rayons qui produit la grande chaleur.

Qu'il y a autour de la terre un air fort grossier.

Pour donner plus de jour à cette proposition, il faut considerer que les exhalaisons & les vapeurs que le Soleil enleve continuellement de la terre, font un air grossier qui ne s'estend à l'entour d'elle que jusqu'à une certaine distance. Cela se voit quand on est au dessus de quelque haute montagne ; & mesme lors que nous sommes dans la campagne, & que nous regardons au dessus de la ville, nous y voyons toûjours des broüillards que nous ne remarquons point lors que nous sommes dans la ville.

Que cet air ne permet pas à tous les rayons

Et je croy qu'il est à peu prés de nostre air à l'égard de celuy qui est au dessus, comme il est de l'eau à l'égard de l'air : c'est à dire que comme l'eau rejette la pluspart des rayons, & ne leur permet pas d'entrer lors qu'ils se presentent trop obliquement : aussi cet air les reflechit, & ne les laisse pas venir jusqu'à la terre lors qu'ils sont trop inclinez. Car il faut concevoir la supercie de cet air grossier unie & polie comme celle de l'eau : outre que la veuë le découvre de dessus les hautes montagnes, toutes les liqueurs qui ne sont point agitées, l'ont unie; & que ny les vens, ny tépestes n'arrivent point jusques-là.

d'entrer lorsqu'ils sont trop inclinez.

C'est pourquoy il doit faire d'autant plus chaud dans un païs, que le Soleil approche plus prés de son Zenith : d'où vient que sous la Zone Torride l'on y doit sentir des chaleurs plus qu'en toute autre contrée de la terre, & cela encore pour deux autres raisons, soit parce que le Soleil passe deux fois l'année par le Zenith de ces peuples, soit parce qu'il ne s'éloigne jamais tant de leur Zenith qu'il fait de celuy des autres.

Qu'il doit faire plus chaud dans un païs que le Soleil aproche plus prés de son Zenith.

Ce n'est pas qu'il n'y ait plusieurs causes qui peuvent empescher ces

Que la qualité

de la terre, & la scituation du lieu empeschent ces effets generaux. effets generaux : la scituation & la nature de la terre y contribuent beaucoup. Si la terre est extremement humide, & avec cela entourée de montagnes, les vapeurs qui s'en élevent en tres-grande quantité n'ayant pas lieu de s'étendre, à cause de la resistence de ces montagnes, ou de quelque autre chose semblable, seront contraintes de demeurer là, où elles se resoudront en pluye, & causeront des fraischeurs extraordinaires : mais si la terre est sablonneuse & seiche, comme le sablon reflechit presque tous les rayons, l'air se trouvant agité par des rayons directs & par des rayons reflechis, les chaleurs seront excessives, & les vapeurs qui s'en éleveront en petite quantité seront entierement dissipées.

Pourquoy en Afrique les chaleurs sont ex- C'est ce que nous voyons dans l'Afrique & dans l'Amerique Meridionale : quoy que ces contrées soient toutes deux sous la ligne, on y experimente des choses bien differentes. En Afrique lors que le Soleil est perpendiculaire, il y a des chaleurs excessives : & en l'Amerique dans ce mesme temps il y a de petites pluyes continuelles : il n'en faut rejetter la cause que sur la scituation & la qualité du lieu.

essives & à Cayenne les pluyes continuelles lors que le Soleil est perpendiculaire.

En Afrique ce ne sont que des sablons, & à peine trouve-t'on de l'eau : au lieu qu'en cette partie de l'Amerique la terre est grasse, & toute entre-coupée de grandes rivieres : & mesme les deux parties de l'Amerique ne se tiennent que par une petite langue de terre, qui a fort peu de largeur. C'est pourquoy le Soleil estant perpendiculaire, il faut croire qu'il éleve une si grande quantité de vapeurs & d'exhalaisons, que ne les pouvant dissiper toutes, elles sont contraintes de retomber en pluye: aussi les peuples de Cayenne content leur Hyver lors que le Soleil est perpendiculaire.

La seconde cause qui peut empescher ces effets generaux, sont les vens qui regnent sur la terre : car le mesme vent peut apporter le froid

Que les vens apportent du chãgement

dans les saisons. dans un païs, & le chaud dans un autre; l'humidité dans l'un, & la secheresse dans l'autre. Et en effet le vent estant une agitation de l'air qui en transporte une partie notable d'une contrée dans une autre, il emporte aussi tout ce qu il rencontre sur la superficie de la terre, c'est à dire les vapeurs aussi bien que les exhalaisons: d'où vient qu'aux costes de Barbaries les vens de Midy, qui sont humides presque par tout icy, sont secs là, parce qu'il n'y a que les terres seches & brulées du reste de l'Afrique qui leur fournissent de matiere.

Quelles causes en apportent encore. Il y auroit toutes les années une mesme temperature de l'air, si la superficie de la terre estoit par tout également couuerte d'eau, ou par tout également découuerte, & que toutes les terres fussent de mesme espece, sans que l'une fust plutost cultivée que l'autre. Les vapeurs s'éleveroient également de toutes les contrées: mais il y a là des montagnes, icy des vallées: là des mers, icy des terres, & il y a par tout une tres grande inégalité. Les montagnes sont échauffées autrement que les plaines, les forests que les prairies, les terres cultivées que les desertes. Et comme aujourd'huy on cultive des terres & qu'on laisse les autres en friche, qu'on coupe des bois en un endroit & qu'on en plante d'autres en un autre, qu'on dessseche des marais & qu'on en fait d'autres; il n'y a pas lieu de s'étonner du changement qui arrive toutes les années dans les saisons.

Si l'on considere l'irregularité du mouvement des nuës qui sont en l'air, nous nous étonnerons encore moins de la bizarrerie des saisons. En effet si ces nuës se recontrent au dessus de quelqu'endroit d'où il s'éleve beaucoup de vapeurs & d'exhalaisons, elles les rabaissent tout d'un coup, & faisant choquer celles qui descendent contre celles qui montent, elles excitent des vents & des orages: & mesme la chute d'une nuë est seule capable de cau-

Que les nuës en apportent.

ſer les plus grands vents & d'exciter les plus furieuſes tempeſtes. Nous avons parlé de l'œil de bœuf, & la meſme cauſe qui excite les orages ſur la mer, excite nos ouragans ſur la terre : c'eſt à dire que la nuë qui tombe eſtant extremement grande, l'air qui eſt deſſous ne pouvant monter au deſſus que par ſes extremitez, ſe meut avec d'autant plus de vehemence qu'elles ſont éloignées & que la nuë eſt tombée avec plus de viteſſe.

Mais ſi ces nuës venant à ſe diſſoudre, ſes parties rencontrent en leur chemin un air chaud, elles retombent en pluye au lieu où elles ſont perpendiculaires : & ſi elles ne trouvent que du froid lors qu'elles ſont preſque fonduës, elles retiennent la nature de neige qu'elles avoient auparavant.

Que ſi enfin il y a dans l'air des exhalaiſons bitumineuſes, l'agitation ou le preſſement eſtant capable de leur faire prendre feu, elles font des éclairs : & ſi elles viennent à estre pressées entre deux nuës, ensorte que la nuë d'enhaut tombe sur la plus basse, comme elles sont contraintes de sortir avec l'air par des passages étroits, elles font le grondement de tonnerre: mais si elles s'enflamment, ce grondement se convertit en un bruit qui éclatte à proportion que l'air enfermé se dilate, & qu'il est contraint de sortir avec plus de violence du milieu des nües qui le comprimoient.

Que les cavitez souterraines en apportent aussi.

Non seulement la diversité des des terres, la scituation des lieux & la contrarieté des vents apportent du changement dans les saisons; les cavitez souterraines contribuent encore à leur desordre; Comme ces cavitez renferment souvent des exhalaisons que les mines prochaines leur fournissent, si ces exhalaisons prennent feu, elles font les tremblemens de terre: & si elles sortent au dehors, elles changene la temperature de l'air.

Dans le Lac de Genêve il arrive quelquefois que l'air estant serain &

la surface de l'eau tranquille, il s'excite du fond des tempestes qui mettent en peril ceux qui navigent. Il faut donc croire que le fond de ce Lac estant creux par dessous, les exhalaisons qui s'y amassent de temps en temps prenant feu, font l'effet d'une mine.

Souvent sur la mer on voit une tour d'eau, pour ainsi dire, s'élancer tout d'un coup, & les eaux s'étendant en l'air comme des nües, excitent des tempestes. Il faut croire que ce sont des mines qui se crevent & qui élevent d'autant plus gros d'eau, que l'ouverture de la mine est plus grande, & que les exhalaisons estoient serrées.

Destrõpes ou surons. Il en arrive d'autres toutes semblables, mais elles viennent d'une cause bien differente. Aprés que les vents & les tonnerres ont grandé quelque temps, on voit quelquefois une nüe sombre & épaisse en forme de colomne, dont un bout tombe en mer: l'eau tournoye autour & boüillonne, & l'autre bout qui est en l'air succe

ſucce l'eau & ſe groſſit en peu de temps. Cette traînée ſuit tous les mouvemens de la nüe qui ſe forme en haut ; tantoſt elle s'incline beaucoup & tantoſt elle ſe redreſſe ; enfin elle groſſit & diminuë par en bas preſqu'à tout moment, & quelquefois elle ſe coupe tout à fait; cela dure environ une heure ou deux, mais cette nüe ne pouvant plus ſe ſoutenir à cauſe de ſon poids, retombe tout d'un coup : & les Vaiſſeaux qui coulent inſenſiblement dans ce creux, où les eaux tombent pour reparer le niveau, ſe trouvent accablez ſous ce deluge.

J'ay dit que la cauſe en eſtoit bien differente ; & il ne faut point aller chercher ſous terre : cette nüe que je croy avoir eſté arondie par les vents, ne ſçauroit tomber qu'elle ne contraigne l'air à ſe mouvoir autour d'elle : car en le fendant avec viteſſe, elle oblige ſes parties à aller au deſſus par les coſtez : & en les faiſant choquer rudement par deſſus, il leur eſt bien plus aiſé de circuler tou tes ensemble vers un mesme costé, que de rebrousser chemin chacunes d'où elles viennent. De sorte que ce mouvement circulaire de l'air le faisant presser davantage les eaux qui sont autour de cette colomne, que cette colomne ne presse celles où elle s'appuye, il les oblige de monter entre les parties de cette nuë comme dans ces petits tuyaux de verre ou comme dans un syphon; aussi les Matelots appellent-ils cette sorte de tempeste des syphons ou des surons.

Ceux qui sont accoutumez de voir de ces sortes de choses, se servent pour s'exempter du peril, de moyens qui paroissent extravagans, pour ne pas dire superstitieux, à ceux qui n'en sçavent point les causes. Ils tirent du canon, & frappant à travers avec des bâtons, des coûteaux, & des épées, taschent à rompre la colomne avant qu'elle se soit beaucoup grossie. Il n'y a rien là cependant qui ne soit, comme on voit, fort judicieux: & il est visible que la continuité estant rompuë, l'air se mettant entre les deux parties, les eaux doivent cesser de monter.

Enfin s'il y a des tempestes particulieres à certains lieux qu'on ne voit point dans d'autres, nous en devons attribuer la cause à la scituation du lieu & à la qualité de la terre. Dans les Antilles quatre cens lieuës environ autour de S. Christophle, il arrive de temps en temps une tempeste qu'ils nomment Ouragan : mais cet Ouragan est bien different de ceux que nous voyons icy; toute l'isle est secoüée; il tombe pendant vingt quatre heures une pluye salée; l'air est tout en feu, & les vents sont si violens que sur mer ils font des montagnes d'eau & jettent les navires qui sont à l'ancre, plus de quarante pas sur la greve; & sur terre ils deracinent les arbres & renversent tous les édifices. *Des ouragans.*

On remarque que cette isle est toute creuse par dessous, & qu'il y a quantité de montagnes de souffre; C'est pourquoy les exhalaisons qui s'amassent dans ces creux souterrains, venant à en sortir & remplissant l'air de ses parties inflammables, lequel est déja tout remply de sel, il se fait une espece de poudre à canon : d'où vient que venant à s'enflammer, il ne faut pas s'étonner s'il s'en ensuit des effets si funestes.

Pourquoy au Printemps les chãgemens d'air sont si promps.

Au Prin-temps les changemens d'air sont plus subits qu'en aucune autre saison de l'année; La cause en est toute visible; le Soleil trouvant icy beaucoup de nüages & l'air bien plus épais & plus remply de nües que l'autre moitié, à cause que l'Hyver y a precedé, il doit enlever plus de vapeurs: & sa chaleur n'estant pas encore assez forte, elles doivent bien tost retomber.

Pourquoy en Automne il fa'tplus chaud qu'au

L'Automne est aussi plus chaud que le Printemps, quoy que le Soleil soit également éloigné de nous en cette saison comme en l'autre: mais parce qu'en Automne le Soleil repasse sur des terres qu'il ne fait que de quitter, & qu'il y trouve des parties en agitation, il n'a qu'à les entretenir : au lieu que dans le Printemps il passe sur des terres où il y a six mois qu'il n'a esté. Tous les sucs de la terre sont en repos ; il faut qu'il les agite de nouveau ; c'est pourquoy encore que la force du Soleil soit égale en l'une & en l'autre saison, ses effets doivent estre plus sensibles en Automne, parce qu'il trouve plus de dispositions. *Printemps.*

Et pour tous les subits changemens de l'air, comme lors qu'il devient plus chaud, plus froid, ou plus humide que la saison ne le requiert, ils ne dependent que des vents, & ces vents dépendent, comme nous avons dit, d'une infinité de causes particulieres. Un Lac, une riviere prés de nous nous causera de la fraîcheur, pendant qu'en un autre endroit un vent de fort loin amenant des exhalaisons brûlées, causera de la chaleur. Et les vents changeant à tout moment, puisque leurs causes changent facilement, *D'où viennēt tous les changemens qui arrivent dās une saison.*

& que le plus fort l'emporte sur le plus foible, la temperature de l'air doit aussi estre fort incertaine.

Chapitre VI.

Des Crepuscules.

Ce que c'est que Crepuscule.

LE Crepuscule est une foible lumiere qui paroist le matin avant le lever du Soleil, ou le soir aprés son coucher: & on a nommé celuy du matin Aurore.

Leurs causes.

Si nous cherchons la cause de cette lumiere, je croy que le Soleil estant au dessous de l'horison, & éclairant les vapeurs qui sont répanduës autour de la terre, la pluspart de ses rayons qui sans ces vapeurs auroient passé bien haut au dessus de nostre teste, sont rompus en s'approchant de nous; puis qu'ils doivent se rompre en s'approchant du rayon qui va du centre du Soleil au centre de la terre.

Quand ils commencēt.

Le Crepuscule du matin commence lorsque le Soleil est encore éloigné de l'horiſon d'environ dix-huit degrez, & il s'augmente juſqu'à ce que le Soleil ſe leve. Celuy du ſoir commence au Soleil-Couchant, & il diminuë juſqu'à ce que le Soleil ſoit deſcendu ſous l'horiſon de dix-huit degrez.

Cõbien ils durent.

De ſorte que dans les païs où le Soleil en de certains temps ne deſcend au deſſous de l'horiſon que d'environ dix-huit degrez, le Crepuſcule dure pendant toute la nuit. C'eſt ce qui nous arrive quand le Soleil eſt vers le Solſtice d'Eſté, & à ceux qui approchent plus des poles: mais ſous les poles il dure pendant 52. jours de ſuite, que le Soleil eſt à monter ou à deſcendre de dix-huit degrez ſous l'horiſon.

Qu'ils durent tantoſt plus & tantoſt moins.

Enfin les Crepuſcules ne ſont pas en un meſme endroit également grands pendant toute une année. Icy ils ſont tres-longs non ſeulement lorſque le Soleil eſt dans le Tropique du Cancer, mais encore lorſqu'il eſt dans l'Equinoxial ou vers le Tropique du Capricorne:

& ils sont tres-courts lors qu'il est dans le dix-huitiéme degré de la Balance & dans le douziéme des Poissons ; Cela dépend de l'obliquité de nostre Sphere : car il est visible que plus les cercles que le Soleil decrit sont obliques, plus il est long temps à s'écarter de l'horison de dix-huit degrez.

Chapitre VII.

Des Ombres.

LEs corps qui sont éclairez du Soleil, jettent leurs ombres vers differens endroits : & cela dépend de la maniere dont ils regardent le Soleil.

Des Amphisiens.

Les peuples qui sont vers l'Equateur ont deux ombres, & on les a nommez Amphisiens : car le Soleil estant dans la partie Septentrionale, leur ombre est vers le Midy : & le Soleil estant dans la partie Meridionale, leur ombre est vers le Septentrion : & il est visible qu'estant

sur

sur leur teste, ils ne doivent faire aucune ombre.

Les peuples qui sont dans les Temperées n'ont qu'une ombre, & on les a nommez Heterosciens : Mais ceux qui sont dans la Septentrionale l'ont vers le Midy : & ceux qui sont dans la Meridionale vers le Septentrion.

Des Heterosciens.

Et les peuples qui sont dans les Zones froides, l'ont successivement tout autour : & cela parce que le Soleil tourne autour d'eux : & on les a nommez Perisciens.

Des Perisciens.

On a encore distingué les peuples par la scituation qu'ils ont les uns à l'égard des autres : l'on en nomme d'Antipodes, d'Anteciens & de Perieciens.

Les Antipodes sont diametralement opposez : & il est aisé de conclure qu'ils ont Minuit quand nous avons Midy, l'Hyver quand nous avons l'Esté : & qu'ils sont scituez sous un semblable Climat ; enfin qu'ils ont le pole Antartique autant élevé, que nous avõs le pole Artique.

Des Antipodes.

Des Antæciens. Les Antæciens ſont ceux qui eſtant ſcituez ſous un meſme demy-cercle de Meridien, ſont également éloignez de l'Equateur vers divers poles. Ils ont tous deux en meſme temps Midy & Minuit : mais quand l'un a l'Hyver, l'autre a l'Eſté : exceptez neanmoins ceux qui ſont ſous les Tropiques, car ils ont en meſme temps l'Hyver, mais non pas l'Eſté.

Des Periecciens. Enfin les Periecciens demeurant en un meſme parallele en des points diametralement oppoſez, ont tous deux en meſme temps l'Hyver & l'Eſté : mais quand l'un a le jour, l'autre a la nuit, ſi ce n'eſt qu'ils ſoient aux Zones froides, car ceux-là ont en meſme temps l'un que l'autre le jour & la nuit.

CHAPITRE VIII.

De la division des temps.

LE temps precisément pris n'est rien que la durée de chaque chose, ou plûtost c'est la chose mesme considerée entant qu'elle continüe d'estre.

Mais pour mesurer la durée de ces mesmes choses, on a pris le mouvement du Ciel, & sur tout du Soleil & de la Lune: le mouvement en qualité de temps doit estre connu, parce que tous les hommes le doivent prendre pour mesure. Il doit aussi estre égal: parce que s'il estoit tantost plus lent & tantost plus prompt, il seroit incapable de mesurer les durées.

Sans nous mettre en peine des autres questions qu'on forme d'ordinaire dans l'Ecole à l'occasion du temps, nous aurons seulement égard à la division qu'en ont faite les Anciens.

La premiere & la plus immediate est en Periode ſimple & en compoſée. On appelle Periode ſimple celle qui nous marque un ſimple mouvement ; & on appelle Periode compoſée celle qui renferme pluſieurs Periodes ſimples.

SECTION I.

Des Periodes ſimples.

Et premierement du Iour.

ON peut prendre le jour en deux manieres, ou pour la durée du temps que met le Soleil à éclairer le tour de la terre, que les Anciens appelloient jour naturel : ou pour la durée du temps qu'il éclaire ſur noſtre horiſon, qu'ils appelloient jour artificiel.

Ils ont diviſé le jour naturel en Aſtronomique & en civil. L'Aſtronomique eſt la revolution entiere de l'Equateur avec un degré : & on ajoûte ce degré afin de remplacer celuy que fait cependant le Soleil. Et le Civil dépend de chaque nation qui le commence d'une façon ou d'une autre.

Ainsi les Babiloniens commençoient le jour au lever du Soleil : & les Juifs avec les Atheniens au coucher : & c'est ce que font encore aujourd'huy les Italiens & les Bohemiens.

Les Egyptiens le commençoient comme nous au milieu de la nuit, avec cette difference qu'ils appelloient l'heure d'aprés Midy la treiziéme heure, & ils poursuivoient en comptant jusqu'à vingt-quatre.

Enfin les Astronomes commencent le jour à Midy.

Des Heures.

L'inégalité des jours nous fait distinguer deux sortes d'heures, les unes égales & les autres inégales.

Les heures égales sont celles dont nous nous servons aujourd'huy, qui font la vingt-quatriéme partie du jour naturel : & les inégales sont celles dont chacune n'estant que la douziéme partie du jour ou de la nuit, sont plus courtes en un temps qu'en un autre; Comme les jours sont plus courts & les nuits plus longues en Hyver qu'en Esté, les heures doivent estre plus courtes le jour & plus longues la nuit: & tout au contraire en Esté.

Les Juifs, les Grecs, & les Romains se sont servis de ces sortes d'heures: ainsi ils comptoient six heures à Midy, & la troisiéme estoit le milieu du temps, qui est depuis le lever du Soleil jusqu'à Midy, comme la neuviéme le milieu du temps qui est depuis Midy jusques au coucher du Soleil.

Des Semaines.

Ce que les Hebreux appellent Sabath, les Grecs l'appellent Semaine.

Elles sont composées de sept jours, ainsi qu'il paroist par l'Ecriture: car il est dit que le septiéme jour le Seigneur se reposa.

Les Orientaux s'en sont toûjours servi, & les Occidentaux n'ont commencé que depuis qu'ils ont receu la foy : car les Grecs se servoient auparavant de Decades ou de dixaines, & les Romains de neuvaines.

Le Paganisme a donné à ces sept jours les noms des sept Planetes : & nous les gardons encore aujourd'huy, sinon qu'au lieu de dire le jour de Saturne, nous disons le Samedy, jour de repos : parce que dans la loy ancienne il n'estoit pas permis de travailler : & qu'au lieu du jour du Soleil nous disons le Dimanche, en memoire de la resurrection du Fils de Dieu.

Pourquoy dans les jours on n'a pas suivy l'ordre des planetes.

Mais on n'a pas gardé en cela l'ordre des Planetes : & la raison est qu'on estoit dans la pensée que chaque Planete dominant à chaque partie du jour, celle qui dominoit à la premiere heure devoit y donner le nom ; Par exemple, le Soleil commençant à dominer à Minuit du Dimanche, si nous suivons l'ordre des

Planetes qu'ils ont suivy, Venus commencera à une heure, Mercure à deux, la Lune à trois, Saturne à quatre, Jupiter à cinq, Mars à six: & le Soleil recommencera à sept: & en continuant de mesme il se trouvera que la Lune doit commencer le second jour, Mars le troisiéme, Mercure le quatriéme, Jupiter le cinquiéme, Venus le sixiéme, & Saturne le septiéme.

Des Mois.

Le mois, à proprement parler, n'est que le temps que met la Lune ou à parcourir le Zodiaque, ce que les Astronomes appellent le mois Periodique, ou à retourner du Soleil au Soleil, ce qu'ils appellent mois Synodique.

On a cependant donné ce nom au temps que le Soleil est à parcourir la douziéme partie du Zodiaque. Ainsi on a distingué deux sortes de mois, le Lunaire & le Solaire.

Le mois Lunaire Synodique, qui est le seul que les peuples ont consideré, eſt d'un peu plus de vingt-neuf jours & demy : & le mois Solaire eſt de trente jours dix heures & demie.

Le mois eſt encore diſtingué en Aſtronomique & en Civil ; l'Aſtronomique eſt proprement le mois Solaire, & le Civil eſt celuy dont chaque nation ſe ſert.

Et il faut remarquer que pour éviter toutes les fractions, on avoit fait que tous les mois avoient alternativement les uns trente jours, les autres trente & un, excepté Fevrier qui n'en avoit que vingt-neuf, ſinon dans l'année biſextile où il en avoit trente : mais Jules Ceſar ayant donné ſon nom au cinquiéme mois, Ceſar Auguſte à ſon exemple donna le ſien au ſixiéme, & ajoûta de-plus un jour, qu'il oſta à Fevrier, à cauſe que c'eſtoit un mois de pleurs & de triſteſſe.

De ſorte que preſentemens Juin, Avril, Septembre, & Novembre ont trente jours, & tous les autres trente & un : excepté, comme nous

Pourquoy les mois n'ont point de

commẽ-cemens fixes. avons dit, Fevrier qui n'en a que vingt-huit, & dans l'année bisextile vingt-neuf.

Ce jour bisextile avec un autre qui est de trop par dessus les cinquante-deux semaines qui composent l'année Solaire, font que les mois ne peuvent avoir de commencemens fixes : mais on connoistra par ces deux vers en quel jour de la semaine tombe le premier de chaque mois.

Ianv. Fev. Mars, Avril, May,
Alta domat Dominus, gratis beat
Iuin, Iuillet,
equa gerentes,
Aoust, Sept. Octob. Nov.
Contemnit fictos, augebit dona
Dec.
fideli.

Il y a douze mots dans ces vers qui servent aux douze mois de l'année ; le premier mot au premier mois, le second au second, en commençant par Janvier ; de sorte que la lettre qui commence l'un de ces mots est la lettre du premier jour du mois à qui le mot sert ; Par exemple, *alta* sert à Janvier, & *a* estant la premiere lettre de ce mot, sera la lettre du premier jour de Janvier : c'est à dire qu'en quelque jour de la semaine tombe cette lettre (car cecy suppose la connoissance de la lettre Dominicale) ce jour sera le premier du mesme mois.

De la maniere de compter des Romains.

Les Romains avoient une autre façon de conter les jours du mois ; Ils ne se servoient que de trois termes, de Calendes, de Nones & d'Ides.

Ils appelloient Calendes le premier jour de chaque mois, du verbe *colo*, honorer : parce qu'on celebroit ce jour là la feste de Junon au rapport d'Ovide.

Vindicat Ausonias Saturnia Iuno Calendas.

Soit aussi parce que les Romains festoient tous les premiers jours du mois, imitant en cela les Hebreux.

Ou bien du Verbe καλέω, voco : parce qu'en ce jour l'on convoquoit le peuple dans la Place publique, où on luy declaroit combien de jours il devoit conter jusqu'aux Nones, en criant autant de fois καλῶ qu'il y avoit de jours.

Et au jour des Nones on tenoit le marché dans la Ville, où ceux de la Campagne pouvoient apporter leurs danrées : c'est pourquoy quelques-uns veulent que ce mot de Nones soit derivé de *Nundinæ* qui signifie marché.

Mais comme on prenoit de là occasion de faire sçavoir au peuple qui se trouvoit ce jour-là à la Ville, ce qu'il devoit observer pendant le reste du mois, d'autres ont voulu que les Nones fussent appellées *Nonæ, quasi novæ*, comme qui diroit les nouvelles observations.

Quoy qu'il en soit les Nones estoient six jours aprés les Calendes dans les mois de Mars, May, Juillet & Octobre : & quatre jours dans les autres mois.

Et les Ides que Varron fait venir du mot *iduare* qui en langue Toscane signifie diviser, parcē que les Ides divisent le mois en deux parties presqu'égales, arrivoient huit jours aprés les Nones: c'est à dire le 15. dans les mois qui ont six Nones, comme Mars, May, Juillet & Octobre, à cause que les Nones arrivent le septiéme : & dans tous les autres mois qui n'ont que quatre Nones, les Ides estoient le treiziéme, à cause qu'on ne conte les Nones que le cinquiéme.

Les jours qui suivent les Calendes appartenoient aux Nones; ceux d'aprés les Nones appartenoient aux Ides, & ceux qui restent aprés les Ides estoient appellez des Calendes du mois suivant.

Ainsi le premier jour du mois de Mars, par exemple, on disoit les *Calendes*, le second on disoit le sixiéme des Nones de Mars, parce qu'on estoit encore éloigné des Nones de six jours; le troisiéme on disoit le cinquiéme des Nones; le cinquiéme, le troisiéme des Nones; le sixiéme, le jour de devant les Nones ; & le ſeptiéme on diſoit les Nones.

Le huitiéme on diſoit le huitiéme des Ides, parce qu'on en eſtoit encore éloigné de huit jours : le neuviéme on diſoit le ſeptiéme des Ides & on pourſuivoit juſqu'au quinziéme où on diſoit les Ides de Mars: mais quand on eſtoit au ſixiéme on ne diſoit pas le ſeptiéme des Calendes de Mars, mais des Calendes d'Avril.

De l'Année.

L'Année eſt compoſée de mois comme les mois de ſemaines, & les ſemaines de jours.

Elle eſt de deux ſortes, la Lunaire & la Solaire.

La Solaire comprend le temps que le Soleil employe à parcourir tout le Zodiaque, qui eſt de 365. jours cinq heures quarante-neuf minutes : & c'eſt l'année qu'on appelle Aſtronomique.

La Lunaire comprend douze mois

Synodiques qui ſont 354. jours huit heures

Differens peuples ſe ſont ſervis indifferemment de l'année Solaire & de la Lunaire : & encore aujourd'huy les Arabes, les Turcs & les Sarrazins ſe ſervent de la Lunaire. Ceux qui ſe ſervent de la Solaire ne laiſſent pas que de leur donner encore divers commencemens.

Les Egyptiens la commencent aprés le Solſtice d'Eſté, c'eſt à dire au mois de Septembre, à cauſe qu'ils croyent que le monde a eſté creé en ce temps-là.

Les Juifs la commencent au mois de Mars, pour la meſme raiſon qu'ils croyent que Dieu a creé le monde en un pareil temps : & c'eſt pour cela qu'ils appellent le vingtiéme de ce mois le premier jour du ſiecle.

Et Numa Pompilius & les Romains la commençoient au mois de Ianuier comme nous faiſons aujourd'huy, à cauſe que le Soleil commence à s'approcher de nous.

Et pour le nombre des jours qui composent cette année, on a esté encore fort partagé, les uns en mettant moins, les autres plus: de-sorte qu'on eut besoin de reformer le Calendrier sous le Pape Gregoire treiziéme.

De la reformation du Kalendrier

Pour entendre cecy il faut sçavoir que chez les Egyptiens l'année n'avoit que 365. jours seulement, parce qu'ils negligeoient les cinq heures quarante-neuf minutes qui sont de reste. Ce qui fut cause que les Equinoxes reculoient tous les quatre ans d'un jour. C'est pourquoy Jules Cesar, pour remedier à ce desordre, fut obligé d'ajoûter de quatre ans en quatre ans un jour qui estoit composé de ces cinq heures quarante-neuf minutes, & il appella cette année bisextile, à cause qu'il mit ce jour entre le vingt-quatriéme & le vingt-cinquiéme de Fevrier, qui est le sixiéme des Calandes de Mars, selon la maniere de conter des Romains.

Mais comme Jules Cesar avoit ajoûté

adjoûté six heures justes, ausquelles il y a à dire onze minutes qui en 131. ans faisoient avancer d'un jour les Equinoxes, & qu'elles estoient avancées jusqu'au dixiéme de Mars. C'est pourquoy en l'an 1582. Gregoire treiziéme fit retrancher dix jours de cette année qu'on appelloit Julienne du nom de Jules Cesar : & remit les Equinoxes au vingt uniéme de Mars, & au vingt-deux ou vingt-troisiéme de Septembre, comme elles estoient du temps du Concile de Nicée qui estoit 1300. ans devant ou environ.

Et pour empescher qu'on ne tombast dans la mesme erreur, il fit qu'en quatre cens ans on retrancheroit trois jours bisextiles: car selon le Calendrier Julien, en quatre cens ans les Equinoxes retrogradent de trois jours.

Et ce retranchement se fait aux trois premieres centaines de ces quatre cens ans : c'est pourquoy l'an 1700. qui devoit estre bisextile ne le sera point, ny l'année 1800. &

1900. & voila ce qu'on appelle l'année Gregorienne.

Section II.

Des Periodes Composées.

De l'Indiction, & du Nombre d'or.

L'Indiction est une revolution de quinze années, qui fut, à ce qu'on dit, établie par l'Empereur Constantin : & ce mot est derivé du mot latin *indictio* qui signifie tribut : parce que peut-estre on payoit aux Empereurs tous les quinze ans quelque chose.

Le Nombre d'or est une revolution de dix-neuf années au bout desquelles la Lune recommence son cours avec le Soleil, & les Nouvelles Lunes reviennent aux mesmes jours à une heure prés & quelques minutes.

Ce Nombre dont Meton Athenien est l'inventeur, a esté nommé de ce nom à cause de sa grande utilité. Car premierement il sert à trouver les Nouvelles Lunes, & ses condement à montrer les Epactes: & son usage a esté principalement dans le Calendrier Ecclesiastique depuis que le Concile de Nicée eut ordonné que la feste de Pasques se celebreroit le premier Dimanche d'aprés la Pleine Lune de Mars.

Mais parce qu'il y a du defaut en ce Nombre, & que les Lunes ne reviennent pas de mesme justement au bout de dix-neuf années, qu'il s'en faut, comme nous avons dit, une heure & quelques minutes, il n'est plus en usage aujourd'huy, & on se sert à la place des Epactes.

Nous avons dit auparavant que l'année vulgaire de la Lune est excedée d'onze jours par celle du Soleil ce qui est cause que le Soleil & la Lune commençant leur année en un mesme jour, la Lune acheve la sienne onze jours plûtost que le Soleil. Pour les ajuster donc ensemble, on a ajoûté onze jours à toutes les années Lunaires, & cette addition s'appelle Epacte, d'un mot Grec.

Ainsi supposant qu'une année on eust 1. d'Epacte, l'année suivante on auroit douze, celle d'aprés vingt-trois, & la suivante quatre: car vingt-trois & onze faisant trente-quatre, ostant trente pour une Lunaison, il reste quatre pour l'Epacte, & ainsi de suite.

La maniere d'en user est que voulant sçavoir l'âge de la Lune en un certain jour du mois, il faut ajoûter en une sóme l'Epacte de l'année proposée, le nombre des mois precedés, commençant à conter par le mois de Mars, & le nombre des jours du mois jusqu'au jour nommé: Que si cette somme est au dessous de trente, ce sera l'âge de la Lune: & si elle excede trente, ce sera cet excés.

Et si on desire sçavoir en quel jour du mois est la Pleine Lune, il faut oster de trente ou de soixante, si on ne le peut de trente, le nombre des Epactes & des mois: le reste c'est la Nouvelle Lune.

Du Cicle du Soleil.

Le Cicle Solaire eſt une revolution de vingt-huit années, au bout deſquelles les meſmes Lettres Dominicales reviennent dans le meſme ordre qu'auparavant. *De la Lettre Dominicale.*

L'année eſtant de trois cens ſoixante & cinq jours, elle ſe diviſe en cinquante-deux ſemaines & un jour, & l'année biſextile en cinquante-deux ſemaines & deux jours, & chaque jour de la ſemaine eſt marqué de l'une de ces ſept lettres *a*, *b*, *c*, *d*, *e*, *f*, *g*, que l'on conte en retrogradant.

C'eſt pourquoy l'année commune finiſſant le meſme jour de la ſemaine qu'elle avoit commencé, l'année qui la ſuit doit commencer par le jour ſuivant : c'eſt à dire que ſi elle avoit commencé par un Dimanche, l'année ſuivante commenceroit par un Lundy : & ſi la lettre *a*, eſtoit la Dominicale en celle-là, ce ſeroit *g*, qui la ſeroit en celle-cy.

De ſorte que ſi les années eſtoient égales & n'avoient jamais que trois cens ſoixante & cinq jours, ce cercle de lettres s'acheveroit en ſept ans : mais le jour de l'année biſextile en interrompt le cours, car il eſt cauſe que l'année ne finit plus par le meſme jour qu'elle avoit commencé, mais par le jour ſuivant : ce qui fait que la lettre qui devoit tomber au Dimanche, tombe au Lundy, & que c'eſt la precedente en retrogradant qui marque le Dimanche.

De-là vient que pour achever ce cercle il faut quatre fois ſept qui font vingt-huit, aprés quoy les meſmes lettres Dominicales reviennent, comme nous avons dit.

Mais il ne faut pas oublier de dire que l'année biſextile a deux lettres Dominicales, dont l'une ſert depuis le premier de Janvier juſqu'au quinziéme de Fevrier, & l'autre le reſte de l'année.

De la Periode Iulienne.

Cette Periode resulte de la multiplication du Nombre d'or, de l'Indiction & du Cicle Solaire, c'est à dire de dix-neuf, de quinze & de vingt-huit, elle est de 7980.

Joseph Scaliger qui l'a inventé, l'a nommé ainsi, à cause qu'elle est accommodée à l'année de Jules Cesar, & qu'elle est composée de trois Cicles qui luy conviennent.

Son usage est tres-ordinaire dans les livres de Chronologie : car par là l'on marque certainement les années ; d'autant que chaque année de cette Periode a ses propres caracteres qui la distinguent de toutes les autres, & que parmy un si grand nombre d'années, on n'en sçauroit trouver qui ayent tous les mesmes Cicles.

De l'Année Sabbatique, du Iubilé, du Siecle, &c.

Les Juifs contoient les années par ſemaines, & ils appelloient la ſeptiéme Sabbatique. Il ne leur eſtoit pas permis en cette année de cultiver la terre, & ils devoient mettre les eſclaves en liberté.

Ils avoient auſſi leurs années de Jubilé tous les cinquante ou quarante-neuf ans; C'eſtoit une année de remiſſion, & c'eſtoit l'année Sabbatique par excellence.

Le Siecle comprend l'eſpace de cent ans. On l'a pris autrefois pour trente ans, quelquefois pour cent-dix ans, & quelquefois pour mille.

Enfin l'Olimpiade dont ſe ſervoient les Grecs, comprenoit quatre ans, & le Luſtre cinq.

Des Epoques.

Les Epoques qu'on appelle auſſi l'Ere, ſont certains points fixes, d'où d'où les Chronologiſtes commencent à conter leurs années.

La plus celebre de toutes eſt celle de la Naiſſance de JESUS-CHRIST. Depuis ſon commencement il s'eſt paſſé mil ſix cens ſoixante & quinze années: & c'eſt celle dont nous nous ſervons apreſent.

La premiere d'entre les profanes eſt celle des Olimpiades. Elle commença ſept cens ſoixante & ſix ans devant la Naiſſance de JESUS-CHRIST. Il y en a un grand nombre d'autres que je crois inutile de rapporter.

FIN.

Extrait du Privilege du Roy.

PAr grace & Privilege du Roy, donné à S. Germain en Laye le 14. Fevrier 1675. signé par le Roy en son Conseil, GUITONNEAU, & scellé: Il est permis au sieur Gadrois de faire Imprimer, vendre & debiter par tel Libraire ou Imprimeur qu'il voudra choisir, un Livre qu'il a composé, intitulé, *Le Systeme du Monde, selon les trois Hypotheses, où conformement aux Loix de la Mechanique, l'on explique les apparences des Astres, &c.* & ce durant le temps & espace de quinze années, avec deffenses à tous Libraires, Imprimeurs ou autres de l'Imprimer, vendre & debiter sous quelque pretexte que ce soit, à peine de trois mille livres d'amande, de confiscation des exemplaires contrefaits, & de tous dépens, dommages & interests, ainsi qu'il est porté plus au long par ledit Privilege.

Et ledit Sieur Gadrois a cedé son droit de Privilege à Guillaume Desprez, Marchand Libraire, pour en joüir suivant le traité fait entr'eux.

Registré sur le Livre de la Communauté le Mars 1675. *Signé*, THIERRY, Sindic.

Achevé d'Imprimer pour la premiere fois le 22. Avril 1675.

www.ingramcontent.com/pod-product-compliance
Ingram Content Group UK Ltd.
Pitfield, Milton Keynes, MK11 3LW, UK
UKHW022321190726
13856UKWH00001B/140

9 782013 553186